Rainer Behrends und Lothar Beyer

KAUTSKY

NATURWISSENSCHAFT UND BILDENDE KUNST

Inhaltsverzeichnis

TEIL 2

KAUTSKY

Naturwissenschaft und Bildende Kunst

Vorwort

Mit dem Familiennamen KAUTSKY verbinden die Kenner der bildenden Kunst eine Generationenfolge von bedeutenden Kunst- und Theatermalern. Viele Naturwissenschaftler denken dabei an Chemiker, Geologen und Biologen dieses Namens. Gesellschaftspolitisch Interessierte haben zumindest in den ostdeutschen Bundesländern vor dem Jahre 1989 während ihrer verordneten Ausbildung vom „Renegaten Karl Kautsky" gehört, der in der Sozialdemokratie bekannt war. Es handelt sich um eine vielseitig miteinander vernetzte „Großfamilie", deren Mitglieder vorwiegend in verschiedenen Ländern Europas, jedoch auch in den USA und Brasilien, wirksam waren bzw. sind.

Die beiden Autoren, ein Kunsthistoriker und ein Chemiker, des aus zwei Teilen bestehenden Bandes „Kautsky. Naturwissenschaft und Bildende Kunst" konzentrieren sich auf die Lebenswege der Künstler und Naturwissenschaftler und deren Werke und Leistungen, zumal die Vertreter der gesellschaftspolitischen Linie ohnehin zahlreich und ausgiebig „behandelt" worden sind. Diese werden hier deshalb nur kurz erwähnt. Beide Teile zusammen ermöglichen dem Leser einen umfassenden Überblick, lassen jedoch auch dem jeweilig besonders an Kunst oder besonders dem am Naturwissenschaft Interessierten die Möglichkeit, sich schwerpunktmäßig der einen oder anderen Problematik zu widmen. Lebensweg und Leistungen des Chemikers und Künstlers Hans Kautsky sen. werden ausführlich gewürdigt. An ihm wird die Ostwald'sche These des grenzüberschreitenden Brückenschlages zwischen Wissenschaft und Kunst offenkundig. Den Kunstwerken von Johann Wenzel Kautsky gilt schwerpunktmäßig und Robert Kautsky besondere Beachtung. Praktische Erwägungen bewogen uns, nach dem einführenden Kapitel im ersten Teil die naturwissenschaftliche Kautsky-Linie und danach im zweiten Teil die bildkünstlerische Kautsky-Linie zu beschreiben. Dies ist auch konform mit der immanent realen Abfolge von „Natur und Abbild" und im Sinne „Die Wissenschaft ist der Verstand der Welt, die Kunst ihre Seele." (Maxim Gorki). Kurzbiografien einzelner Familienmitglieder runden in einem Anhang das Familienporträt ab.

Die Fülle der Kunstwerke und deren Verbreitung und das Befassen mit der Spezifik naturwissenschaftlicher Disziplinen erforderten einen erheblichen Aufwand bei der Bearbeitung und Interpretation der künstlerischen und wissenschaftlichen Leistungen. Ohne den persönlichen Kontakt und ohne die langjährig gewährte großzügige Unterstützung durch den im Alter von 99 Jahren in Hamburg verstorbenen Prof. Dr. Hans Kautsky jun. (1920–2019) und dessen Sohn Felix Clemens wäre dieses Werk nicht entstanden. Die Kunstsammlungen in Prag, Wien, Brünn und Meiningen waren mit der Überlassung von Scans bedeutender Kunstwerke hilfreich. Ebenso trugen zahlreiche Korrespondenzen, so auch mit der Familie Kautsky in Schweden, zur Klärung von Sachverhalten bei. Sie alle sind namentlich im „Dank" genannt.

Rainer Behrends und Lothar Beyer

Einführung zu einer Familiengeschichte

Abb. 1
Strichzeichnung eines Waldkauzes als Vorlage für eine Stickarbeit (Entwurf: H. Kautsky sen.)

Der Familienname *Kautsky* ist im deutschen Sprachraum nicht alltäglich. Er rührt nicht von dem mit Namen „Kauz" bezeichneten Vogel her, dessen Vertreter, der „Waldkauz", als Vogel (Abb. 1) des Jahres 2017 in das öffentliche Bewusstsein gerückt wurde. Der Ursprung des Wortes liegt vielmehr im Tschechischen. Das Auftreten des Familiennamens im deutschen Sprachgebiet[1] während des 19. Jahrhunderts geht auf den tschechischen Herkunftsnamen *Koutský, Kautský, Kaucký*, abgeleitet vom Wohnstättennamen/ Ortsnamen *Kout, Kouty*, zurück, das wiederum *kout*, zu deutsch „Winkel" bedeutet und mit „aus dem Winkel kommend" verdeutlicht werden kann. Diese Etymologie trifft nun tatsächlich auf die Familie Kautsky zu.

Abb. 2
Franz von der Trenck (1711–1749)

Deren bedeutenden Vertretern der bildenden Kunst und der Naturwissenschaft mit ihren Werken und ihrem Wirken widmen sich die beiden Autoren dieser Schrift. Jedenfalls wurde der erste bedeutende Kunst- und Dekorationsmaler Jan (Johann) Baptist Vaclav (Wenzel) Kautsky (1827–1896) am 14. September 1827 in Prag geboren, und er steht damit in den Betrachtungen weit oben im Stammbaum unserer Familie zwischen Malerei und Naturwissenschaften. Doch bereits vorher wird in der Literatur[2, S. 123] der Bildnismaler Franz Kautsky (1705 - 6.10.1761, in Brno) erwähnt, der ein Porträt des kaiserlichen Panduren-Obersten und Freischärlers Franz Freiherr von der Trenck (1711–1749 in Brno), das sich im Brünner Kapuzinerkloster befinden soll[2, S. 123], geschaffen hat (Abb. 2). Vermutlich war er der Vater des Malers Anton Kautsky (um 1748 in Brno – 1793 in Prag). Über beide Vorfahren ist allerdings kaum etwas bekannt[2, S.123].
Die Anregung zur näheren Beschäftigung und Auseinandersetzung mit den Werken der Kautsky's erhielten die Autoren von dem in Hamburg ansässigen Prof. Dr. Hans Kautsky jun. (20.05.1920 - 06.04.2019), dem einzigen Sohn des Chemikers Prof. Dr. Hans Wilhelm Kautsky sen. (1891–1966), der von 1936 bis 1945 eine Professur für anorganische Chemie an der Universität Leipzig innehatte. In der Kautsky-Familie war übrigens die Übertragung der gleichen Vornamen in der männlichen Linie augenscheinlich und eine gewollt gute Tradition. So kommt es zu einer Häufung der Vornamen Hans (Jan, Johann, John, Anselmo); Robert (Roberto); Fritz; Wilhelm, Karl (Carlos), wie sich im Schema des Stammbaums (Abb. 3, 4) deutlich erkennen lässt und für die jeweilige Personencharakterisierung zusätzliche Angaben erfordert. Jedenfalls stellte der Hamburger Hans Kautsky jun., den eine gute Erinnerung an sein Chemiestudium in der Universitätsstadt Leipzig verbindet, für zwei Ausstellungen[3, 4] am Rande der

Feierlichkeiten zum 600jährigen Leipziger Universitätsjubiläum 2009 einige Kunstwerke und Dokumente aus dem Familienbesitz zur Verfügung. Aus dem Zusammenwirken des Diplomkunsthistorikers und langjährigen Kustos der Universität Leipzig, Rainer Behrends, und des Chemikers Lothar Beyer, das sich bei diesen Ausstellungen und bei anderen Projekten[5, 6, 7] bewährt hatte, resultierte nun die Idee, sich der detaillierten Aufarbeitung des vorhandenen, interessanten Materials zur bleibenden Wahrnehmung zu widmen.

Den Stammbaum der Familie Kautsky vor Augen, lassen sich zwanglos drei inhaltlich starke Linien nachvollziehen, eine (bild)künstlerische Linie (K), eine naturwissenschaftliche Linie (N) und eine gesellschaftswissenschaftlich-politische Linie (P). Die Autoren beschränken sich in dieser Schrift auf die beiden erstgenannten Linien in sechs aufeinander folgenden Generationen. Aus geografischer Sicht verteilen sich die im Stammbaum (Abb. 4) aufgeführten Persönlichkeiten auf Mitteleuropa (Tschechien, Österreich, Deutschland), Nordeuropa (Schweden) sowie Nord- und Südamerika (USA, Brasilien). Für diese geografische Verzweigung waren überwiegend berufliche, jedoch auch politische Gründe maßgeblich.

Wir haben den von Hans Kautsky jun. handgeschriebenen Stammbaum (Abb. 3) in der Abbildung 4 (S. 10) ergänzt und den einzelnen Personen etwa in Generationenabfolge fortlaufende Zahlen zugeordnet, die wir nachfolgend zusammen mit den Namen und Lebensdaten und gelegentlich mit der Abkürzung „K." für „Kautsky" verwenden, um leichter eine jeweilige Zuordnung im Stammbaum zu ermöglichen.

Bevor wir die künstlerischen Leistungen der von uns ausgewählten Johann (Jan) Baptist Wenzel (Vaclav) Kautsky (1827–1896) **3**, Hans Josef Wilhelm Kautsky (1864–1937) **8**; Robert Wilhelm Kautsky (1895–1962) **14**, Hans Wilhelm Kautsky (1891–1966) **16**, Hans Kautsky jun. (1920–2019) **27** und Felix Clemens Kautsky (* 1957) **34**, daran anschließend die Leistungen in Chemie von Hans Wilhelm Kautsky (1891–1966) **16** und Hans (John) Kautsky (*1920) **27**, dazu in Geologie von Fritz Kautsky (1890–1963) **18** und dessen Sohn Gunnar Kautsky (1921–2002) **28** sowie Fritz Kautsky jun. **37** (*1950) und in Biologie, Ökologie und Ozeanografie von Gunnar K.s Söhnen Nils Kautsky (*1948) **39**, Hans „Hasse" Kautsky (*1949) **38**, Ulrik Kautsky (*1959) **36** und seiner Schwiegertochter Lena Kautsky **40** näher beschreiben, soll das Familiengeflecht in groben

Abb. 3
Stammbaum der Familie Kautsky, handschriftlich von Hans Kautsky jun.

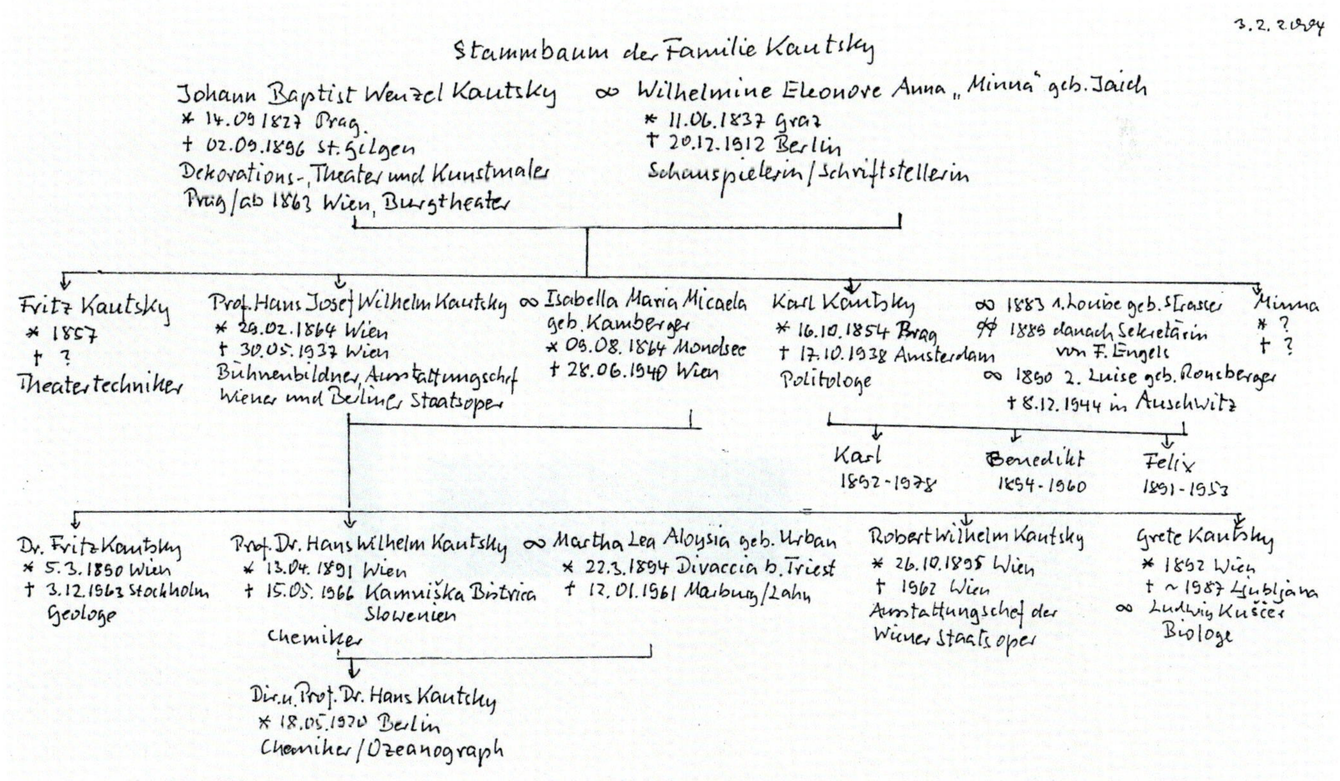

Abb. 4
Stammbaum der Familie Kautsky auf Basis von Abb. 3 entworfen und komplettiert von Lothar Beyer

(N) naturwissenschaftliche Linie
(K) (bild)künstlerische Linie
(P) gesellschaftswissenschaftlich-politische Linie

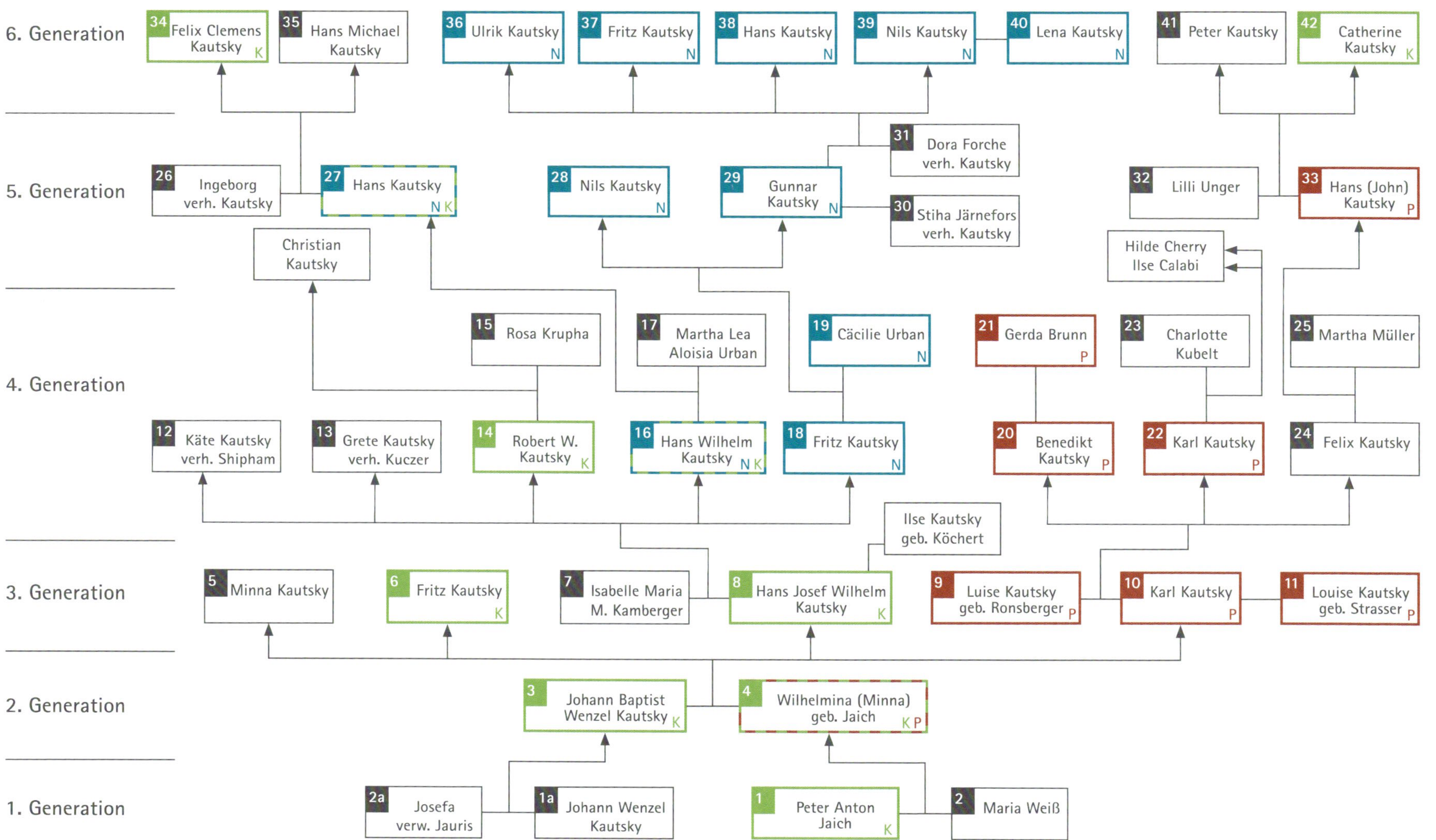

Zügen erläutert werden. Kurzbiografien des gesellschaftswissenschaftlichen und politischen Zweigs der Familie Kautsky werden auf den Seiten 16, 17 beschrieben.

Der an den Anfang gesetzte, als Maler und Bühnenbildner hervorragende Künstler, Johann Baptist Wenzel (Vaclav) Kautsky (1827–1896) **3** (Abb. 5) hatte 1854 Wilhelmina „Minna" geb. Jaich (1837–1912) **4** (Abb. 6), die junge, erst 17-jährige Schauspielerin, Tochter des anfangs in Wien, später in Prag arbeitenden Peter Anton Jaich **1** und der Maria Weiß verehelichten Jaich **2** geheiratet. Beide hatten sich in *„Svestkas Nikolaus-Theater"*, einem damals berühmten Laientheater in der Prager Altstadt, kennengelernt, wo ihr Vater Peter Anton Jaich als Dekorations- und Theatermaler tätig war. Johann B. W. Kautsky versuchte sich zunächst als Schauspieler, später jedoch übernahm er zusammen mit dem Landschaftsmaler Eduard Herold[8a] die Bühnenausstattung. Im Hochzeitsjahr 1854 wurde dem Paar der erste Sohn, Karl (Karel, Johann) Kautsky **10**, geboren, dem dann noch eine Tochter Minna (*1856) **5** sowie zwei weitere Söhne Fritz Kautsky (*1857) **6** und Hans Josef Wilhelm Kautsky (*1864) **8** folgten.

Die bildkünstlerische Linie

Die beiden jüngeren Söhne (Friedrich) Fritz Kautsky (1857–?) **6** und Hans Josef Wilhelm Kautsky **8** (1864–1937) folgten beruflich ihrem Vater Johann Baptist Wenzel Kautsky (1827–1896) **3** (Abb. 5) nach. Während Fritz Kautsky sich in der Theatertechnik (Bühnenaufbau, Beleuchtung etc.) qualifizierte, hatte Hans Josef Wilhelm Kautsky (Abb. 7) das künstlerische Talent zum Zeichnen und Malen von seinem Vater geerbt. Er wurde ein bedeutender Kunstmaler und Bühnenmaler mit Wirkungsstätten an den großen Opernbühnen in Prag, Wien und Berlin. Diesen drei Kautskys gelang es, ihr künstlerisches Schaffen auch geschäftlich erfolgreich umzusetzen. Johann Baptist Wenzel Kautsky (1827–1896) **3** war 1863 als Dekorationsmaler an die Wiener Hofoper berufen worden. Er trat als Miteigentümer in das Atelier des Theatermalers Carlo Brioschi (1826–1895) ein, zu dem später noch der Wiener Hofmaler Hermann Burghart (1834–1901) stieß, die zusammen das Unternehmen *„Brioschi, Burghart & Kautsky, k. u. k. Hoftheatermaler in Wien"* gründeten und national und international agierten.

Abb. 5
Johann Baptist Wenzel Kautsky (1827–1896)

Abb. 6
Minna Kautsky (1837–1912)

Als sich Brioschi und Burghart zurückzogen, führte Johann Kautsky das Unternehmen bis 1892 allein weiter und übergab die Leitung dann an seine beiden Söhne Fritz K. und Hans Josef Wilhelm K., die es zusammen mit dem italienischen Maler Francesco (Franz Angelo) Rottonara (1848–1938) unter dem Namen *„Kautskys Söhne und Rottonara"* noch viele Jahre weiterführten.

Die in väterlicher Generationenlinie vorhandene bildkünstlerische Begabung, angefangen von Anton Jaich **1** über den bedeutenden Johann Baptist Wenzel Kautsky **3** und Hans Josef Wilhelm Kautsky **8** setzte sich insbesondere mit dessen Sohn Robert Kautsky **14** (Abb. 8), wie auch mit dem anderen Sohn Hans Wilhelm Kautsky **16** (Abb. 9) fort. Während sich Robert

Abb. 7
Hans Josef Wilhelm Kautsky (1864–1937)

Abb. 8 Robert Kautsky (1895–1962)

Abb. 9 Hans Kautsky (1891–1966)

Abb. 10 Hans Kautsky jun. (1920–2019)

Abb. 11 Felix Clemens Kautsky

Kautsky als Kunst- und Theatermaler an der Wiener Staatsoper einen international hervorragenden Ruf verschaffte, nutzte Hans Wilhelm Kautsky sein zweifellos ausgezeichnetes künstlerisches Talent besonders in der jugendlichen, beruflichen Findungsphase. Er entschied sich schließlich für die Naturwissenschaft Chemie. Beide Persönlichkeiten werden nachfolgend in diesem Werk besonders gewürdigt.
Hans Wilhelm Kautskys Sohn Hans Kautsky jun. (1920–2019) **27** (Abb. 10), widmete sich ebenfalls beruflich und aus Neigung der Chemie. Er offenbarte sein künstlerisches Talent mit der in der ersten Hälfte des 20. Jahrhunderts zunehmenden Fotografiertechnik in der künstlerischen Fotografie. Für seine kunstvoll ausgewählten Motive in Schwarzweiß- und Farbfotografie erhielt er zahlreiche Preise auf Kunstausstellungen. Sein Sohn Felix Clemens Kautsky **34** (Abb. 11) setzt auf die in seiner Zeit neu aufgekommene Videotechnik. Er betrieb in Hamburg eine Produktionsfirma *„FoliX Film"*, die sich mit dem Genre der Herstellung von künstlerischen Videofilmen befasst und gründete 2019 die Firma *„FKautskyfilm"*.

Abb. 13
Gunnar Kautsky
(1921–2002)

Die naturwissenschaftliche Linie

Bildende Kunst und Naturwissenschaften lassen sich nicht voneinander trennen. Der Maler, insbesondere der Landschaftsmaler – in der Kautsky-Familie mehrfach vertreten - sieht die Wunder der Natur: Wolken, Berge, Steine, Seen, Flüsse, Wälder, Wiesen, Pflanzen, Tiere, Menschen und begreift sie mit seiner ihm eigenen Betrachtung und Vorstellung. Er reflektiert diese sinnlichen Wahrnehmungen in seinen Kunstwerken. Der Naturwissenschaftler, ob Biologe, Geologe oder Chemiker, geht dem Wunder der uns umgebenden Natur auf den Grund und versucht, den untersuchten Objekten näher an ihre objektive Realität zu kommen. Insoweit sind beide Kategorien beieinander, und es verwundert somit nicht, dass sich eine naturwissenschaftliche Linie, insbesondere in den vertretenen Wissenschaftszweigen, abzeichnet und sich beide Linien oder Kategorien in einzelnen Personen finden, wie sich dies besonders am Chemiker und Kunstmaler Hans Wilhelm Kautsky (1891–1966) **16** zeigt. Es sind zwei Brüder, der ältere Fritz Kautsky (1890–1963) **18** (Abb. 12) als Geologe und der um ein Jahr jüngere Hans Wilhelm Kautsky **16** als Chemiker, die in der 4. Generation diese Linie begründen. Beide sind Söhne des Malers Hans Josef Wilhelm Kautsky (1864–1937) **8**. Sie hatten noch zwei Schwestern: Grete **13**, die den

Zoologen Ludwig Kuscer heiratete und nach Ljubljana/Jugoslawien verzog, sowie Käte verehelichte Shipham **12**, die ihrem Mann nach Bristol/England folgte. Fritz Kautsky hatte in Wien und Berlin Geologie, Paläontologie und Geographie studiert und siedelte 1921 berufsbedingt von Österreich nach Schweden um. Er war ein ausgezeichneter Forscher auf dem Gebiet der Stratigraphie und Paläontologie des Wiener Tertiärs und des Nordschwedischen Cambriums. Seine Ehefrau Cäcilia geb. Urban **19** war ebenfalls Geologin. In Schweden gelang ihm die Auffindung bedeutender Erzvorkommen. Er steht damit am Anfang der in Schweden beheimateten Kautsky-Naturforscher, die sich mit seinem Sohn, dem Geologen Gunnar Kautsky (1921–2002) **28** (Abb. 13)und dessen Söhnen, dem Biologen Nils Kautsky (*1948) **39** (Abb. 14), der mit der Biologin Lena Kautsky **40** (Abb. 15) verheiratet ist, dem Bakteriologen Hans „Hasse" Kautsky (*1949) **38** (Abb. 16), dem Geologen Fritz Kautsky jun. (*1950) **37** (Abb. 17) und dem Biologen Ulrik Kautsky (*1959) **36** (Abb. 18) fortsetzt. Während Fritz Kautsky jun. sich wie sein Vater der Geologie/Mineralogie und Radiologie zuwandte, sind die anderen vier Genannten auf den Gebieten der Ozeanografie, Meeresbiologie, Radiologie und Ökologie sehr erfolgreich als Professoren an der Universität Stockholm bzw. am Schwedischen Kernforschungsinstitut SKB (Ulrik K.), oft in gemeinsam betriebener Forschung, tätig.

Der Chemiker Hans Wilhelm Kautsky (1891–1966) **16** (Abb. 9, 19), hatte sich in frühen Jahren neben seinem künstlerischen Volontariat autodidaktisch mit faszinierenden chemischen Experimenten zu Siloxenen beschäftigt. So führte ihn sein Weg zur Chemie, die er außerordentlich erfolgreich in Berlin und an den Universitäten Heidelberg, Leipzig und Marburg auf dem Gebiet der anorganischen Chemie und Biochemie betrieb. Ihm und seinen nachhaltigen Leistungen ist

Abb. 12
Fritz Kautsky
(1890–1963)

ein ausführliches Kapitel in dieser Schrift gewidmet. Sein Sohn Hans Kautsky jun.(*1920) **27** (Abb. 10, 20) studierte in Leipzig Chemie, promovierte an der Universität Marburg und war viele Jahre auf dem Gebiet der Radiochemie und Ozeanografie als Forschungsleiter auf dem legendären Schiff „Meteor" und als Mitglied der internationalen Atomenergiebehörde in Wien tätig.

Bisher nicht einbezogen in den genealogischen Stammbaum der Großfamilie Kautsky (Abb. 3, 4) sind die Kautskys, die sich vom aus Österreich nach Brasilien ausgewanderten Botaniker Roberto Carlos Kautsky und seiner deutschen Ehefrau Elisabeth Schwambach ableiten. Deren 1924 in Santa Isabel (Brasilien) geborener Sohn, der Botaniker Roberto Anselmo Kautsky (1924–2010) (Abb. 21) wurde international bekannt als Spezialist auf dem Gebiet der Orchideen-Züchtung und Begründer des *Instituto Kautsky* in Mata Atlanta / Brasilien. Er publizierte 1993 erstmals über die Orchideenart *Maxillaria schunkea*[8b] (Abb. 21a).

Abb. 14 Nils Kautsky

Abb. 15 Lena Kautsky

Abb. 16 Hans Kautsky

Abb. 17 Fritz Kautsky jun.

Abb. 18 Ulrik Kautsky

Abb. 19 Hans Kautsky sen. (1891–1966), 1954

Abb. 20 Hans Kautsky jun. (1920–2019), 2004

Abb. 21 Roberto Anselmo Kautsky (1924–2010)

Abb. 21a Orchidee *Maxillaria schunkea*

Die gesellschaftspolitische Linie

Der aus der Ehe von Johann Baptist Wenzel Kautsky **3** und Wilhelmina „Minna" Kautsky **4** hervorgegangene erstgeborene Sohn Karl Kautsky (1854–1938) **10** (Abb. 22) machte sich später einen Namen als berühmter Sozialtheoretiker, wobei er diesbezüglich starke Symphatien von seiner Mutter genoss, die sich nach krankheitsbedingter Aufgabe ihres Schauspielerdaseins als Schriftstellerin mit sozialkritischen Themen befasste und freundschaftliche Beziehungen u. a. zu Rosa Luxemburg (1871–1919) in Berlin unterhielt. Auch sein Vater war eher bürgerlich links-liberal. Sie kann somit als *„Ahnfrau der sozialkritisch-politischen Linie"* des Familienzweigs angesehen werden, an deren Spitze Karl Kautsky steht. Die Repräsentanten dieses Familienzweigs befassten sich theoretisch und aktiv praktisch mit Gesellschaftspolitik. Karl Kautskys Ehefrau Louise geb. Strasser (1860–1950) **11**, zwischen 1883 und 1889 seine erste Ehefrau, war als Sekretärin von Friedrich Engels (1820–1895), Mitbegründer des Marxismus, beschäftigt, mit dem Karl Kautsky in regem persönlichen und brieflichen Austausch stand.

Mit seiner 1890 die Ehe eingegangenen zweiten Ehefrau, Luise geb. Ronsberger (1864–1944) **9** (Abb. 22), die später vom Exil in Amsterdam nach Auschwitz deportiert wurde und 1944 dort verstarb, hatte er drei Söhne. Vom ältesten Sohn Felix Kautsky (1891–1953) **24**,

Abb. 22
Karl Kautsky (1854–1938) und
Luise Kautsky (1864–1944), 1902

in Wien geboren, später Ingenieur, stammt aus dessen Ehe mit Martha geb. Müller **25** ein Enkel von Karl Kautsky namens Hans (John, Jack) Kautsky (1922–2013) **33** (Abb. 23), der in den USA als bedeutender Politikwissenschaftler gilt. Dessen Tochter Catherine Kautsky **42** (Abb. 24) weicht in dieser Familientraditionslinie ab. Sie ist eine international berühmte, preisgekrönte Pianistin (Interpretationen der Werke von Mozart und Debussy) und lehrt an der Lawrence University Conservatory of Music in Appleton/Wisconsin, USA. Der zweitgeborene Sohn Karl Kautsky **22**, wirkte nach dem Medizinstudium als Arzt innerhalb des Amtes für Wohlfahrtseinrichtungen in Wien und später nach der Emigration als Gynäkologe in Los Angeles, Kalifornien. Er setzte sich aktiv in einem Hilfswerk für Emigranten der internationalen Arbeiterbewegung ein. Der jüngste Sohn, der Nationalökonom Benedikt Kautsky (1894–1960) **20** (Abb. 25), trat direkt in die Fußstapfen seines Vaters und arbeitete in Österreich zunächst als Sekretär von Otto Bauer (1881–1938), dem Mitbegründer der Sozialdemokratie in Österreich und später als Sekretär der Wiener Arbeiterkammer. Er wurde 1938 verhaftet und verbrachte die Jahre bis 1945 in den Konzentrationslagern Dachau, Auschwitz und zuletzt in Buchenwald. Nach seiner Befreiung wirkte er weiter aktiv in der Sozialdemokratie und war u. a. an der Erarbeitung des Godesberger Programms der Sozialdemokratischen Partei Deutschlands, SPD, 1959 beteiligt.

Abb. 23 John Kautsky (1922–2013)

Abb. 24 Catherine Kautsky (geb. 1950)

Abb. 25 Benedikt Kautsky (1894–1960)

Kurzbiografien zur gesellschafts-politischen Linie des Stammbaums Kautsky

Luise Kautsky geb. Ronsberger

Luise Kautsky geb. Ronsperger **9** (1864 Wien – 1944 Auschwitz-Birkenau) (Abb. 22) wurde als Tochter jüdischer Eltern am 11. August 1864 in Wien geboren. Über Minna Kautsky **4**, die sie mit der sozialistischen Bewegung vertraut machte, lernte sie deren Sohn Karl Kautsky **10** kennen. Die Heirat erfolgte 1890, ein Jahr nach dessen Scheidung von Louise geb. Strasser. Das Paar hatte drei Söhne: Felix Kautsky (*1891) **24**, Karl Kautsky jun. (*1892) **22** und Benedikt Kautsky (*1894) **20**, die allesamt im ideologisch-geistigen Umfeld ihrer Eltern, zunächst in Stuttgart, ab 1897 in Berlin aufwuchsen und erzogen wurden. Luise Kautsky war publizistisch mit Rezensionen, Reiseberichten und Gedenkartikeln für sozialdemokratische Zeitschriften tätig. Sie engagierte sich in der Kommunalpolitik als Berliner Stadtverordnete der USPD und unterstützte vollumfänglich ihren Mann Karl Kautsky, führte dessen Korrespondenzen, damit dieser seinen sozialtheoretischen Arbeiten nachgehen konnte. Ein wesentliches Verdienst war die Übersetzertätigkeit der Schriften von Karl Marx und Friedrich Engels aus dem Englischen und von Paul Lafargue aus dem Französischen ins Deutsche. Ihre enge Freundschaft mit Rosa Luxemburg veranlasste sie nach deren Tod zur Herausgabe der *„Briefe Rosa Luxemburgs an Karl und Luise Kautsky"* (1923). Zwischen 1924 bis zur Flucht 1938 ins Exil über die Tschechoslowakei nach Amsterdam/Holland lebte das Ehepaar in Wien. Karl Kautsky starb im Oktober 1938 in Amsterdam nach einem Schlaganfall. Die 80jährige Luise Kautsky wurde im September 1944 verhaftet und in das Vernichtungslager Auschwitz-Birkenau verbracht, wo sie am 8. Dezember 1944 in der Krankenstation an Herzversagen starb.

Karl Kautsky

Karl Kautsky **10** (1854 Prag – 1938 Amsterdam) (Abb. 22) war ein führender Sozial- und Parteitheoretiker von internationaler Bedeutung seiner Zeit und mit engen Kontakten zu Karl Marx, Friedrich Engels, Eduard Bernstein, August Bebel, Wilhelm Liebknecht u.a. Er verfasste 1891 den Entwurf des *„Erfurter Programms"* der Sozialdemokratischen Partei Deutschlands (SPD), war 1925 Mitverfasser des „Heidelberger Programms" der SPD und schrieb zahlreiche Bücher und Schriften zu sozialkritischen Themen. Karl (Karel, Johann) Kautsky wurde am 16. Oktober 1854 in Prag als ältestes Kind von Johann Baptist Wenzel Kautsky **3** und seiner damals gerade 17-jährigen Ehefrau Wilhelmina „Minna" Kautsky geb. Jaich **4** geboren und katholisch getauft. Er hatte noch drei Geschwister: Fritz K. (*1857) **6**, Minna K. (*1856) **5** und Hans Josef Wilhelm K. (*1864) **8**. Er war seit 1883 in erster Ehe mit Louise geb. Strasser **19** und nach der Scheidung 1889 seit 1890 mit Luise geb. Ronsperger **6** verheiratet. Aus der zweiten Ehe gingen die Söhne Felix K. (*1891) **24**, Karl K. jun.(*1892) **22** und Benedikt K. (*1894) **20** hervor. Karl Kautsky hatte Geschichte, Philosophie und Nationalökonomie studiert, schwankte bei der Berufswahl zwischen Maler, Dramatiker oder Regisseur[A], trat 1875 in die Sozialdemokratische Partei Österreichs ein, war von 1883 bis 1917 Chefredakteur der Zeitschrift der 2. Internationale „Die Neue Zeit". Von 1890 bis 1924 lebte er in Deutschland, war 1918/1919 Staatssekretär im Auswärtigen Amt und arbeitete ab 1924 bis zu seiner Emigration 1938 über Tschechien nach Holland wieder in Wien. Er starb am 17. Oktober 1938 in Amsterdam/Holland[B].

A Arndt, Martin: Kautsky, Karl; Biographisch-Bibliographisches Kirchenlexikon, Band III, Spalten 1252–1264; Verlag Traugott Bautz, 1992.

B Biografisches Handbuch der deutschsprachigen Emigration nach 1933, 1980, S. 357 in https://books.google.de/books?id. (Abruf: 09.12.2017) http://de.wikipedia.org/wiki/Karl_Kautsky (Abruf: 29.03.2012).

Louise Kautsky – Freyberger geb. Strasser

Louise Kautsky-Freyberger **11** (1860–1950), die erste Ehefrau Karl Kautskys von 1883 bis 1889, war eine österreichische Sozialistin und Redaktionsmitglied der Wiener *„Arbeiterinnen-Zeitung"*. 1890 wurde sie Sekretärin von Friedrich Engels (†1895), der sie auch als seine Testamentsvollstreckerin und Teilerbin einsetzte[C]. Im Februar 1894 heiratete sie den österreichischen Arzt, Pathologen, politischen Schriftsteller und Engels letzten Hausarzt Ludwig Freyberger (1865–1934)[D]. Auch er wurde von Friedrich Engels im Testament bedacht, weil er ihn stets, ohne Honorar zu nehmen, behandelte. Das Ehepaar hatte zusammen eine Tochter Louise Frieda (6.11.1894 – 1977). Die Familie wohnte zusammen mit Engels in dessen Haus in London.

C Schelz-Brandenburg, Till (Hg): Eduard Bernsteins Briefwechsel mit Karl Kautsky (1891–1895), Campus Verlag Frankfurt-New York, 2011, S. 762.

D https://de.wikipedia.org/wiki/ Ludwig_:Freyberger.

Benedikt Kautsky

Benedikt Kautsky **20** (1894 Stuttgart – 1960 Wien) (Abb. 25) wurde am 1. November 1894 als dritter Sohn seiner Eltern Karl Kautsky **10** und Luise Kautsky geb. Ronsperger **9** in Stuttgart geboren. Er studierte Politik- und Wirtschaftswissenschaften an der Universität Berlin, musste 1917 an die Front, desertierte 1918 nach Wien und wurde 1919 in Berlin zum Dr. rer.oec. promoviert. Er heiratete 1921 die Lehrerin Gerda Brunn **21**. Benedikt Kautsky trat in die Fußstapfen seines Vaters. Als Mitarbeiter bzw. Sekretär der führenden Sozialdemokraten seiner Zeit, Victor Adler und Otto Bauer, als Sekretär der „Wiener Arbeiterkammer" von 1921 bis 1938 und Herausgeber einer Zeitschrift „Arbeit und Wirtschaft" engagierte er sich in Wien für die sozialdemokratisch-sozialistischen Ideen. Er wurde 1938 verhaftet und verbrachte die folgenden Jahre in den Konzentrationslagern Dachau, Buchenwald, Auschwitz und erneut Buchenwald, wo seine Befreiung im April 1945 erfolgte. Von 1945 bis

1950 lebte er als freier Schriftsteller in Zürich, 1950 bis 1958 in Graz als Privatdozent und Leiter einer Volkswirtschaftsschule und ab 1958 als stellvertretender Generaldirektor der Creditanstalt-Bankverein. Benedikt Kautsky arbeitete am Parteiprogramm der Sozialdemokratischen Partei Österreichs (SPÖ) 1958 mit und war einer der Autoren des Godesberger Programms der Sozialdemokratischen Partei Deutschlands (SPD) im Jahre 1959. Er starb durch Herzschlag am Rednerpult im Festsaal des Alten Rathauses in Wien am 1. April 1960. Ein Benedikt-Kautsky-Arbeitskreis und zahlreiche Bücher und Schriften erinnern an sein Wirken, wie *„Teufel und Verdammte. Erfahrungen und Erkenntnisse aus sieben Jahren in deutschen Konzentrationslagern"* (1946)[E].

E Österreichische Nationalbibliothek Wien (Ed.): Handbuch österreichischer Autorinnen und Autoren jüdischer Herkunft, 18.–20. Jahrhundert, Berlin-Boston, De Gruyter, Saur, 2011, S. 661.

Gerda Kautsky-Brunn

Gerda Kautsky geb. Brunn **21** (1895–1960) war seit 1921 die Ehefrau von Benedikt Kautsky **20**. Beide hatte zusammen die Tochter Edith Kautsky verehel. Fresco (1925–2006). Gerda Kautsky-Brunn, von Beruf Lehrerin, findet Beachtung als Mitherausgeberin, vorwiegend Übersetzerin von sozialtheoretischen Werken aus der englischen in die deutsche Sprache, so u. a. *„Grundlagen der Sozialpsychologie"* (Hg. William Mc Dougall; Gerda Kautsky-Brunn), Fischer Verlag 1928 (322 Seiten). Sie publizierte selbst, so z. B. *„Der Haushalt im Wandel der Zeiten"* in: Die Frau 10 (1954). Die Tochter Edith Fresco-Kautsky besorgte die Herausgabe des Briefwechsels zwischen Gerda Kautsky-Brunn und Benedikt Kautsky, wie auch den mit weiteren Bekannten.

Karl Kautsky jun.

Karl Kautsky jun. **22** (1892 Stuttgart – 1978 Napa/Kalifornien) war der am 13. Januar 1892 zweitgeborene Sohn von Karl Kautsky **10** und seiner zweiten Ehefrau Luise geb. Ronsberger **9**. Seine Geschwister waren Felix K. **24** und Benedikt K. **20**. Er heiratete 1918 Charlotte Kubelt **23**. Das Ehepaar hatte zwei Töchter: Hilde verehel. Cherry (*1920) und Ilse verehel. Calabi (1922–2013), die zwanzig Jahre auf der Apfelfarm ihres Mannes Paul Calabi arbeitete, zuletzt von 1994 bis 2006 im St. Helena Hospital von Californien. Das Ehepaar Calabi hatte drei Kinder: Carlo, Dennis und Juliet. Karl Kautsky studierte von 1908 bis 1918 Medizin in Berlin, Frankfurt a. M. und Wien, wurde 1916 zum Dr. med. promoviert, diente als Militärarzt in der österreichisch-ungarischen Armee und bekleidete ab 1919 eine Tätigkeit als Arzt innerhalb des Amtes für Wohlfahrtseinrichtungen, Jugendfürsorge und Gesundheitswesen der Gemeindekrankenhäuser und von 1922 bis 1934 als ärztlicher Leiter der Eheberatungsstelle des Gesundheitsamtes Wien. Anschließend war er bis 1938 praktischer Arzt. In der politischen Tradition seines Elternhauses stehend, war er von 1918 bis 1934 Mitglied der Sozialdemokratischen Arbeiterpartei (SDAP) und von 1934 bis 1938 Mitglied des Gemeinderates der Stadt Wien. Nach dem Anschluss Österreichs an Deutschland wurde er in eine sechsmonatige Schutzhaft genommen, dem im Februar 1939 die Ausweisung außer Landes folgte. Zusammen mit seiner Frau und den beiden Töchtern emigrierte er zunächst nach Schweden und im Oktober 1939 in die USA. Nachdem er eine Arbeitsbewilligung erhalten hatte, wirkte Karl Kautksy jun. als Gynäkologe in einer Gemeinschaftspraxis. Er arbeitete im Jewish Labor Committee (JLC) und zunächst in einem Hilfswerk für alte und invalide Emigranten aus der internationalen Arbeiterbewegung. Bis 1964 praktizierte er als Gynäkologe. Danach war er publizistisch u. a. als Übersetzer tätig[E, F]; so besorgte er 1971 die Herausgabe des Briefwechsels von Karl Kautsky mit August Bebel.

F Röder, Werner; Strauss, Herbert: Biografisches Handbuch der deutschsprachigen Emigranten nach 1933, Band I: Politik, Wirtschaft, öffentliches Leben, K. G. Saur, München, New York, London, Paris 1980, S. 357–358.

Hans (John) Kautsky

Hans (John, Jack) Kautsky **33** (1922 Wien – 2013 St. Louis/USA) (Abb. 23) wurde am 5. März 1922 in Wien als Sohn von Felix Kautsky **24** und seiner Ehefrau Martha Kautsky geb. Müller **25** geboren. Nach dem Anschluss Österreichs an Deutschland 1938 musste die Familie über Großbritannien und 1939 weiter in die USA emigrieren. Im offiziellen Census 1940 wurde als Wohnadresse Los Angeles, South Kenmore Street 218, angegeben. John Kautsky besuchte das Los Angeles City College von 1940 bis 1942 und studierte von 1942 bis 1947 an der Chicago University, unterbrochen durch die Einberufung zur Armee 1943–1946. Es schloss sich das Studium der Politikwissenschaften an der Harvard University bis 1949 an. Danach war er dort wiss. Assistent, wurde 1951 mit einer Schrift über das Werk seines Großvaters Karl Kautsky **10** promoviert und war bis 1954 in der Forschung tätig. 1954/55 wirkte er als Associate Professor an der University of Rochester und wechselte 1955 an das Department of Political Science der Washington University, wo er ab 1958 als Associate Professor und ab 1963 als Full Professor wirkte. Gastprofessuren an den Universitäten Wien 1964 und Konstanz (Vorlesungen in deutscher Sprache!) schlossen sich an. Er wurde 1988 emeritiert. Zu seinen bedeutenden Schriften gehören: *„Moscov and the Communist Party of India"* (1956, *„Patterns of Modernizing Revolution. Mexico and the Soviet Union"* (1975) und *„Karl Kautsky: Marxism, Revolution and Democracy"* (1994)[E, G].

G Schwarz, Egon: Der Politologe John (vormals Hans) Kautsky – nur beim Baseball ein Außenseiter, Der literarische Zaunkönig – Aus Forschung und Lehre Nr. 2/2014, S. 27–31.

Catherine Kautsky

Catherine Kautsky **42** (Abb. 24) ist eine renommierte Pianistin und Musikprofessorin (Piano) an der Lawrence University, Conservatory of Music, in Madison/Wisconsin-USA. Sie studierte von 1965 bis 1968 an der University City High School in St. Louis und am Oberlin Conservatory, in den 70er Jahren Piano am New England Conservatory in Boston, MA und der Juilliard School in New York. Sie wirkt als Professorin für Piano an mehreren Konservatorien in den USA, nahm erfolgreich an Sommermusikfestivals als Solistin teil, gibt CDs heraus und errang zahlreiche Preise. Ihr Spezialgebiet ist die Musik von Claude Debussy, auch von Robert Schumann, Wolfgang Amadeus Mozart und Ludwig van Beethoven. Im September 2017 erschien ihr Buch: Catherine Kautsky *„Debussys Paris: Piano Portraits of the Belle Èpoque"*.

TEIL 1

Lothar Beyer

Die Naturwissenschaftler Kautsky und ihre Leistungen

HANS WILHELM KAUTSKY

Biografisches

Über das Wirken von Hans Kautsky (1891–1966) **16** sind mehrere Würdigungsbeiträge publiziert worden: 9, 10, 11, 12, 13, 14, 15, 16, S. 205–216, 17

Den folgenden Lebenslauf verfasste Hans Kautsky eigenhändig maschinenschriftlich im Oktober 1945 in seinem Exil in Weilburg/Lahn. Damit resümiert er authentisch die ersten 54 Jahre seines Lebens. Das Dokument befand sich in einem Nachlasskonvolut, das sein Sohn dem Archiv der Fakultät für Chemie und Mineralogie der Universität Leipzig übergeben hatte[18, BI]. Die meisten der hier eingefügten Abbildungen, die die einzelnen Lebensabschnitte noch mittels originalen Dokumenten vertiefen, entstammen ebenfalls dem überlassenen Nachlasskonvolut.

„Prof. Dr. Hans Kautsky, Weilburg/Lahn, Gartenstraße 5

Lebenslauf.

Am 13.4.1891 kam ich in Wien zur Welt. Ich stamme aus einer Wiener Künstlerfamilie. Mein Vater war gleich meinem Großvater Kunst- und Theatermaler. Er ging, als ich etwa 9 Jahre alt war, nach Berlin. Bald war sein Ruf so bedeutend, daß viele ausländische, insbesondere auch amerikanische Theater Bühnenbilder von ihm erwarben. Theatermaler war auch der Vater meiner Großmutter mütterlicherseits; sie selbst trat in jungen Jahren als Schauspielerin hervor und schrieb später Romane. In unserer Familie ist auch eine ausgesprochene musikalische Begabung zu finden. Ein Urgroßvater mütterlicherseits war Chorregent, meine Mutter sang sehr schön und mein Vater studierte am Wiener Conservatorium Musik, bevor er Maler wurde.

Vielleicht etwas unter dem Einfluss seines Bruders, des bekannten sozialtheoretischen Schriftstellers Karl Kautsky, war mein Vater ganz dem naturwissenschaftlichen Materialismus zugeneigt und interessierte sich auch sehr für politische und soziale Fragen. Daher kommt es vermutlich, dass in unserer ganzen Familie geradezu eine Verachtung gegen jeden Chauvinismus, Militarismus und jede Unterdrückung bestand. Die Begriffe Menschheit, Entwicklung und Fortschritt wurden uns zur Grundlage eines höheren Strebens, etwas Gutes und Wertvolles zu leisten. Man gab uns Kindern alle Gelegenheit, mit den besten künstlerischen und wissenschaftlichen Büchern in Berührung zu kommen, Theater und Konzerte zu besuchen, uns musikalisch auszubilden, zu sammeln und mit Pflanzen und Tieren zu leben. Merkwürdigerweise waren wir trotz der bewussten politischen Einflussnahme des Vaters jeder politischen Einstellung abgeneigt.

Meine Mutter hat uns Wahrhaftigkeit, Güte und Duldsamkeit im besten Sinne des Wortes vorgelebt. Vorleben ist von unvergleichlich tieferer Wirkung als Vorpredigen. Sie gab uns die Liebe zum Lebendigen und das Streben, in allen Lebenslagen anständig denken und handeln zu wollen. Wir wuchsen frei und natürlich auf und hatten die Möglichkeit, ganz unseren Neigungen nachzugehen.

Meine Geschwister sind jetzt in der Welt zerstreut. Mein älterer Bruder Fritz ist ein sehr erfolgreicher schwedischer Geologe (in Boliden, Schweden), mein jüngerer Bruder Robert ein anerkannter Bühnenmaler, Ausstattungschef der Wiener Staatsoper; von meinen beiden Schwestern ist eine, Grete Kucser, in Jugoslawien (Ljubljana), die andere, Käte Shipham, in England (Bristol) verheiratet. Meine Eltern leben nicht mehr.

Bis zum Jahre 1915 war ich in Wien. Zum entscheidenden Schulerlebnis wurde mein erster Chemieunterricht 1906 in der Oberrealschule. Ich richtete mir ein bescheidenes Laboratorium im Keller unseres Hauses ein, in welchem ich 6 Jahre später meine erste größere chemische Arbeit selbständig in Angriff nahm und dabei in ein neues Gebiet der anorganischen Chemie (Siloxen) vordringen konnte. Diese Arbeit wurde die Veranlassung zu meinem Universitätsstudium, welches ich 1915 in Berlin begann. Dort war mein Vater damals Kgl. Preuss. Hoftheatermaler.

Ursprünglich dachte ich nicht an's Universitätsstudium, weil ich die Malerei zu meinem eigentlichen Beruf gewählt hatte und mein Vater diese Neigung sehr unterstützte, indem er mich Malkurse besuchen und bei tüchtigen Künstlern des In- und Auslandes arbeiten ließ. So kam ich nach Frankreich, Holland, Belgien, Italien und in die Schweiz. Es gibt nichts, was so wie das Reisen geeignet ist, den geistigen Horizont zu erweitern und ein freieres menschliches Urteil zu erlangen.

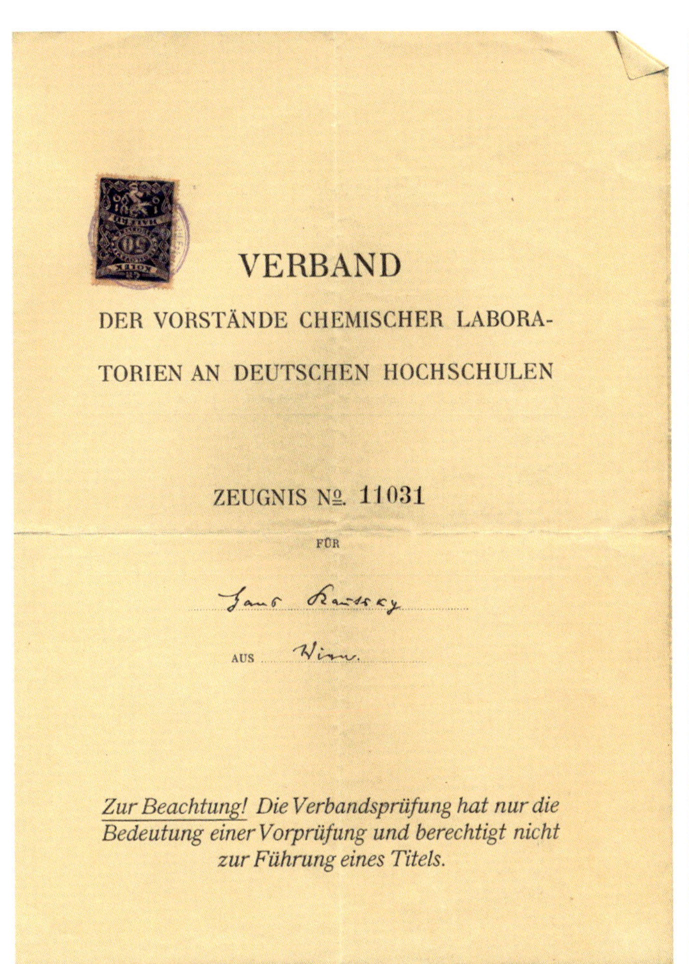

VERBAND

DER VORSTÄNDE CHEMISCHER LABORATORIEN AN DEUTSCHEN HOCHSCHULEN

ZEUGNIS №. 11031

FÜR Hans Kautsky

AUS Wien.

Zur Beachtung! Die Verbandsprüfung hat nur die Bedeutung einer Vorprüfung und berechtigt nicht zur Führung eines Titels.

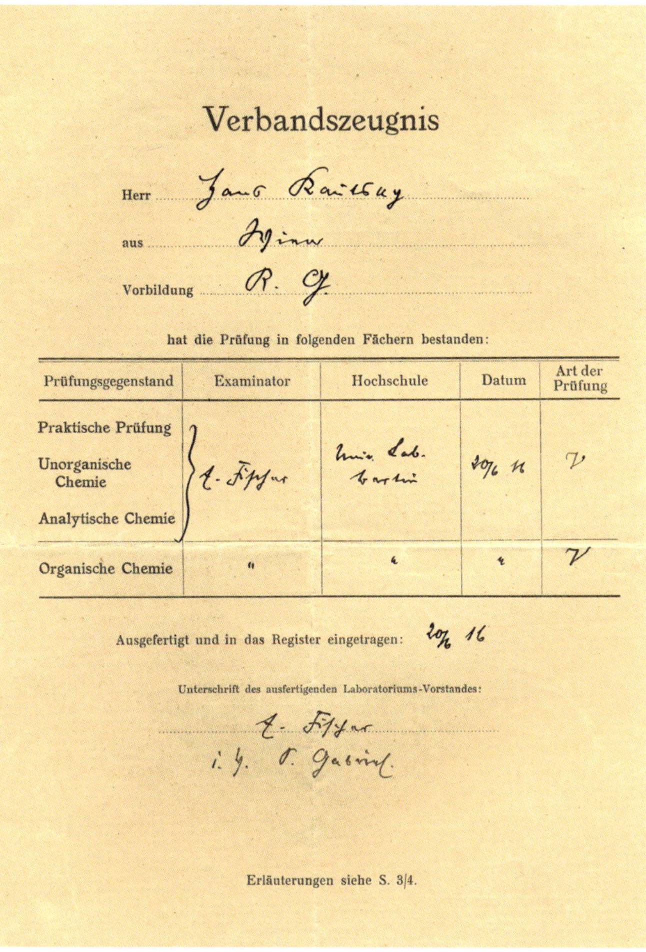

Verbandszeugnis

Herr Hans Kautsky

aus Wien

Vorbildung R. G.

hat die Prüfung in folgenden Fächern bestanden:

Prüfungsgegenstand	Examinator	Hochschule	Datum	Art der Prüfung
Praktische Prüfung Unorganische Chemie Analytische Chemie	A. Fischer	Univ. Lab. Berlin	20/6 16	V
Organische Chemie	"	"	"	V

Ausgefertigt und in das Register eingetragen: 20/6 16

Unterschrift des ausfertigenden Laboratoriums-Vorstandes:

A. Fischer
i. V. [illegible]

Erläuterungen siehe S. 3/4.

Jeder junge Mensch müsste mindestens 1 Jahr seiner Ausbildung im Ausland verbringen. Das würde die beste Voraussetzung für eine Völkerverständigung sein. Als 1914 der Weltkrieg ausbrach, wurde ich zum ersten Male mit Entsetzen aus meinem Traum von Menschlichkeit und Fortschritt gerissen. Das zweite Mal im Jahre 1939 war es noch schlimmer, weil ich einen Sohn habe, den ich gern vor diesem Entsetzen bewahrt hätte.
Im Jänner 1915 begann ich in Berlin mein Universitätsstudium in dem Laboratorium der Professoren A. Rosenheim und R. L. Meyer. Die wissenschaftliche und menschliche Atmosphäre war dort ganz ausgezeichnet. 1917 legte ich am Chemischen Institut der Universität meine Verbandsprüfung ab. (Abb. 26)
Mein Kriegsdienst bestand in der Konstruktion von Apparaten, um die laufende Produktion von Gasmasken zu prüfen [Dafür wurde Hans Kautsky mit dem „Verdienstkreuz für Kriegshilfe" ausgezeichnet, Abb. 27, 28]. *Leiter dieser Prüfstelle im Kaiser-Wilhelm-Institut für physikalische und Elektrochemie war der bekannte Kolloidchemiker H. Freundlich.*
1918 war der Krieg verloren. Unter der Leitung Fritz Habers wurden wieder wissenschaftliche Abteilungen im Kaiser-Wilhelm-Institut geschaffen, die er mit namhaften Forschern, wie H. Freundlich, J. Franck, R. Ladenburg, Regner u. a. besetzte. Ich hatte das Glück, Assistent bei einem der besten und hochstehendsten Menschen, bei Prof. H. Freundlich, zu werden. Seiner Großzügigkeit verdanke ich es, dass ich vollkommen frei und unbeeinflusst meinen eigenen Arbeiten wieder nachgehen konnte. Meine Doktorpromotion erfolgte 1922 [2.7.1922 mit Auszeichnung; Urkunde: 4.7.1922, Abb. 29] Das Papiersiegel der Universität Prag auf der Promotionsurkunde ist eine Rarität unter Universitätssiegeln (Abb. 30).
Das wissenschaftliche Leben während dieser arbeitsreichen Zeit zu schildern ist hier nicht Platz genug. Ich hatte Gelegenheit, die wissenschaftliche Auslese des

Abb. 26a/b
Verbandszeugnis über die bestandene Vorprüfung Chemie (Praktikum, Anorganische und Analytische Chemie, Organische Chemie) an der Universität Berlin vom 20.6.1916

Abb. 27
Besitzzeugnis „Verdienstorden für Kriegshilfe" vom 10.12.1917 für Hans Kautsky

Besitzzeugnis

Auf Allerhöchsten Befehl Seiner Majestät des Königs bezeugt die Generalkommission in Angelegenheiten der Königlich Preußischen Orden hierdurch, daß Seine Majestät

dem Chemiker

Hans Kautsky

das **Verdienstkreuz für Kriegshilfe** zu verleihen geruht haben.

Berlin, den 10. Dezember 1917.

Generalkommission in Angelegenheiten der Königlich Preußischen Orden

Kanitz.

Abb. 28
Verdienstorden für Kriegshilfe

Abb. 30
Papiersiegel auf der Promotionsurkunde

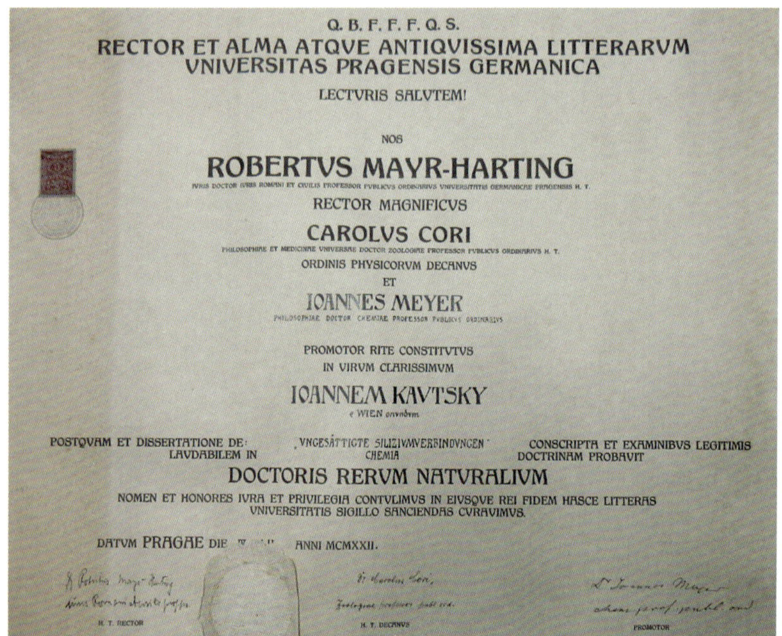

Q. B. F. F. F. Q. S.
RECTOR ET ALMA ATQVE ANTIQVISSIMA LITTERARVM
VNIVERSITAS PRAGENSIS GERMANICA
LECTVRIS SALVTEM!
NOS
ROBERTVS MAYR-HARTING
RECTOR MAGNIFICVS
CAROLVS CORI
ORDINIS PHYSICORVM DECANVS
ET
IOANNES MEYER
PROMOTOR RITE CONSTITVTVS
IN VIRVM CLARISSIMVM
IOANNEM KAVTSKY
e WIEN oriundum
POSTQVAM ET DISSERTATIONE DE „VNGESÄTTIGTE SILIZIVMVERBINDVNGEN" CHEMIA CONSCRIPTA ET EXAMINIBVS LEGITIMIS LAVDABILEM IN DOCTRINAM PROBAVIT
DOCTORIS RERVM NATVRALIVM
NOMEN ET HONORES IVRA ET PRIVILEGIA CONTVLIMVS IN EIVSQVE REI FIDEM HASCE LITTERAS VNIVERSITATIS SIGILLO SANCIENDAS CVRAVIMVS.
DATVM PRAGAE DIE ... ANNI MCMXXII.

Abb. 29 Abbildung der originalen Promotionsurkunde zur Dissertationsschrift „Ungesättigte Siliciumverbindungen" für Hans Kautsky von der Universität Prag, 1922

eigenen Landes und fremder Länder mehr oder weniger nahe kennen zu lernen. Es war für mich eine große Bereicherung. Ich schloss Bekanntschaften und Freundschaften; am nächsten standen mir K. F. Bonhoeffer (jetzt Direktor des physikalisch-chemischen Institutes Leipzig) und H. Freundlich, der als Emigrant vor wenigen Jahren in Amerika verstorben ist.
Meine wissenschaftlichen Arbeiten zogen bald einen größeren Kreis von Mitarbeitern aus dem In- und Ausland in mein Laboratorium [Abb. 31a]. *Im Jahre 1925 erhielt ich eine Einladung zu einer Tagung der Faraday Society nach Oxford, die auch politisch von Bedeutung war, weil sie die erste offizielle Zusammenkunft deutscher Wissenschaftler mit Wissenschaftlern des Auslandes nach dem Kriege war. Das Jahr 1919 bescherte mir ein besonderes Glück. Es ist das Jahr, in welchem ich meine Frau, die ich schon seit ihrem vierzehnten Lebensjahr kannte, heiratete* [27.8.1919, Abb. 31b]. *Sie stammt aus Triest. 1920 kam mein Sohn Hans in Berlin zur Welt. Unsere kleine Familie hält in sich so fest zusammen, dass sie immer nur wenig Beziehungen nach außen zu anderen Menschen suchte.*
Eines Tages teilten mir Haber und Freundlich [Abb. 35a] *mit, dass sich der Leiter des Chemischen Instituts in Heidelberg, Prof. Freudenberg, für mich interessiere und ich mich in seinem Institut habilitieren könne.* [Abb. 32] *Ich folgte diesem Ruf im Jänner 1928 und habe es nicht*

Abb. 31 a
Gruppenfoto „Dr. Hans Kautsky mit seinen Mitarbeiterinnen und Mitarbeitern am Fritz-Haber-Institut Berlin-Dahlem", 1. Reihe, 2. von links: Dr. Hans Kautsky

bereut. Heute darf ich auch Prof. Freudenberg zu meinen Freunden zählen [Abb. 35b, c].

Die Probevorlesung zum Thema „*Die Reduktion der Kohlensäure in organisierten Systemen*" fand am 13.06.1928, 12.00 Uhr ct statt (Abb. 29). Darauf folgte die Erteilung der *venia legendi* am selben Tag (Abb. 34).

Der Text auf dem Erinnerungsfoto 35a lautet: „Herrn Dr. Hans Kautsky zur Erinnerung an zwölf Jahre gemeinsamer Arbeit und mit den besten Wünschen für die Zukunft. H. Freundlich. 28.11.27"

Der Text auf der Rückseite des Erinnerungsfotos 35b lautet: „Seinem lieben Hans Kautsky zur Erinnerung an die gemeinsamen Jahre 1928-36 im Chemischen Institut zu Heidelberg. Karl Freudenberg. 26.3.1936."

Die fachliche Wertschätzung Kautskys durch Karl Freudenberg wird aus einem Schreiben ersichtlich. Als es 1935 um die Fristverlängerung der wissenschaftlichen Assistentenstelle des a.o. Prof. Dr. Hans Kautsky an der Universität Heidelberg ging, schrieb Freudenberg am 4. Dezember 1935 an den Dekan der mathematisch-naturwissenschaftlichen Fakultät, Prof. Seybold[19, Bl. 49]: „*Die Verwendungsdauer des wissenschaftlichen Assistenten Prof. Dr. Hans Kautsky läuft am 31.3.1936 ab. Ich bitte um Verlängerung der Verwendungsdauer des Genannten. Hierzu ist die Genehmigung des Ministers erforderlich. Prof. Kautsky ist eine wissenschaftliche Persönlichkeit ersten Ranges. Seine Arbeiten (Siloxene, Chemilumineszenz, Oberflächenwirkung) bewegen sich auf dem Gebiete der modernsten anorganischen Chemie in ihrer Anwendung von Photo- und Kolloidchemie. Sie haben ihn zu der fundamentalen Entdeckung des aktiven Sauerstoffs geführt, durch die er in den Stand gesetzt wurde, die Umwandlung des Lichts in chemische Energie bei der Assimilation von ganz neuem Gesichtspunkt aus zu studieren. Kautsky ist ein ungemein anregender Lehrer, der eine seltene Gabe besitzt, seinen Schülern, die mit großer Wärme an ihm hängen, zur Mitarbeit an wichtigen chemischen Vorgängen und Zielsetzungen zu begeistern... Heil Hitler, Karl Freudenberg*".

Abb. 31 b
Martha Urban und Hans Kautsky, 1916

Abb. 32
Titelblatt der Habilitationsschrift „Oxysiloxene“ von Dr. Hans Kautsky, eingereicht bei der Mathematisch-Naturwissenschaftlichen Fakultät der Ruprecht-Karls-Universität Heidelberg, 1928

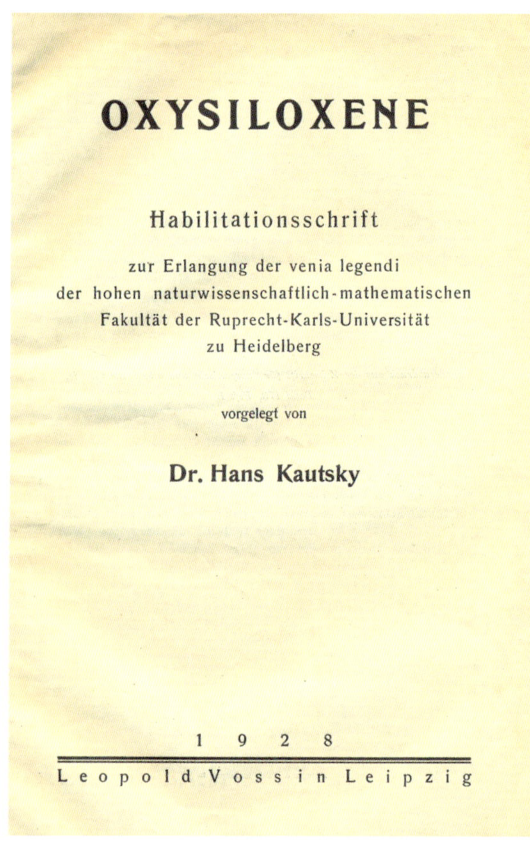

OXYSILOXENE

Habilitationsschrift

zur Erlangung der venia legendi
der hohen naturwissenschaftlich-mathematischen
Fakultät der Ruprecht-Karls-Universität
zu Heidelberg

vorgelegt von

Dr. Hans Kautsky

1 9 2 8

Leopold Voss in Leipzig

Abb. 33
Einladung zur öffentlichen Probevorlesung von Dr. Hans Kautsky über „Die Reduktion der Kohlensäure in organisierten Systemen“ am 13.6.1928

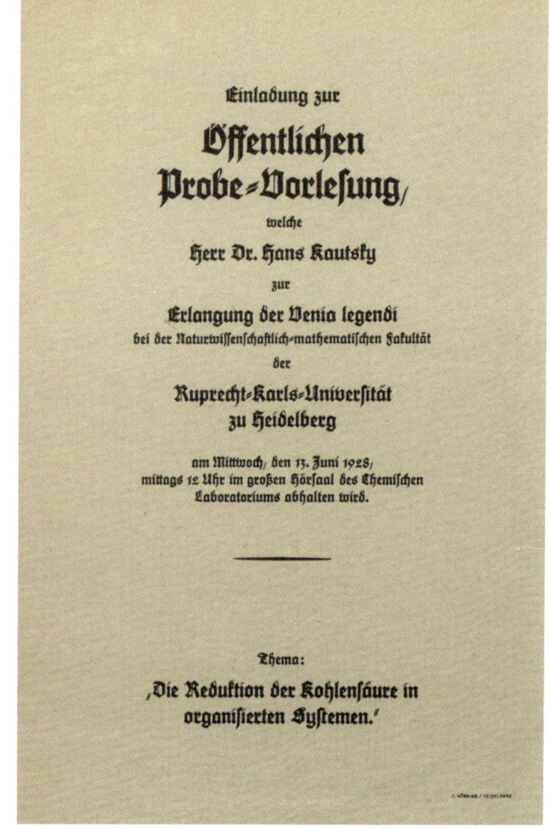

Einladung zur

Öffentlichen
Probe-Vorlesung,

welche

Herr Dr. Hans Kautsky

zur

Erlangung der Venia legendi
bei der Naturwissenschaftlich-mathematischen Fakultät
der
Ruprecht-Karls-Universität
zu Heidelberg

am Mittwoch, den 13. Juni 1928,
mittags 12 Uhr im großen Hörsaal des Chemischen
Laboratoriums abhalten wird.

Thema:

„Die Reduktion der Kohlensäure in
organisierten Systemen.“

Hans Kautsky fährt in seinem Lebenslauf fort: *„Heidelberg erfüllte mein innerstes Bedürfnis nach wissenschaftlichem Arbeiten und nach einer schönen Gegend. Ausgezeichnete Wissenschaftler waren dort, neben Freudenberg der Organiker Ziegler, der Anorganiker Hieber und vor allem der geniale Schweizer Physikochemiker Werner Kuhn (jetzt Direktor des physikalisch-chemischen Instituts der Universität Basel), den ich zu meinen allerbesten Freunden rechne* [Abb. 35c]. *Oft und gern war ich in Heidelberg mit meinem Freund und Landsmann Prof. H. Mark aus Wien zusammen, der jetzt an der Universität Brooklyn wirkt. Dann kam 1933 das Ende der schönen, freien, wenn auch wirtschaftlich schweren Zeit. Das wurde mir bald klar, als ich eines Tages am Eingang des Heidelberger Chemischen Instituts ein großes Plakat las: ‚Wir brauchen keine Intellektuellen, wir brauchen Menschen aus Fleisch und Blut‘ und die Aufschrift ‚Dem freien Geiste, aber deutschem Geiste‘. Chemie und Physik konnten nicht so ohne weiteres vor den neuen braunen Wagen gespannt werden, denn wie wir sagten: ‚Ein Stein fällt in Moskau nach demselben Gesetz wie in Berlin‘. Kino, Radio und Zeitung wurden immer fühlbarer für die Propaganda eingesetzt. Ich konnte es nicht fassen, als ich merkte, dass eine Lüge, zehnmal wiederholt, zur Wahrheit und hundertmal wiederholt, zum Dogma für Viele wurde. Als Oesterreicher fühlte ich mich zuerst etwas außerhalb stehend, nach der Gründung des oesterreichischen Kampfringes, der die Auslandsoesterreicher in den Kampf für die nationalsozialistische Angleichung Oesterreichs treiben wollte, konnte ich nicht mehr ungeschoren beiseite stehen. Der Leiter des Kampfringes in Heidelberg, ein Herr Spitzenberger, bearbeitete mich mündlich und mit Briefen, in denen er u. a. die Adresse meines sozialistischen Onkels und seiner Angehörigen erfahren wollte. Meine endgültige Ablehnung, dem Kampfring beizutreten, führte zu einer Anzeige beim Unterrichtsministerium in Karlsruhe. Der Fürsprache eines mir wohlgesinnten Oesterreichers verdanke ich es, dass die Anzeige keine sichtbaren Folgen für mich hatte. Durch die Besetzung Oesterreichs im Jahre 1938 wurde ich deutscher Staatsangehöriger.“*

Eine Recherche in der Personalakte von Prof. Kautsky im Universitätsarchiv Leipzig ergab dazu bemerkenswerte Einzelheiten, die aus einem Brief vom 2.5.1934 jenes „Landesführers Südwest des Kampfrings der Deutsch-Oesterreicher im Reich“, Johann Spitzenberger, an den damaligen Vizekanzler der Universität Heidelberg, Prof. Dr. Hans Himmel, hervorgehen: *„Auf meine*

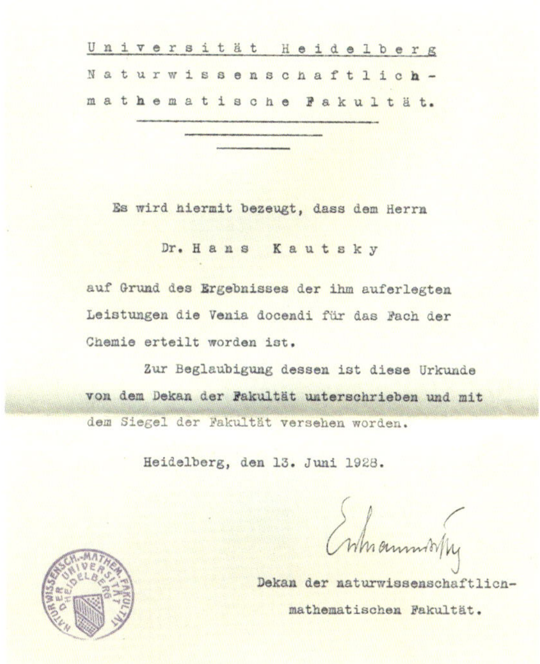

Universität Heidelberg
Naturwissenschaftlich-
mathematische Fakultät.

Es wird hiermit bezeugt, dass dem Herrn

Dr. Hans Kautsky

auf Grund des Ergebnisses der ihm auferlegten Leistungen die Venia docendi für das Fach der Chemie erteilt worden ist.

Zur Beglaubigung dessen ist diese Urkunde von dem Dekan der Fakultät unterschrieben und mit dem Siegel der Fakultät versehen worden.

Heidelberg, den 13. Juni 1928.

Dekan der naturwissenschaftlicn-
mathematischen Fakultät.

Abb. 34 Urkunde über die Erteilung der venia legendi an Dr. Hans Kautsky durch die Mathematisch-Naturwissenschaftliche Fakultät der Ruprecht-Karls-Universität Heidelberg vom 13.6.1928

Herrn Dr. Hans Kautsky
Zur Erinnerung an zwölf Jahre gemeinsamer Arbeit
und mit den besten Wünschen für die Zukunft.
H. Freundlich
28.11.27.

Abb. 35 a Porträtfoto Herbert Freundlich mit handschriftlicher Widmung (1927)

Meinem lieben Hans Kautsky
zur Erinnerung an die gemeinsamen Jahre 1928–36 im Chemischen Institut zu Heidelberg.
Karl Freudenberg.
26. 3. 1936.

Abb. 35 b Handschriftliche Widmung von Karl Freudenberg auf der Rückseite des Porträtfotos (1936)

Abb. 35 c Chemieprofessoren der Universität Heidelberg, 1933, von links: (?), Müller, Hans Kautsky sen., Karl Freudenberg (1886–1983), Walter Hieber (1898–1976), (?), Robert Stolle (1869–1938), Karl Ziegler (1898–1973; Nobelpreis 1963)

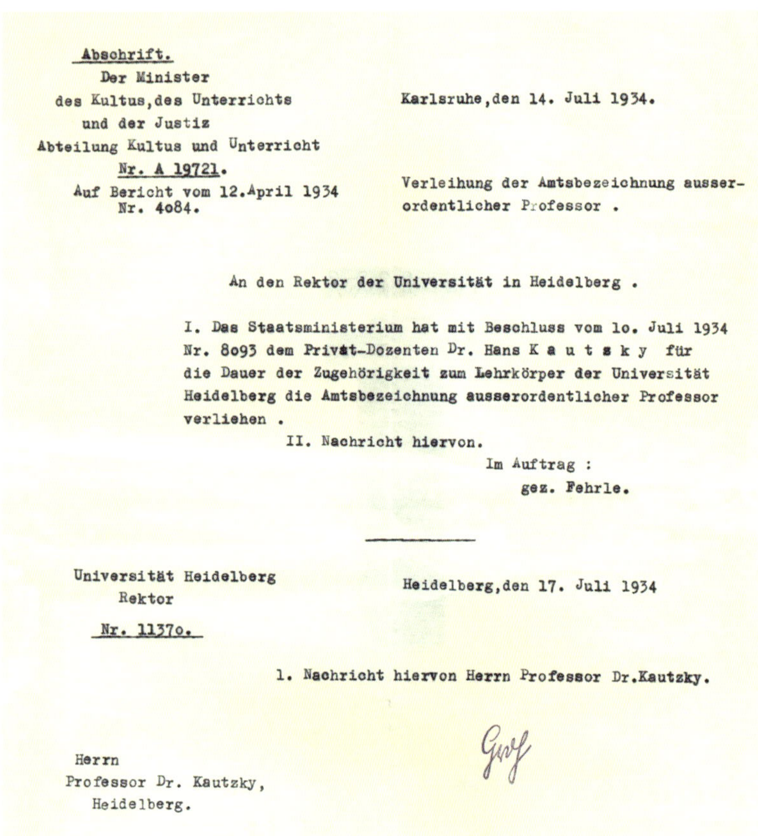

Abschrift.
Der Minister
des Kultus, des Unterrichts
und der Justiz
Abteilung Kultus und Unterricht
Nr. A 19721.
Auf Bericht vom 12. April 1934
Nr. 4084.

Karlsruhe, den 14. Juli 1934.

Verleihung der Amtsbezeichnung ausserordentlicher Professor.

An den Rektor der Universität in Heidelberg.

I. Das Staatsministerium hat mit Beschluss vom 10. Juli 1934 Nr. 8093 dem Privat-Dozenten Dr. Hans K a u t s k y für die Dauer der Zugehörigkeit zum Lehrkörper der Universität Heidelberg die Amtsbezeichnung ausserordentlicher Professor verliehen.

II. Nachricht hiervon.

Im Auftrag:
gez. Fehrle.

Universität Heidelberg
Rektor
Nr. 11370.

Heidelberg, den 17. Juli 1934

1. Nachricht hiervon Herrn Professor Dr. Kautzky.

Herrn
Professor Dr. Kautzky,
Heidelberg.

Abb. 36 Verleihung der Amtsbezeichnung außerordentlicher Professor an Dr. Hans Kautsky durch das Hessische Ministerium des Kultus, des Unterrichts und der Justiz mit Beschluss vom 10.7.1934

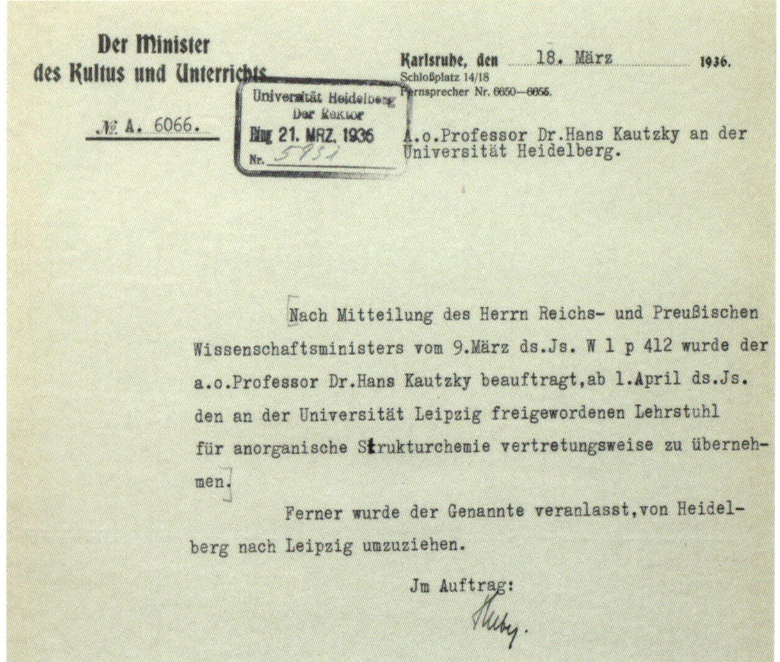

Der Minister
des Kultus und Unterrichts
Nr. A. 6066.

Karlsruhe, den 18. März 1936.
Schloßplatz 14/18
Fernsprecher Nr. 6650–6655.

Universität Heidelberg
Der Rektor
Eing. 21. MRZ. 1936
Nr. 5931

A.o. Professor Dr. Hans Kautzky an der Universität Heidelberg.

Nach Mitteilung des Herrn Reichs- und Preußischen Wissenschaftsministers vom 9. März ds. Js. W 1 p 412 wurde der a.o. Professor Dr. Hans Kautzky beauftragt, ab 1. April ds. Js. den an der Universität Leipzig freigewordenen Lehrstuhl für anorganische Strukturchemie vertretungsweise zu übernehmen.

Ferner wurde der Genannte veranlasst, von Heidelberg nach Leipzig umzuziehen.

Jm Auftrag:

Abb. 37 Schreiben des Hessischen Ministers des Kultus, des Unterrichts und der Justiz vom 18.3.1936 mit der Beauftragung des Hans Kautsky zur vertretungsweisen Übernahme des Lehrstuhls für anorganische Chemie an der Universität Leipzig zum 1.4.1936 mit gleichzeitiger Verfügung des Umzugs von Heidelberg nach Leipzig

Nachforschung in Wien erhielt ich den Bescheid, dass daselbst ein jüdisch-marxistischer Zeitungsschmierer Namens Kautsky als Schriftsteller gemeldet ist. Durch meine hiesige Auskunftsstelle Frl. Dr. Straygorski höre ich, dass der Vorgenannte ein Vetter von Dozent Dr. Hans Kautsky wäre bzw. ein Sohn des Prager Onkels. Dieser habe sich mit einer Jüdin verheiratet und sei zum Judentum übergetreten…"[19, Bl. 22] [es handelt sich offenbar um Benedikt Kautsky, d. A.]. In einem weiteren Schreiben vom 22.05.1934 an einen Dr. A. Lehnert zur Übermittlung an das zuständige Ministerium steht[19, Bl. 25]: *„Der Genannte* [H. K.] *ist deutsch-österreichischer Bundesbürger. Bei der Werbung, dem K.R.* [Kampf-Ring, d. A.] *beizutreten, hat K. sich sehr zurückhaltend gezeigt. Auf nähere Nachforschung über die Gründe antwortete er: ‚Ich brauche Gründe nicht anzugeben.' Der Genannte ist ein Neffe des einstigen marx. Reichstagsabgeordneten, der nach dem Zusammenbruch von 1918 eine Schmähschrift herausgegeben hat, worin er Deutschland in allen Punkten die Schuld am Weltkrieg zugeschoben hat, die später so verhängnisvoll für Deutschland sich ausgewirkt haben. Nach Erkundigungen bei einer Persönlichkeit, die im Hause Kautsky verkehrt, soll er den Nationalsozialismus zwar bejahen, mit Politik sich aber nie befasst haben. Angeblich soll er niemals einer politischen Partei angehört haben. Arische Abstammung hat K., wie wir im Rektorat der Universität erfahren haben, nachgewiesen. Wir sehen bei K. nicht ganz klar…"* All das zeigt, wie damals die Menschen ausspioniert und hinter ihrem Rücken Informationen aus verschiedenen Kanälen zusammengetragen worden sind.

Hans Kautsky schreibt weiter in seinem Lebenslauf: *In Heidelberg* [wohnhaft in Schloss Wolfsbrunnenweg 23, d. A.] *habilitierte ich mich 1928* [am 2.3.1928] *und erhielt 6 Jahre später den Titel a. o. Professor* [10.7.1934, Abb. 36].

1936 folgte ich einem Rufe als planmäßiger a. o. Professor an die Universität Leipzig [1.4.1936 vertretungsweise], *wo ich Vorstand der anorganischen Abteilung des von Prof. B. Helferich geleitetem Chemischen Laboratorium der Universität wurde* [1.12.1936; 26.01.1937, Abb. 37–39].

Die Antrittsvorlesung hielt Hans Kautsky am 15. Januar 1938 zum Thema *„Energieübertragungen in Siloxenstrukturen"* (Abb. 40).

„Ich freute mich, mit Bonhoeffer und seiner Familie, unseren alten Freunden aus der Berliner Zeit, wieder zusammenzukommen. Durch ihn schlossen wir auch

Freundschaft mit der uns gleichgesinnten Familie des Prof. W. Jost, der jetzt Direktor des Physikalisch-chemischen Instituts der Universität Marburg ist."

Karl Friedrich Bonhoeffer und Hans Kautsky, traten in öffentlichen Vorlesungen der Universität auf (Abb. 41)[20]:

„Als die düsteren Wolken des heraufziehenden Krieges bereits über der Welt standen, erhielt ich eine Einladung zu einer Lumineszenz-Tagung der Faraday Society nach London, zu der ich mein Vortragsmanuskript sandte[21] [Abb. 42], *selbst aber nicht mehr hinfuhr.*

Dann kam der Krieg mit seinem unbeschreiblichen Elend und Grauen. Einmal im Krieg nur war es mir vergönnt, auf einen Augenblick in die Freiheit zu schauen: Eine Einladung zu einem wissenschaftlichen Vortrag durch die Chemische Gesellschaft Basel brachte mich 1941 für ein paar Tage in die Schweiz.

Der Universitätsbetrieb ging weiter, mit zunehmender Dauer des Krieges verschwanden immer mehr der jungen Wissenschaftler aus den Laboratorien. Die wissenschaftliche Arbeit konnte wegen der strengen Bewirtschaftung der erforderlichen Geräte und Substanzen nur noch unter dem Titel von Kriegsaufträgen

Der Reichs- und Preußische Minister für Wissenschaft, Erziehung und Volksbildung

Berlin W 8, den 26. Januar 1937.
Unter den Linden 69.
Fernsprecher: A 1 Jäger 0030
Postscheckkonto: Berlin 14402
Reichsbank-Giro-Konto
Postfach

W I p Nr. 2598/36. (a)

Es wird gebeten, dieses Geschäftszeichen und den Gegenstand bei weiteren Schreiben anzugeben.

Der Führer und Reichskanzler hat Sie unter Berufung in das Beamtenverhältnis zum außerordentlichen Professor im sächsischen Landesdienst ernannt.

Mit der Ernennung ist Ihr Dienstverhältnis im badischen Landesdienst beendet.

Ich verleihe Ihnen mit Wirkung vom **1. Dezember 1936**, ab in der Mathematisch-Naturwissenschaftlichen Abteilung der Philosophischen Fakultät der Universität in Leipzig die freie Planstelle eines außerordentlichen Professors mit der Verpflichtung, die anorganische Strukturchemie in Vorlesungen und Übungen zu vertreten. Gleichzeitig ernenne ich Sie zum Direktor der Strukturchemischen Abteilung des Chemischen Laboratoriums der Universität in Leipzig.

Ihre Bezüge berechnen sich nach Gruppe C e der sächsischer Besoldungsordnung. Sie erhalten anstelle Ihrer bisherigen Bezüge ein Grundgehalt von jährlich

8.200 RM,

in Worten: "Achttausendzweihundert Reichsmark", sowie den gesetzlichen Wohnungsgeldzuschß und gegebenenfalls Kinderzuschläge.

Ihr Besoldungsdienstalter ist auf den 1. Dezember 1926 festgesetzt worden.

Auf das Ihnen zufließende Unterrichtsgeld finden die Ihnen bekannten allgemeinen Bestimmungen Anwendung. Es wird Ihnen jedoch eine Einnahme an Unterrichtsgeld von jährlich

1.000 RM.

in Worten: "Eintausend Reichsmark", gewährleistet. Diese Zusicherung fällt mit dem Zeitpunkt Ihrer Entpflichtung fort.

Alle

An
den nichtbeamteten außerordentlichen
Professor Herrn Dr. habil.
Hans Wilhelm K a u t s k y,
in L e i p z i g .

Abb. 38 Berufungsschreiben vom 26.1.1937 zum a.o. Professor im sächsischen Landesdienst für Hans Kautsky durch das Preußische Kultusministerium

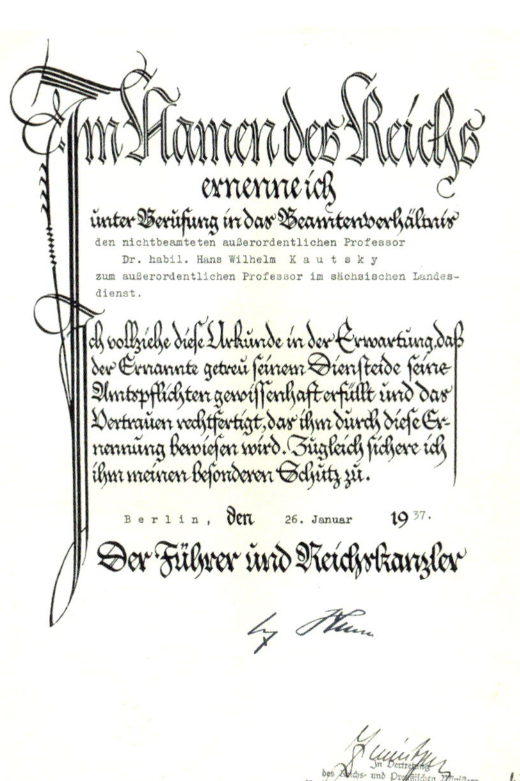

Im Namen des Reichs
ernenne ich
unter Berufung in das Beamtenverhältnis
den nichtbeamteten außerordentlichen Professor
Dr. habil. Hans Wilhelm K a u t s k y
zum außerordentlichen Professor im sächsischen Landesdienst.

Ich vollziehe diese Urkunde in der Erwartung, daß der Ernannte getreu seinem Diensteide seine Amtspflichten gewissenhaft erfüllt und das Vertrauen rechtfertigt, das ihm durch diese Ernennung bewiesen wird. Zugleich sichere ich ihm meinen besonderen Schutz zu.

B e r l i n , den 26. Januar 1937.

Der Führer und Reichskanzler

In Vertretung des Reichs- und Preußischen Ministers für Wissenschaft, Erziehung und Volksbildung.

Abb. 39 Berufungsurkunde für Prof. Hans Kautsky in das Beamtenverhältnis vom 26.1.1937

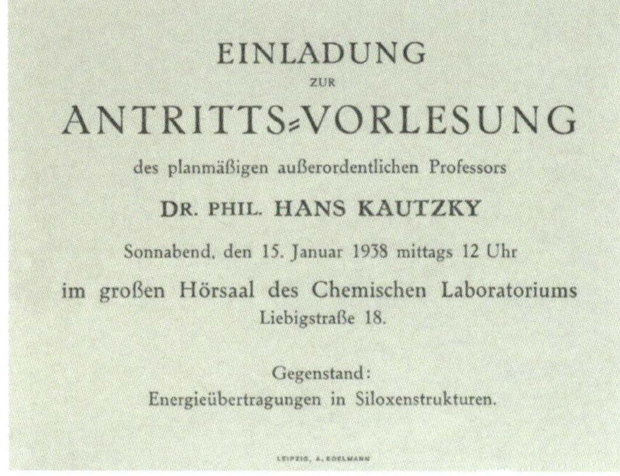

EINLADUNG
ZUR
ANTRITTS-VORLESUNG
des planmäßigen außerordentlichen Professors
DR. PHIL. HANS KAUTZKY
Sonnabend, den 15. Januar 1938 mittags 12 Uhr
im großen Hörsaal des Chemischen Laboratoriums
Liebigstraße 18.
Gegenstand:
Energieübertragungen in Siloxenstrukturen.

Abb. 40 Einladung zur Antrittsvorlesung von Prof. Hans Kautsky über „Energieübertragung in Siloxenstrukturen" am 15. Januar 1938

Abb. 41
Programmauszug öffentlicher Vorlesungen an der Universität Leipzig am 19.6.1938

Sonntag, den 19. Juni 1938

9^{00}– 9^{45} Uhr	Prof. Dr. Bonhoeffer (Physikalisch-Chemisches Institut, Linnéstraße 2): „Die chemischen Wirkungen des Lichtes“.
	Prof. Dr. Dietzel (Hörsaal 11): „Deutsche Kolonialpolitik von 1884 bis zum Kriegsende und ihre Lehren für heute“.
	Prof. Dr. Dresel (Hörsaal 35): „Badewesen einst und jetzt“.
	Prof. Dr. Gerber (Hörsaal 36): „Die Idee des deutschen Volksstaates“.
9^{30}–10^{45} Uhr	Führungen durch das Zoologische Museum, Talstraße 33.
	Führungen durch das Psychologische Institut, Universitätsstraße 3–5, Paulinum III.
10^{30} Uhr	Führung durch das Psychologische Seminar, Schillerstraße 7.
	Führung durch das Anatomische Museum, Liebigstraße 13.
10^{00}–10^{45} Uhr	Prof. Dr. Friedrich (Hörsaal 11): „Zur Geschichte der Schrift im alten Orient“.
	Prof. Dr. Kautsky (Chemisches Institut, Liebigstraße 18, Großer Hörsaal): „Versuche zur Erzeugung von kaltem Licht“.
	Prof. Dr. Scheumann (Hörsaal 36): „Edel- und Schmucksteine, natürliche Entstehungsarten und Synthesen“.

Abb. 42
Vorgesehenes Vortragsreferat (Titel und Zusammenfassung) von Hans Kautsky für die Faraday-Tagung 1938 in London, eingereicht am 18.7.1938 in deutscher Sprache (Übersetzung)

QUENCHING OF LUMINESCENCE BY OXYGEN.

BY HANS KAUTSKY.

Received in German on 18th July, 1938.

A connection exists between fluorescence and the action of sensitisers. Fluorescent substances are able temporarily to store up energy quanta in excited states. They can emit the excitation energy as light, but in appropriate systems, they can also transfer it, to other molecules. In the latter case, the fluorescence is quenched. My experiments show that oxygen has a quenching effect upon the fluorescence of many dyestuffs. The question as to what happens in the interaction of excited dyestuffs and oxygen is of importance in connection with many natural processes. I need only call attention to some biologically important fluorescent colouring matters, chlorophylls, porphyrins, carotinoids, lactoflavin, and so on.

Abb. 43
Ruine des am 4.12.1943 zerstörten Gebäudes des Chemischen Laboratoriums der Universität Leipzig in der Liebigstraße 18

fortgesetzt werden. Dies ermöglichte auch eine Rückholung junger Wissenschaftler aus dem Felde durch die dafür gegründete Osenberg-Aktion.
Meine wissenschaftlichen Arbeiten veranlassten immer wieder einmal eine Hochschule, an ein Ordinariat für mich zu denken. Mit Graz und Hannover waren in den Jahren 1941–1942 die Berufungsverhandlungen bereits weit fortgeschritten. Das Unterrichtsministerium besann sich aber immer wieder auf einen politisch geeigneteren Mann.
Im Dezember 1943 wurde das Chem. Institut in Leipzig durch einen Bombenangriff zerstört [Abb. 43].“
Anmerkung: 4.12.1943, amerikanischer Bombenangriff auf Leipzig. In dieser Nacht vom 3./4.12.1943 wurden etwa 3/4 aller naturwissenschaftlichen Institute der Universität Leipzig zerstört. Hans Kautsky jun. schrieb in Rückerinnerung dazu in einem Brief an L. Beyer und E. Hoyer: *„Während eines Fronturlaubs im Dezember 1943 habe ich selbst den schweren Bombenangriff auf Leipzig erlebt. Wir wohnten in Markkleeberg und sind dann sofort zum Institut (I. Chemisches Laboratorium, Liebigstraße 18) gegangen, das im oberen Stock in Flammen stand. Ich konnte unter Einsatz eines CO_2-Löschers die Flammen im Treppenhaus soweit zurückdrängen, dass wir Zeit gewinnen konnten, um aus den Räumen im Untergeschoss wichtige Dinge zu bergen“*[22, S. 51]
Prof. Hans Kautsky schreibt weiter in seinem Lebenslauf: *„Es gelang mir, im Hygiene-Institut einige Arbeitsräume zu bekommen, bald war aber auch dieses nur mehr ein Trümmerhaufen. Endlich kam die Erlösung. Wir freuten uns, zuhause lebendig und wenig geschädigt an Hab und Gut dieser Hölle entronnen zu sein. Die Freude dauerte aber nicht lange. Von heute auf morgen wurden wir am 23. Juni 1945 mit dem Großteil der naturwissenschaftlichen Fakultät Leipzig, unter Zurücklassung unseres schön eingerichteten Hauses und des privaten und wissenschaftlichen Besitzes, auf amerikanischen Lastautos nach Weilburg/Lahn zwangsevakuiert.*
Über 4 Monate warte ich seitdem auf die Einlösung der beim Abtransport gemachten amerikanischen Versprechungen: Sehr günstige wissenschaftliche Arbeitsmöglichkeiten, Rückführung meines Sohnes aus amerikan. Kriegsgefangenschaft als wissenschaftlichen Mitarbeiter, großzügigen Ersatz des verlorenen Besitzes. Ich möchte endlich wieder einmal wissenschaftliche Arbeitsmöglichkeiten haben. Politische Schwierigkeiten bestehen nicht. Ich habe meine Meinung 1939 nicht geändert und brauche sie 1945 auch nicht zu ändern.“

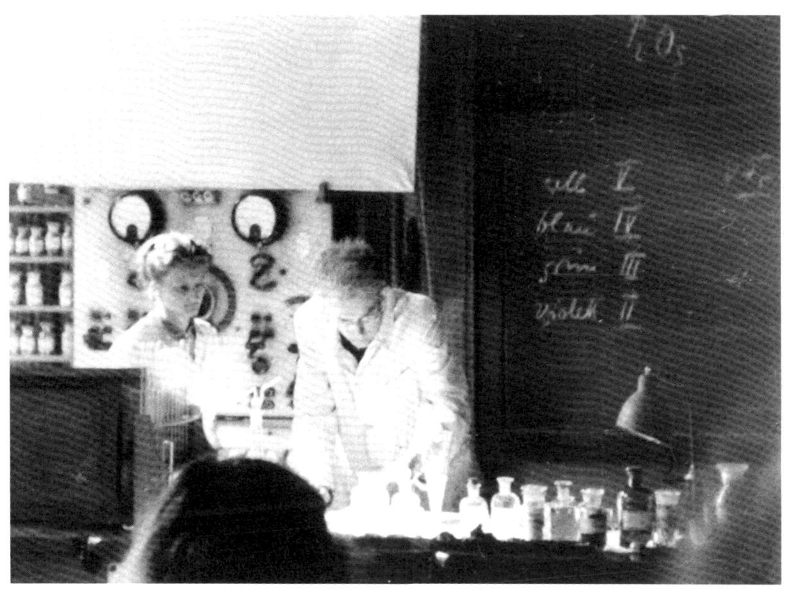

Abb. 44
Hans Kautsky bei einer Experimental-Vorlesung über Nebengruppenelemente im Großen Hörsaal des Chemischen Laboratoriums, assistiert von Margarethe Hirn, 1943

Diesen Lebenslauf ergänzte Prof. Hans Kautsky in einigen Passagen in einer *„Anlage zum Personalfragebogen für Hochschulbeamte"*[19, Anlage], den er etwa zur gleichen Zeit und ebenfalls in Weilburg ausfüllte. Er war aufgefordert, seine persönliche Einstellung zu einigen Themen darzulegen, die unter *D. Lebensbeschreibung* aufgeführt sind und die er mit dem folgenden Satz beginnt: *„Ich nehme an, dass hier unter Weltanschauung die innere Einstellung zur umgebenden Welt gemeint ist und nicht, wie es der Nationalsozialismus aufgefasst hat, die politische Anschauung."* Seine Ausführungen vertiefen den Einblick in das Wesen und den Charakter Hans Kautskys. Es sei daraus die Passage unter dem Abschnitt „Aufsatz" ausgewählt und wiedergegeben[19, Anlage]:

„Die Wissenschaft ist eine gefährliche Macht, die nicht in unrechte Hände gelangen darf. Sie muss ein Werk des Aufbaues und nicht der Zerstörung sein. Sie hat eine soziale Verantwortung, die darin besteht, bessere, glücklichere und gesündere Lebensbedingungen für Alle zu schaffen, und den wertvollen, guten Anlagen der Menschen zur Entwicklung zu verhelfen. Es ist unfassbar, dass trotz der großen Einsicht und Fortschritte auf allen Gebieten es noch nicht gelungen ist, auch nur die primitivsten Lebensbedingungen, Nahrung, Bekleidung, Wohnung, Unterricht u.s.w. jedem Menschen in ausreichendem Maße zu gewährleisten.

Der Krieg hat die Begriffe Menschheit, Freiheit, Verantwortung, Entwicklung und Fortschritt aus den Seelen der jungen Menschen gewischt. Sie neu hinein zu schreiben, ist eine der vornehmsten Aufgaben der Universitätslehrer. Denn nur in dem Glauben an diese gibt es einen Sinn. Ich habe im Kriege meinen jungen Mitarbeitern gegenüber immer wieder betont, dass es ihre wichtigste Aufgabe ist, diese wertvollen Begriffe der Menschheit hochzuhalten und in eine bessere Zukunft hinüberzuretten.

Die Hochschule hat keine unmittelbare politische Bedeutung: Meiner Meinung nach ist sie eine Stätte der Wissenschaft. Vielleicht kommt einmal die Zeit, in welcher das zweckmäßige naturwissenschaftliche Denken in die Politik Eingang findet. Die Hochschule hat insofern eine politische Verantwortung, als sie die Auslese der besonders fähigen Menschen, ohne Rücksicht auf ihre soziale Lage, im Staat besorgen soll. Sie erzieht die Menschen zu sauberem, kritischem Denken, zur selbständigen Meinungsbildung und Verantwortung. Sie muss aber auch die höchsten menschlichen Anforderungen an sie stellen. Unter diesen Bedingungen werden auch die der Politik zuneigenden Kräfte für eine friedliche Entwicklung, die dem Fortschritt dient, arbeiten und Werke der sinnlosen Zerstörung nicht nur als unzweckmäßig erkennen, sondern als verabscheuungswürdig vermeiden.

Es war früher eine schöne und gute Sitte der Studenten, die Universitäten während des Studiums zu wechseln. Das blieb aber meist auf das eigene Land beschränkt. Es wäre eine wundervolle Aufgabe im Sinne der Völkerverständigung, wenn in der ganzen Welt jeder tüchtige Student eine gewisse Zeit an einer Universität im Ausland studieren müsste."

Damit endet die 1945 von Hans Kautskys im Exil in Weilburg/Lahn verfasste Lebensbeschreibung. Insbesondere für die mehr als 70 Jahre danach Lebenden ist es verstörend beeindruckend und zum Nachdenken anregend, wie die Lebensphase des genialen Chemikers in den letzten Kriegsjahren und ersten Nachkriegsmonaten verlief. Bis Ende November 1943 fanden die Experimental-Vorlesungen in den Hörsälen des Chemischen Laboratoriums in der Liebigstraße 18 statt. Die Abbildung 44 zeigt Hans Kautsky im Juni 1943 am Katheder des Kleinen Hörsaals im Hochparterre bei einer Vorlesung über Vanadiumverbindungen mit seiner Assistentin, Frau Margarethe Hirn verehel. Schley.

Danach fanden alle Vorlesungen im Chemiegebäude in der Brüderstraße 34, der von der Gesellschaft Deutscher Chemiker, GDCh, im Jahre 2009 ausgezeichneten *„Historischen Stätte der Chemie"* statt. Es war das einzige Chemie-Gebäude, das den verheerenden angloamerikanischen Bombenangriff am 4. Dezember

4. Anorganische und organische Chemie
(im Chemischen Laboratorium, Brüderstr. 34):

Experimentalchemie (Anorganische Chemie)
Mo bis Fr 9—10 **Helferich** 607

Experimentalchemie (Anorganische Chemie)
Mo bis Do 9—10 **Helferich** 608

Spezielle organische Chemie I
3 st. n. Vereinb. **Weygand** 609

Spezielle anorganische Chemie II
3 st. n. Vereinb. **Kautsky** 610

Die Arbeitsmethoden der anorganischen Chemie
Di 11—12 **Carlsohn** 611

Über einige Naturstoffe I. Teil (Terpene, Polyterpene und Azulene)
1 st. n. Vereinb. **Treibs** 612

Anorganisch-chemische Übungen (analytisch und präparativ) für Studierende der Chemie, Mathematik, Naturwissenschaften und Nationalökonomie **Helferich mit Kautsky u. Carlsohn**
a) ganztg. } Mo Di Do Fr 8—17, Mi So 8—13 n. Wahl 613
b) halbtg. } 614
c) unter bes. Umständen auch vierteltg. n. Wahl 615

Organisch-chemische Übungen **Helferich mit Weygand**
a) ganztg. } Mo Di Do Fr 8—17, Mi So 8—13 n. Wahl 616
b) halbtg. } 617
c) unter bes. Umständen auch vierteltg. n. Wahl 618

Organisch-mikroanalytisches Praktikum
4 st. n. Vereinb. **Weygand** 619

78

Chemische Übungen für Studierende der Medizin, Zahnheilkunde u. Veterinärmedizin
6 st. n. Vereinb. in verschiedenen Kursen **Helferich** mit **Kautsky u. Carlsohn** 620

Chemische Übungen für Studierende der Medizin und Zahnheilkunde
3 st. n. Vereinb. in verschiedenen Kursen **Helferich** mit **Kautsky u. Carlsohn** 621

Chemische Übungen für Studierende der Land- und Forstwirtschaft
6 st. n. Vereinb. in verschiedenen Kursen **Helferich** mit **Kautsky u. Carlsohn** 622

Chemische Arbeiten f. Vorg. **Helferich, Weygand, Kautsky, Carlsohn Rieche** und **Treibs**
a) ganztg. } Mo Di Do Fr 8—17, Mi So 8—13 n. Wahl 623
b) halbtg. } 624
c) unter bes. Umständen auch vierteltg. n. Wahl 625

*Chemisches Kolloquium
Zeit n. Vereinb. **Carlsohn, Helferich, Kautsky, Poethke, Rassow, Rieche, Scheiber, Thomas, Treibs, Weygand** u. **L. Wolf** 626

Abb. 45 a, b Ankündigung der Lehrveranstaltungen in Chemie im Sommersemester 1945 an der Universität Leipzig. Auszug aus dem Vorlesungsverzeichnis

Abb. 46
Protokoll einer mündlichen Vordiplom-Prüfung für den belgischen Studenten Jan van Dooren am 13. April 1945, Chemisches Laboratorium der Universität Leipzig, mit den Unterschriften der Prüfer Prof. Hans Kautsky und Prof. Burckhardt Helferich

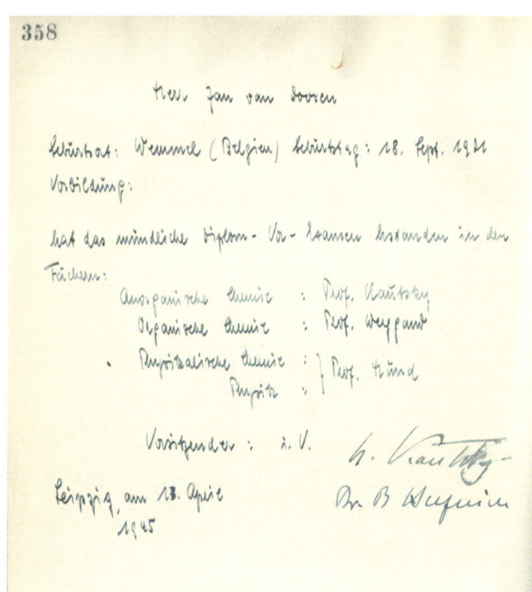
358

Herr Jan van Dooren

Wohnort: Wemmel (Belgien) Geburtstag: 18. Sept. 1921
Vorbildung:

hat das mündliche Diplom-Vor-Examen bestanden in den Fächern:
Anorganische Chemie : Prof. Kautsky
Organische Chemie : Prof. Weygand
Physikalische Chemie : } Prof. Hund
Physik : }

Vorsitzender: i. V. H. Kautsky
Dr. B. Helferich

Leipzig, am 13. April 1945

1943 ohne größere Schäden überstanden hatte. Das Vorlesungsverzeichnis für das Sommersemester 1945 weist folgende Vorlesungen, Übungen und Praktika aus: Abb. 45 a, b.

Hans Kautsky nahm im Zeitraum vom 26. Juni 1939 bis zum 13. April 1945 insgesamt 60 Vorprüfungen und 38 Diplomprüfungen im Fach Anorganische Chemie ab.[23] (Abb. 46)

Am 18. April 1945 waren amerikanische Truppen in die Stadt einmarschiert, wobei es u. a. im Leipziger Rosental zu Nahkämpfen kam, denen auch der Chemieprofessor Conrad Weygand (1890–1945) zum Opfer fiel. Nach Vereinbarungen unter den alliierten Mächten verließen die Amerikaner am 2. Juli 1945 Leipzig wieder, um den einrückenden sowjetrussischen Truppen Platz für die Besetzung zu machen. Noch am 4. Juni 1945 wurde Hans Kautsky vertretungsweise mit der Leitung des Chemischen Laboratoriums betraut. Kurz vor ihrem Abzug organisierte die amerikanische Besatzungsgruppe eine Geheimaktion zur Verbringung von Naturwissenschaftlern der Universität in ihre künftige westdeutsche Besatzungszone. Am 21. Juni 1945 wurden Naturwissenschaftler durch amerikanische Polizeibeamte in ihren Wohnungen aufgesucht. Die Familie Kautsky wohnte in Markkleeberg bei Leipzig in der König-Albert-Straße 11 (heute Friedrich-Ebert-Straße 11, Abb. 47). Ihnen wurde unter Wahrung strengster Geheimhaltung befohlen, sich am nächsten Tag, d. 22. Juni 1945, 8.00 Uhr, im Polizeipräsidium, Wächterstraße, Zimmer 216, einzufinden.

Um 11.00 Uhr eröffnete Major Command R. Cartier acht erschienenen Professoren, unter ihnen Hans Kautsky, dass sie sich am folgenden Tag frühmorgens zusammen mit ihren nächsten Familienangehörigen und etwas Handgepäck sowie notwendigem wissenschaftlichen

Abb. 47 Wohnhaus der Familie Hans Kautsky in Markkleeberg (1936–1945), König-Albert-Straße 11

Arbeitsmaterial bereithalten sollten, um abtransportiert zu werden. Hans Kautsky und seine Ehefrau (der einzige Sohn Hans Kautsky jun. befand sich zu dieser Zeit in amerikanischer Kriegsgefangenschaft) wurden am 23. Juni 1945 unter Zurücklassung ihres gesamten Eigentums abgeholt und zum Sammelplatz vor das Gebäude des Reichsgerichtes (jetzt Bundesverwaltungsgericht) gebracht und noch am selben Tag auf amerikanischen Lastkraftwagen mit ungewissem Ziel in Richtung West abtransportiert. Sie kamen schließlich in Weilburg/Lahn an. Die brisante Situation wird durch einen Brief des Rektors der Universität Leipzig an die Mitglieder des Lehrkörpers deutlich (Abb. 48 a, b). Karl Friedrich Bonhoeffer (Abb. 49) gehörte nicht zu den Abtransportierten, denn er befand sich in diesen Tagen mit Erlaubnis des Rektors im Ostharz, um seine Familie, die dort zeitweise vor dem Bombenterror in Leipzig geschützt untergebracht war, um wiss. Geräte wieder nach Leipzig zurück zu holen.

Er war zusammen mit dem Physiker Prof. Friedrich Hund (1896–1997), der sich der Deportation durch Flucht an einen geheimen Ort entzogen hatte, der einzige Professor der Chemie, der nach dem Abzug der Amerikaner Anfang Juli 1945 noch an der Universität Leipzig verblieben war. Bonhoeffer schrieb am 9. September 1945 in einem persönlichen Brief an die Familie Kautsky[18, BI] (Abb. 50 a, b):

„Liebe Kautskys!

Vielen Dank für Euere freundlichen Worte über meine Brüder; dass auch meine beiden Schwäger umgekommen sind, werdet Ihr kaum erfahren haben. Es ist alles ganz schrecklich! Ich war in Berlin. Ganz trostlos sieht es da aus. Viel schlimmer als in Leipzig. Über die allgemeine Lage hier hat es keinen Sinn zu berichten. Zu mir persönlich verhalten sich die Russen liebenswürdig und laden mich immer wieder ein, nach Russland zu kommen. Ich möchte aber in Deutschland bleiben, so lange es geht. Pläne kann man übrigens hier ebensowenig machen wie bei Euch, der Unterschied ist wohl bloß der, dass Ihr bei Euerer Untätigkeit vielleicht mehr zum Nachdenken kommt. Hoffentlich wird die Sperre zwischen Ost und West bald aufgehoben. Vielleicht werde ich doch noch mal an eine nicht so kaputte Universität berufen werden. Das kleinste Nest wäre mir das liebste. Frau und Kinder sind gesund.

Alles Gute

Euer Karl Friedrich Bonhoeffer

Grüß' bitte Jost von mir, schreib ihm – oder schick ihm einfach den Brief!"

DER REKTOR
DER UNIVERSITÄT LEIPZIG

Leipzig, den 25.Juni 1945
Ritterstraße 8/10 Mü.
Handels-Hochschule

Nr.: 161 Sen/45

Eingegangen:
27. JUNI 1945
Nr. ....
Philos. Fakultät

An die
Mitglieder des Lehrkörpers der Universität
Leipzig

Um irrigen Gerüchten vorzubeugen, teile ich das folgende mit:

Im Laufe des 22. Juni ds.Js. erhielten die unten genannten Professoren der Universität von einer Stelle der Besatzungsmacht die Aufforderung, sich mit ihrem wissenschaftlichen Stab, ihren Familien und wenigem Gepäck zum Abtransport am Morgen des folgenden Tages bereitzuhalten. Die Aufforderung war von dem Rat begleitet, sich freiwillig zu fügen; geschähe das nicht, so habe die Militär-Regierung Mittel, die Herren zu zwingen. Zunächst betroffen wurden die Herren

Thomas (Dekan der Medizinischen Fakultät),
Helferich,
Scheumann,
Weickmann,
Dietzel,
Kautsky,
Carlsohn.

Am späteren Nachmittag wurden noch einbezogen die Herren

Hund (Prorektor),
Schmitthenner (Dekan der math.-nat. Abt.der Philosophischen Fakultät),

am 23. Juni die Herren

Heinz,
Schiller,
Haas,
Schäfer,
Steudel.

Der Rektor der Universität wurde weder vor noch nach dieser Aktion von der Militär-Regierung verständigt.

Ich habe bei der Militär-Regierung Verwahrung eingelegt gegen dieses Verfahren, das in der über 500jährigen Geschichte unserer Universität ohne Beispiel ist.

wenden!

Die Antwort der Militär-Regierung auf meinen Einspruch wurde mir am Sonntag, den 24. ds.Mts. in meine Wohnung zugestellt. Sie lautet in deutscher Übersetzung:

" Wir bestätigen den Empfang Ihres Briefes vom 23. Juni, welcher vor ein oder zwei Stunden hier einging. Bis dahin wußte die Militär-Regierung nichts über die Angelegenheit, auf die Sie sich beziehen.

Der Inhalt Ihres Briefes wurde sofort der zuständigen Militärstelle mitgeteilt. Sie dürfen versichert sein, daß man sich mit Ihrem Protest eingehend beschäftigen wird.

Was die Militär-Regierung anlangt, deren verantwortlicher Chef der Schreiber dieser Zeilen ist, so ist es ihr Grundsatz, den Rektor der Universität in Dingen, die die Universität angehen, vorher zu benachrichtigen, es sei denn, daß sie von einer verantwortlichen Stelle daran gehindert wird. Ich glaube, daß seit Ihrem Amtsantritt keine Ausnahmen vorgekommen sind. Wollen Sie aber zur Kenntnis nehmen, daß es andere militärische Stellen in Leipzig gibt, über die die Militär-Regierung keine Gewalt hat. "

SCHWEITZER

Abb. 48 a, b Schreiben des Rektors der Universität Leipzig, Prof. Schweizer, vom 25.6.1945, gerichtet an die Mitglieder des Lehrkörpers der Universität

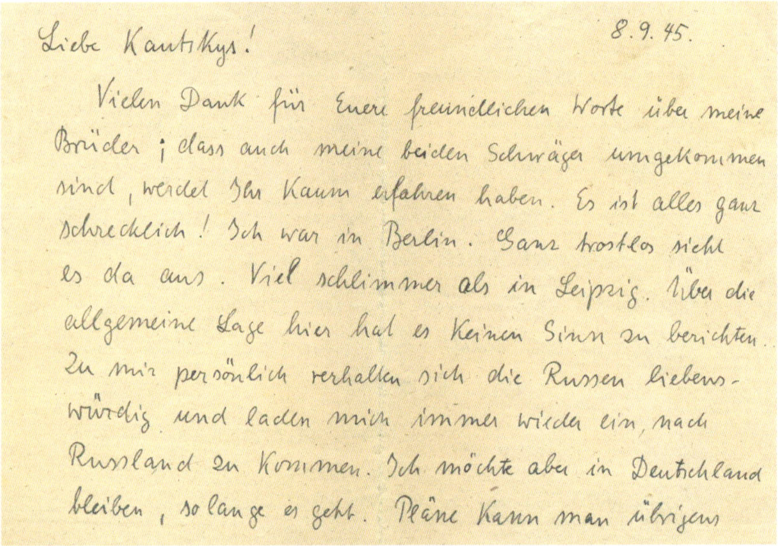

Liebe Kautskys! 8.9.45.

Vielen Dank für Euere freundlichen Worte über meine Brüder; dass auch meine beiden Schwäger umgekommen sind, werdet Ihr kaum erfahren haben. Es ist alles ganz schrecklich! Ich war in Berlin. Ganz trostlos sieht es da aus. Viel schlimmer als in Leipzig. Über die allgemeine Lage hier hat es keinen Sinn zu berichten. Zu mir persönlich verhalten sich die Russen liebenswürdig und laden mich immer wieder ein, nach Russland zu kommen. Ich möchte aber in Deutschland bleiben, solange es geht. Pläne kann man übrigens hier ebensowenig machen wie bei Euch, der Unterschied ist wohl bloss der, dass Ihr bei Euerer Untätigkeit vielleicht mehr zum Nachdenken kommt. Hoffentlich wird die Sperre zwischen Ost und West bald aufgehoben. Vielleicht werde ich doch noch mal an eine nicht so kaputte Universität berufen werden. Das kleinste Nest wäre mir das liebste. Frau und Kinder sind gesund.

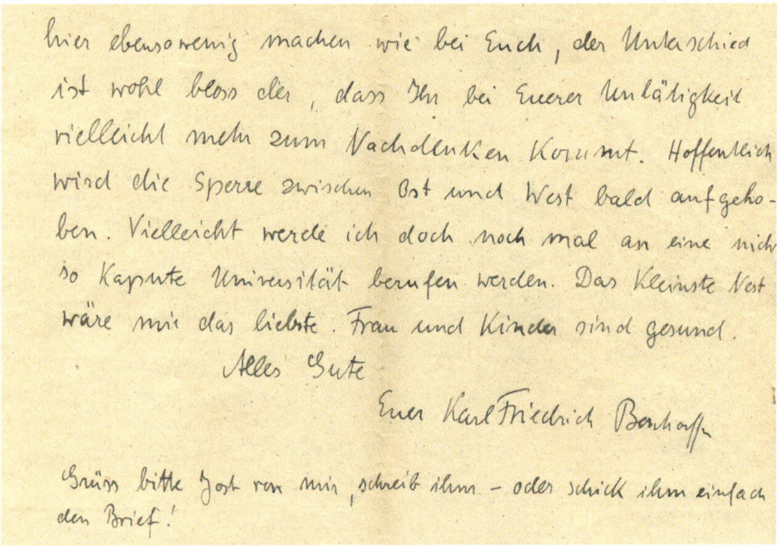

Alles Gute

Euer Karl Friedrich Bonhoeffer

Grüss bitte Jost von mir, schreib ihm – oder schick ihm einfach den Brief!

Abb. 49
Karl Friedrich Bonhoeffer

Abb. 50 a, b
Persönliches Schreiben von Karl Friedrich Bonhoeffer an Hans Kautsky im Jahre 1945

Noch am 14. April 1946 bittet Kautsky aus Weilburg / Lahn um die Freihaltung seiner Stelle in Leipzig. Die Kautskys wohnten fast ein Jahr bis zum 5. Juni 1946 in der Gartenstraße 5 in Weilburg, ehe sie nach Marburg umzogen und sich dort ordnungsgemäß als Untermieter von Heinrich Rimbach in der Wilhelm-Roser-Straße 41 anmeldeten (Abb. 51).

Die von Professor Bonhoeffer angesprochene „Untätigkeit" bezog sich auf die wissenschaftliche Arbeit. Die *„Leipziger Universitäts- und Industrie-Gruppe Weilburg/L."* – auch in offiziellen Schreiben als „Evakuierte Wissenschaftler Großhessen/Oberlahnkreis" firmierend (Abb. 52) – hatte sich in dieser Nachkriegszeit um ihr Überleben und das ihrer Familienangehörigen unmittelbar zu kümmern, so u. a. durch die Selbstversorgung mit Brennholz. Prof. Hans Kautsky gehörte zur *„Holzfällergruppe"* Nr. 3 zusammen mit dem als Exildekan fungierenden Prof. Heinrich Schmitthenner (1887–1977), die die drei *„Aktiven"* bei der Einbringung des Brennholzes zu unterstützen hatten (Abb. 53).

Hans Kautsky unternahm selbstverständlich Versuche, dieser misslichen Lage zu entkommen, denn die von den Amerikanern am 22. Juni 1945 gemachten Versprechungen waren wertlos. Eine Rückkehr nach Leipzig wurde ihm von der amerikanischen Militärbehörde untersagt. Sie kam nicht zustande, obschon seine Stelle in Leipzig vorläufig freigehalten worden war. Dies geht aus einem Schreiben Hans Kautskys vom 14. April 1946 als Antwort auf ein Schreiben des Rektors der Universität Leipzig vom 25. März 1946 hervor[11] (Abb. 54).

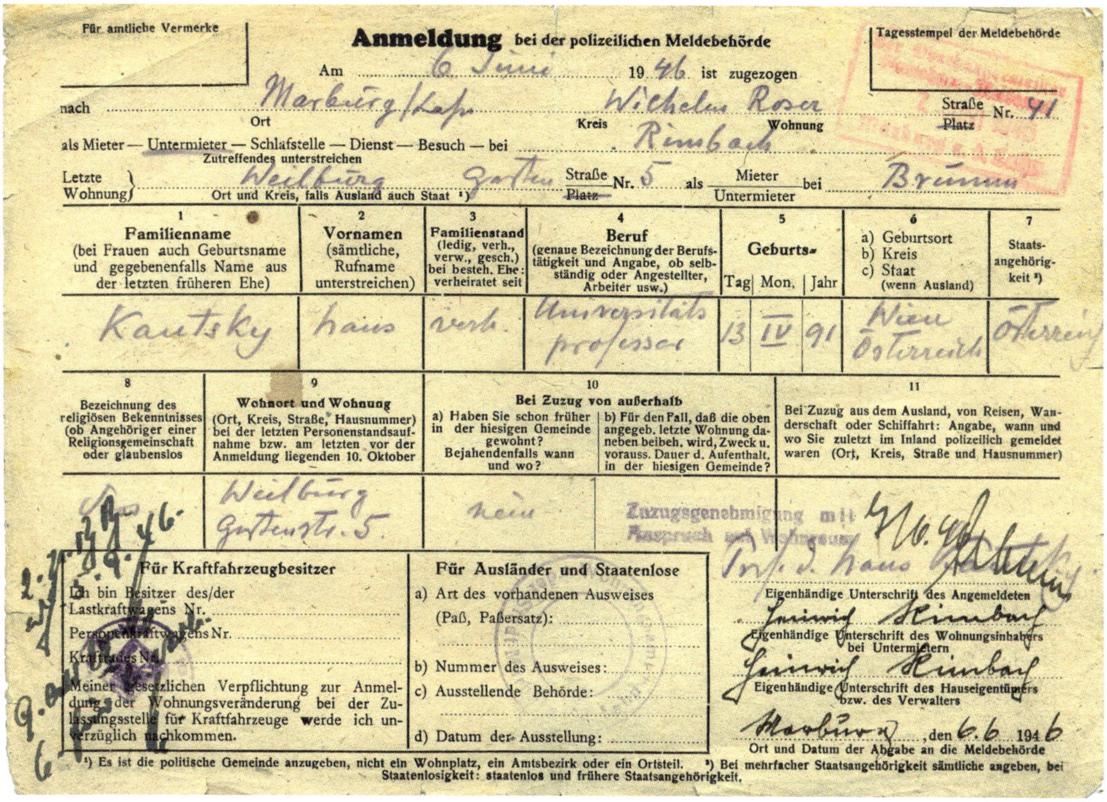

Für amtliche Vermerke

Anmeldung bei der polizeilichen Meldebehörde

Tagesstempel der Meldebehörde

Am 6. Juni 1946 ist zugezogen nach Marburg/Lahn Ort, Kreis, Wilhelm Roser Straße Nr. 41 Platz, Wohnung

als Mieter — Untermieter — Schlafstelle — Dienst — Besuch — bei Rinnbach
Zutreffendes unterstreichen

Letzte Wohnung Weilburg Garten Straße Nr. 5 als Mieter Untermieter bei Brunnen
Ort und Kreis, falls Ausland auch Staat ¹)

1 Familienname (bei Frauen auch Geburtsname und gegebenenfalls Name aus der letzten früheren Ehe)	2 Vornamen (sämtliche, Rufname unterstreichen)	3 Familienstand (ledig, verh., verw., gesch.) bei besteh. Ehe: verheiratet seit	4 Beruf (genaue Bezeichnung der Berufstätigkeit und Angabe, ob selbständig oder Angestellter, Arbeiter usw.)	5 Geburts- Tag	Mon.	Jahr	6 a) Geburtsort b) Kreis c) Staat (wenn Ausland)	7 Staatsangehörigkeit ²)
Kautsky	hans	verh.	Universitäts professor	13	IV	91	Wien Österreich	Österreich

8 Bezeichnung des religiösen Bekenntnisses (ob Angehöriger einer Religionsgemeinschaft oder glaubenslos	9 Wohnort und Wohnung (Ort, Kreis, Straße, Hausnummer) bei der letzten Personenstandsaufnahme bzw. am letzten vor der Anmeldung liegenden 10. Oktober	10 Bei Zuzug von außerhalb a) Haben Sie schon früher in der hiesigen Gemeinde gewohnt? Bejahendenfalls wann und wo?	b) Für den Fall, daß die oben angegeb. letzte Wohnung daneben beibeh. wird, Zweck u. vorauss. Dauer d. Aufenthalt. in der hiesigen Gemeinde?	11 Bei Zuzug aus dem Ausland, von Reisen, Wanderschaft oder Schiffahrt: Angabe, wann und wo Sie zuletzt im Inland polizeilich gemeldet waren (Ort, Kreis, Straße und Hausnummer)
	Weilburg Gartenstr. 5	nein	Zuzugsgenehmigung mit Anspruch auf Wohnraum	

Für Kraftfahrzeugbesitzer
Ich bin Besitzer des/der Lastkraftwagens Nr. ... Personenkraftwagens Nr. ... Kraftrades Nr. ...
Meiner gesetzlichen Verpflichtung zur Anmeldung der Wohnungsveränderung bei der Zulassungsstelle für Kraftfahrzeuge werde ich unverzüglich nachkommen.

Für Ausländer und Staatenlose
a) Art des vorhandenen Ausweises (Paß, Paßersatz):
b) Nummer des Ausweises:
c) Ausstellende Behörde:
d) Datum der Ausstellung:

Prof. d. hans Kautsky
Eigenhändige Unterschrift des Angemeldeten
Heinrich Rinnbach
Eigenhändige Unterschrift des Wohnungsinhabers bei Untermietern
Heinrich Rinnbach
Eigenhändige Unterschrift des Hauseigentümers bzw. des Verwalters
Marburg, den 6.6.1946
Ort und Datum der Abgabe an die Meldebehörde

¹) Es ist die politische Gemeinde anzugeben, nicht ein Wohnplatz, ein Amtsbezirk oder ein Ortsteil. ²) Bei mehrfacher Staatsangehörigkeit sämtliche angeben, bei Staatenlosigkeit: staatenlos und frühere Staatsangehörigkeit.

Abb. 51
Erste polizeiliche Anmeldung der Familie Hans Kautsky bei der Stadt Marburg am 6.6.1946

Abb. 52
Siegel der von den US-Armee verbrachten Leipziger Naturwissenschaftlergruppe im Exil in Weilburg/Lahn

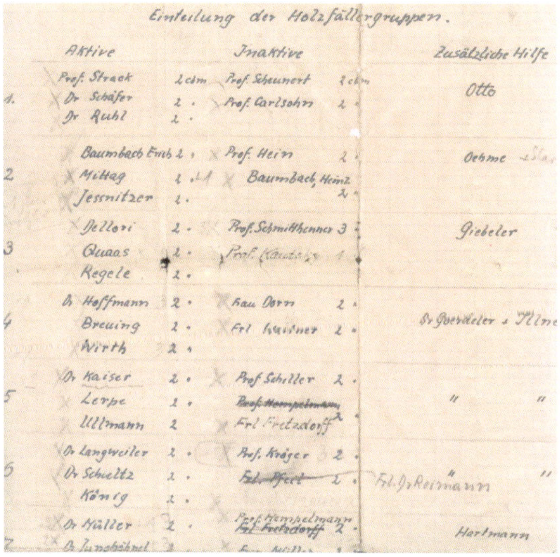

Einteilung der Holzfällergruppen.

	Aktive		Inaktive		Zusätzliche Hilfe
1.	Prof. Straek, Dr. Schäfer, Dr. Ruhl		Prof. Scheunert, Prof. Carlsohn		Otto
2	Baumbach Emil, Mittag, Jessnitzer		Prof. Hein, Baumbach Heinz		Oehme
3	Dellori, Quaas, Regele		Prof. Schmitthenner, Prof. Kautsky		Giebeler
4	Dr. Hoffmann, Breuing, Wirth		Frau Dorn, Frl. Kästner		Dr. Goerdeler + Ilmer
5	Dr. Kaiser, Lerpe, Ullmann		Prof. Scheller, Frl. Fretzdorff		" "
6	Dr. Langweiler, Dr. Schultz, König		Prof. Kröger		Frl. Dr. Reimann "
7	Dr. Müller, Dr. Junghähnel		Prof. Hempelmann, Frl. Fretzdorff		Hartmann

Abb. 53
Liste der Einteilung der Leipziger Naturwissenschaftler in Holzfällergruppen in Weilburg/Lahn 1945/46, darunter Prof. Hans Kautsky

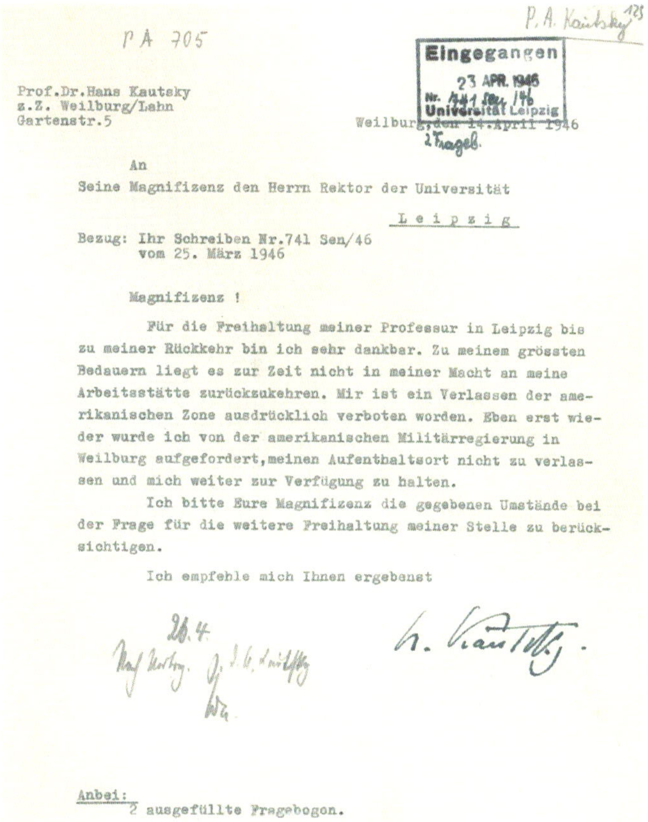

P.A. Kautsky 125

PA 705

Eingegangen 23 APR. 1946 Nr. 1441 Sen. 46 Universität Leipzig

Prof.Dr.Hans Kautsky
z.Z. Weilburg/Lahn
Gartenstr.5

Weilburg, den 14.April 1946

An
Seine Magnifizenz den Herrn Rektor der Universität
Leipzig

Bezug: Ihr Schreiben Nr.741 Sen/46
vom 25. März 1946

Magnifizenz !

Für die Freihaltung meiner Professur in Leipzig bin zu meiner Rückkehr bin ich sehr dankbar. Zu meinem grössten Bedauern liegt es zur Zeit nicht in meiner Macht an meine Arbeitsstätte zurückzukehren. Mir ist ein Verlassen der amerikanischen Zone ausdrücklich verboten worden. Eben erst wieder wurde ich von der amerikanischen Militärregierung in Weilburg aufgefordert, meinen Aufenthaltsort nicht zu verlassen und mich weiter zur Verfügung zu halten.

Ich bitte Eure Magnifizenz die gegebenen Umstände bei der Frage für die weitere Freihaltung meiner Stelle zu berücksichtigen.

Ich empfehle mich Ihnen ergebenst

H. Kautsky

Anbei:
2 ausgefüllte Fragebogen.

Abb. 54
Antwortschreiben von Hans Kautsky an den Rektor der Universität Leipzig, datiert vom 14.4.1946

8.Februar 1946

Herrn

Professor Dr. H. K a u t s k y

W E I L B U R G / Lahn
Gartenstrasse 5

Lieber Wilhelm und Loisi,

Ich hoffe, dass Du meine Brief, den ich vor etwa 3 Wochen aus Grindelwald abgeschickt hab, erhalten hast.

Inzwischen habe ich mir gestattet, Dich in einem an das Amerikanische Konsulat gerichteen Schreiben ein wenig zu loben. Es wurde mir daraufhin mitgeteilt, dass dasselbe an die zuständigen Stellen in Deutschland weiter geleitet wurde. Ebenso habe ich an Herrn Prof. Ebert in Wien geschrieben Er teilt mir daraufhin mit, dass er schon seit einiger Zeit eine Akion unternommen hat, damit Du die freie Professur für anorganische Chemie in Graz erhalten würdest. Die Stelle würde durch die Entlassung von Prof. Thilo frei.

Ich möchte Dir dies in Kirze mitteilen, damit Du nicht er - schrickst, wenn irgendwelche offiziellen Anfragen kommen sollten. Es würde mich freuen, wenn die von verschiedenen Seiten unternommenen Bemühungen zu einem positiven Ergebnis führen.

Mit herzlicsten Grüssen

Dein W. Kuhn

Abb. 56 Empfehlungsschreiben von Prof. Werner Kuhn für Hans Kautsky

Abb. 55
Porträtfoto
Prof. Werner Kuhn
(1899–1963)

Kautskys Bemühungen, an einer deutschen Universität wieder Fuß zu fassen, wurden von seinem besten Freund, dem Schweizer Professor Werner Kuhn (Abb. 55), mit einem Empfehlungsschreiben (Abb. 56) und seinem in Marburg wirkenden Freund Prof. Wilhelm Jost gleichfalls mit einem Empfehlungsschreiben (Abb. 57) unterstützt.

Auch Prof. Karl Friedrich Bonhoeffer unterstützte als in Leipzig amtierender Dekan am 4. September 1946 die Bemühungen Kautskys, wieder an der Universität Fuß zu fassen, mit einer Bescheinigung (Abb. 58).

Hans Kautsky selbst hatte in einem von den Alliierten angeforderten Personalfragebogen die Nichtzugehörigkeit zu Organisationen des Naziregimes bestätigt (Abb. 59).

Schließlich beurkundete der *Minister für politische Befreiung* des Großhessischen Staatsministerium am 12. März 1947 die politische Unbescholtenheit von Professor Hans Kautsky (Abb. 60).

Prof.Dr.Wilhelm J o s t

Marburg, den 3.Juli 1946.
Schückingstr.6
Tel.: 2162

Herr Professor K a u t z k y ist mir seit dem Jahre 1937 bekannt, von da bis Ende 1943 waren wir Kollegen in der Universität Leipzig. Mehrere meiner Freunde, welche als Antifaschisten gelten können, darunter Prof.Bonhoeffer, Leipzig, und Dr.P. Rosbaud, früher Berlin,jetzt London, kennen Herrn Kautzky seit rund 25 Jahren und haben mir diesen, bereits als ich ihn kennenlernte, als zuverlässigen Nazi-Gegner empfohlen.

Herr Kautzky ist weder in der Partei noch in einer ihrer Gliederungen gewesen, noch hat er sich in irgend einer Weise nationalistisch oder militaristisch betätigt. Herr Kautzky war in Leipzig als Gegner des Nazi-Systems bekannt und war dadurch bei Berufungen während des Dritten Reiches benachteiligt. Die Ausstellung einer Bescheinigung, daß Herr Kautzky weder in der Partei noch gesinnungsmäßig Nationalsozialist war, erscheint mir völlig unbedenklich. Die Bescheinigung soll Herrn Kautzky die Berufung an eine Universität ermöglichen, die für ihn im Dritten Reich aus politischen Gründen gescheitert war.

Abb. 57 Empfehlungsschreiben von Prof. Wilhelm Jost für Hans Kautsky

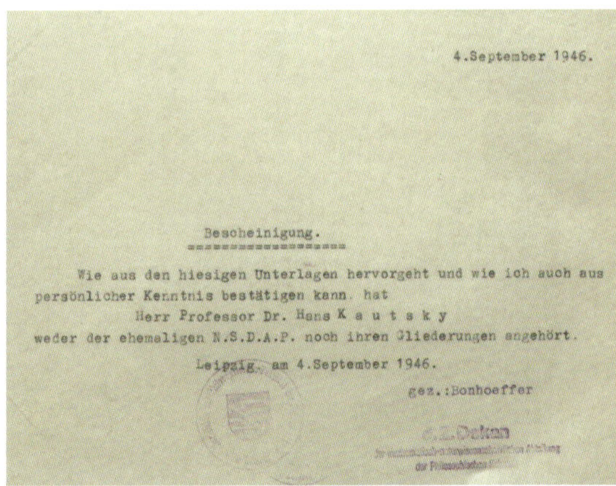

4.September 1946.

Bescheinigung.

Wie aus den hiesigen Unterlagen hervorgeht und wie ich auch aus persönlicher Kenntnis bestätigen kann hat
Herr Professor Dr. Hans K a u t s k y
weder der ehemaligen N.S.D.A.P. noch ihren Gliederungen angehört.

Leipzig, am 4.September 1946.

gez.:Bonhoeffer

Abb. 58 Bestätigung der Nichtzugehörigkeit Hans Kautskys zur NSDAP, ausgestellt vom Dekan Prof. Bonhoeffer, Universität Leipzig

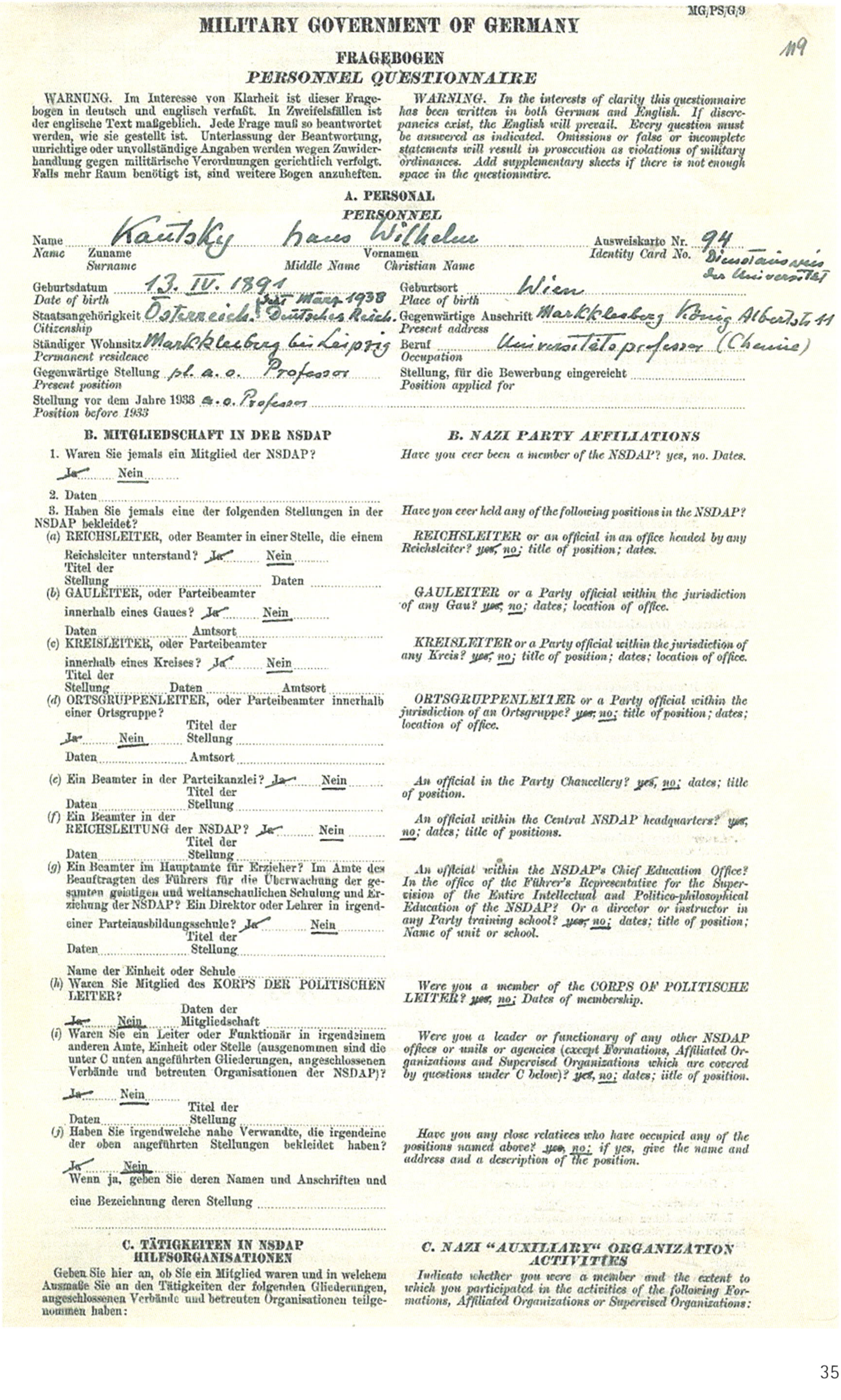

MG/PS/G/9

MILITARY GOVERNMENT OF GERMANY

119

FRAGEBOGEN
PERSONNEL QUESTIONNAIRE

WARNUNG. Im Interesse von Klarheit ist dieser Fragebogen in deutsch und englisch verfaßt. In Zweifelsfällen ist der englische Text maßgeblich. Jede Frage muß so beantwortet werden, wie sie gestellt ist. Unterlassung der Beantwortung, unrichtige oder unvollständige Angaben werden wegen Zuwiderhandlung gegen militärische Verordnungen gerichtlich verfolgt. Falls mehr Raum benötigt ist, sind weitere Bogen anzuheften.

WARNING. In the interests of clarity this questionnaire has been written in both German and English. If discrepancies exist, the English will prevail. Every question must be answered as indicated. Omissions or false or incomplete statements will result in prosecution as violations of military ordinances. Add supplementary sheets if there is not enough space in the questionnaire.

A. PERSONAL
PERSONNEL

Name / *Name* Zuname / *Surname*: Kautsky — *Middle Name* — Vornamen / *Christian Name*: Hans Wilhelm

Ausweiskarte Nr. / *Identity Card No.*: 94 Dienstausweis der Universität

Geburtsdatum / *Date of birth*: 13. IV. 1891

Geburtsort / *Place of birth*: Wien

Staatsangehörigkeit / *Citizenship*: Österreich, seit März 1938 Deutsches Reich

Gegenwärtige Anschrift / *Present address*: Markkleeberg König Albertstr. 11

Ständiger Wohnsitz / *Permanent residence*: Markkleeberg bei Leipzig

Beruf / *Occupation*: Universitätsprofessor (Chemie)

Gegenwärtige Stellung / *Present position*: pl. a.o. Professor

Stellung, für die Bewerbung eingereicht / *Position applied for*:

Stellung vor dem Jahre 1933 / *Position before 1933*: a.o. Professor

B. MITGLIEDSCHAFT IN DER NSDAP
B. NAZI PARTY AFFILIATIONS

1. Waren Sie jemals ein Mitglied der NSDAP? ~~Ja~~ Nein
   Have you ever been a member of the NSDAP? yes, no. Dates.
2. Daten
3. Haben Sie jemals eine der folgenden Stellungen in der NSDAP bekleidet?
   Have you ever held any of the following positions in the NSDAP?

(*a*) REICHSLEITER, oder Beamter in einer Stelle, die einem Reichsleiter unterstand? ~~Ja~~ Nein Titel der Stellung ... Daten
REICHSLEITER or an official in an office headed by any Reichsleiter? ~~yes~~, no; title of position; dates.

(*b*) GAULEITER, oder Parteibeamter innerhalb eines Gaues? ~~Ja~~ Nein Daten ... Amtsort
GAULEITER or a Party official within the jurisdiction of any Gau? ~~yes~~, no; dates; location of office.

(c) KREISLEITER, oder Parteibeamter innerhalb eines Kreises? ~~Ja~~ Nein Titel der Stellung ... Daten ... Amtsort
KREISLEITER or a Party official within the jurisdiction of any Kreis? ~~yes~~, no; title of position; dates; location of office.

(*d*) ORTSGRUPPENLEITER, oder Parteibeamter innerhalb einer Ortsgruppe? ~~Ja~~ Nein Titel der Stellung ... Daten ... Amtsort
ORTSGRUPPENLEITER or a Party official within the jurisdiction of an Ortsgruppe? ~~yes~~, no; title of position; dates; location of office.

(*e*) Ein Beamter in der Parteikanzlei? ~~Ja~~ Nein Daten ... Titel der Stellung
An official in the Party Chancellery? ~~yes~~, no; dates; title of position.

(*f*) Ein Beamter in der REICHSLEITUNG der NSDAP? ~~Ja~~ Nein Daten ... Titel der Stellung
An official within the Central NSDAP headquarters? ~~yes~~, no; dates; title of positions.

(*g*) Ein Beamter im Hauptamte für Erzieher? Im Amte des Beauftragten des Führers für die Überwachung der gesamten geistigen und weltanschaulichen Schulung und Erziehung der NSDAP? Ein Direktor oder Lehrer in irgendeiner Parteiausbildungsschule? ~~Ja~~ Nein Daten ... Titel der Stellung ... Name der Einheit oder Schule
An official within the NSDAP's Chief Education Office? In the office of the Führer's Representative for the Supervision of the Entire Intellectual and Politico-philosophical Education of the NSDAP? Or a director or instructor in any Party training school? ~~yes~~, no; dates; title of position; Name of unit or school.

(*h*) Waren Sie Mitglied des KORPS DER POLITISCHEN LEITER? ~~Ja~~ Nein Daten der Mitgliedschaft
Were you a member of the CORPS OF POLITISCHE LEITER? ~~yes~~, no; Dates of membership.

(*i*) Waren Sie ein Leiter oder Funktionär in irgendeinem anderen Amte, Einheit oder Stelle (ausgenommen sind die unter C unten angeführten Gliederungen, angeschlossenen Verbände und betreuten Organisationen der NSDAP)? ~~Ja~~ Nein Daten ... Titel der Stellung
Were you a leader or functionary of any other NSDAP offices or units or agencies (except Formations, Affiliated Organizations and Supervised Organizations which are covered by questions under C below)? ~~yes~~, no; dates; title of position.

(*j*) Haben Sie irgendwelche nahe Verwandte, die irgendeine der oben angeführten Stellungen bekleidet haben? ~~Ja~~ Nein Wenn ja, geben Sie deren Namen und Anschriften und eine Bezeichnung deren Stellung
Have you any close relatives who have occupied any of the positions named above? ~~yes~~, no; if yes, give the name and address and a description of the position.

C. TÄTIGKEITEN IN NSDAP HILFSORGANISATIONEN
C. NAZI "AUXILIARY" ORGANIZATION ACTIVITIES

Geben Sie hier an, ob Sie ein Mitglied waren und in welchem Ausmaße Sie an den Tätigkeiten der folgenden Gliederungen, angeschlossenen Verbände und betreuten Organisationen teilgenommen haben:

Indicate whether you were a member and the extent to which you participated in the activities of the following Formations, Affiliated Organizations or Supervised Organizations:

Abb. 59
Personalfragebogen des Military Government of Germany betr. Nichtzugehörigkeit zur NSDAP

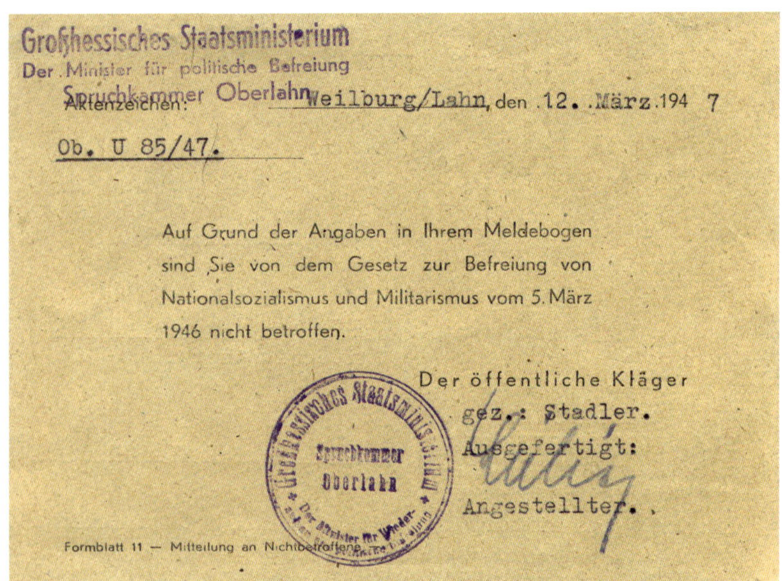

Großhessisches Staatsministerium
Der Minister für politische Befreiung
Spruchkammer Oberlahn
Aktenzeichen: Weilburg/Lahn, den 12. März 1947

Ob. U 85/47.

Auf Grund der Angaben in Ihrem Meldebogen sind Sie von dem Gesetz zur Befreiung von Nationalsozialismus und Militarismus vom 5. März 1946 nicht betroffen.

Der öffentliche Kläger
gez.: Stadler.
Ausgefertigt:
Angestellter.

Formblatt 11 — Mitteilung an Nichtbetroffene

Abb. 60 Offizielles Dokument über politische Befreiung

Institut für Siliciumchemie
der Universität Marburg
Direktor: Prof. Dr. H. Kautsky

⑯ Marburg/Lahn, den
Gutenberg-Str. 18
Fernruf: 3366

Abb. 61 Briefkopf des Instituts für Siliciumchemie. Direktor Prof. Dr. Hans Kautsky

DR. ERWIN STEIN · MdL
Minister für Kultus und Unterricht

Wiesbaden, 25.Juni 1949.

Herrn
Professor Dr.Hans K a u t s k y
M a r b u r g/Lahn
Gutenbergstr.18

Sehr geehrter Herr Professor !

Ich möchte nicht verfehlen, Ihnen sogleich mitzuteilen, dass das Kabinett in seiner Sitzung vom 23.6.1949 Sie zum ordentlihen Professor für Siliciumchemie an der Universität Marburg unter Berufung in das Beamtenverhältnis auf Lebenszeit ernannt hat.

Indem ich Ihnen meine herzlichen Glückwünsche ausspreche, bin ich
mit vorzüglicher Hochachtung
Ihr
Dr. Erwin Stein

Abb. 62 Glückwunschschreiben des Staatsministers Dr. Stein an Hans Kautsky zur Berufung auf eine ordentliche Professur

Im Nachruf für Hans Kautsky schrieb dazu Lothar Jaenicke (1923–2015) über diesen Zeitraum[10, S. 535]: *„Eine Interimsstelle fand der bekannte Photochemiker bei Ernst Leitz in Wetzlar.* [Das 1839 gegründete Unternehmen für optische Geräte war während des Zweiten Weltkriegs nicht zerstört worden. Es nahm die Produktion nach Kriegsende sofort wieder auf[24]], *verbunden mit Pendeln in ungeheizten Bummelzügen, aber die Rückkehr an eine Universität, zu der das Land Hessen, sei es im zerstörten Frankfurt, Giessen oder dem aufbauwilligen Marburg, dem Unbescholtenen gegenüber eher verpflichtet war, als den 131ern* [Nach Artikel 131 des Grundgesetzes, betreffend die verdrängten Angehörigen des öffentlichen Dienstes und die ehemaligen Wehrmachtsbeamten und aktiven Offiziere], *war, trotz aller Bemühungen der interessierten Mineralogen* [Fritz Laves (1906–1978), d. A.] *und Physiker um die Marburger Chemie, gegen den herrschgewohnten, statusbewussten Hanseaten Hans Meerwein* [Hans Meerwein (1879–1965)] *schwer."*

Ab Sommersemester 1946 erhielt Prof. Hans Kautsky einen Lehrauftrag an der Universität Marburg über *„Farbstoffe als Energietransformatoren in Fotochemie und Lichtbiologie"*. Er wurde am 26. November 1947 zum Direktor eines neugegründeten Instituts für Siliciumchemie an dieser Universität (Abb. 61) ernannt. Dieses Institut für Siliciumchemie wurde in der ehemaligen leerstehenden, entkernten Marburger Jägerkaserne, die ursprünglich von der amerikanischen Besatzungsbehörde als Zentralgefängnis vorgesehen, jedoch als dafür ungeeignet befunden worden war, äußerst mühevoll eingerichtet. Zunächst wurden die Toiletten- und Waschräume in Laboratorien umfunktioniert, weil dort noch Wasser- und Stromanschlüsse vorhanden waren. Es ist leicht vorstellbar, welche Hürden zu überwinden waren, um wieder experimentelle Forschung betreiben zu können. Noch hatte Kautsky keinen Lehrstuhl. Ab dem Sommersemester 1949 erhielt er zunächst einen unbesoldeten Lehrauftrag für Anorganische Chemie an der Philipps-Universität Marburg neben dem oben genannten Lehrauftrag. Daneben erteilte man ihm am 14. Juli 1949 einen besoldeten Lehrauftrag für Anorganische Chemie an der Universität Frankfurt und verpflichtete ihn zur Übernahme des kommissarischen Direktorats des dortigen Instituts für Anorganische Chemie[13, S. 837]. Der Hessische Staatsminister für Kultus und Unterricht, Dr. Erwin Stein, sandte am 26. Juni 1949 ein Schreiben an Hans Kautsky, dass das Kabinett in der Sitzung am

23. Juni 1949 beschlossen habe, ihn zum ordentlichen Professor für Siliciumchemie an der Universität Marburg unter Berufung in das Beamtenverhältnis auf Lebenszeit zu ernennen (Abb. 62).

Dem folgte ein weiteres Schreiben des Ministeriums vom 4. August 1949, dass die Ernennung zum ordentlichen Professor laut Urkunde zum 27. Juli 1949 vollzogen und er mit Wirkung vom 1. Mai 1949 in die freie, d. h. neu geschaffene, Planstelle *„Lehrstuhl für Siliciumchemie"* eingewiesen sei (Abb. 63).

Der Wohnungswechsel in Marburg ist durch die polizeiliche Anmeldung mit dem 1. Oktober 1949 datiert (Abb. 64 a, b).

Das Anmeldeformular wurde vom Sohn Hans Kautsky jun. ausgefüllt und vom Vater Hans Kautsky unterschrieben. Fünf Stempel auf der Anmeldungskartei zeigen, dass die Bürokratie in den Nachkriegsjahren zugenommen hatte, und dass die Kautskys im Eigentumshaus *„Schmitthenner"* (dem aus Leipzig ebenfalls exilierten Interimsdekan in Weilburg) zur Miete wohnten. Zehn Jahre später, am 1. Oktober 1959, wurde Hans Kautsky emeritiert (Abb. 64 c). Er nahm dann noch vertretungsweise bis zum Wintersemester 1961/62 die Geschäftsführung des Instituts und die Verpflichtungen als Lehrstuhlinhaber wahr und war auch danach noch an der Forschung zur Siliciumchemie aktiv beteiligt.

Seine Ehefrau Martha Kautsky war 1960 nach schwerer Krankheit verstorben. Er lebte in den folgenden Jahren viel bei seiner Schwester Grete (Marjeta) Kuscer **24** in Ljubljana/Jugoslawien. Hans Kautsky starb am Sonntag, dem 15. Mai 1966 bei einem Waldspaziergang in Kamniska Bistrica, Slowenien an Herzschlag (Abb. 65). Sein Leichnam wurde am 23. Mai 1966 mit einem Sonderkraftwagen über den Wurzenpass durch Österreich und über Salzburg nach Gießen überführt. Vierzig Tage später wurde die Urne im Familiengrab auf dem Friedhof in Marburg beigesetzt. Die Grabstelle ist inzwischen aufgelöst.

Der Chemiker Hans Kautsky wurde von seinem Schüler Professor Gerhard Fritz (1919–2002) im Jahre 1981 treffend mit folgenden Worten gewürdigt[9, S. 199]:

„Kautsky war eine begnadete Persönlichkeit, in der künstlerische und naturwissenschaftliche Begabungen in seltener Harmonie mit hohen menschlichen Qualitäten vereinigt waren. Sein wissenschaftliches Werk ist in sich konsequent, jedoch in seiner Zeit ungewöhnlich, da es die Grenzen der Disziplinen nicht berücksichtigt und von der anorganischen Chemie bis zur physiologischen Chemie und der Kolloidchemie reicht.

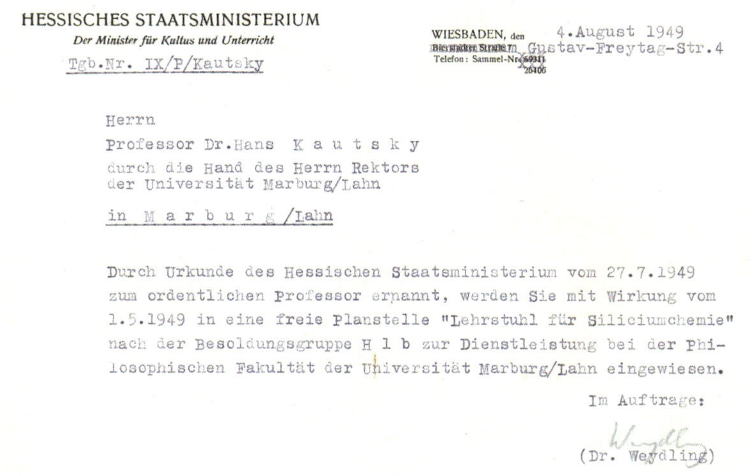

HESSISCHES STAATSMINISTERIUM
Der Minister für Kultus und Unterricht
Tgb.Nr. IX/P/Kautsky

WIESBADEN, den 4.August 1949
Gustav-Freytag-Str.4
Telefon: Sammel-Nr. 26311 26406

Herrn
Professor Dr.Hans K a u t s k y
durch die Hand des Herrn Rektors
der Universität Marburg/Lahn

in M a r b u r g /Lahn

Durch Urkunde des Hessischen Staatsministerium vom 27.7.1949 zum ordentlichen Professor ernannt, werden Sie mit Wirkung vom 1.5.1949 in eine freie Planstelle "Lehrstuhl für Siliciumchemie" nach der Besoldungsgruppe H 1 b zur Dienstleistung bei der Philosophischen Fakultät der Universität Marburg/Lahn eingewiesen.

Im Auftrage:
(Dr. Weydling)

Abb. 63 Amtlicher Beleg des Hessischen Staatsministeriums zur Ernennung von Hans Kautsky zum ordentlichen Professor am 27.7.1949, rückwirkend zum 1.5.1949, auf die freie Planstelle „Lehrstuhl für Siliciumchemie" an der Philosophischen Fakultät der Universität Marburg

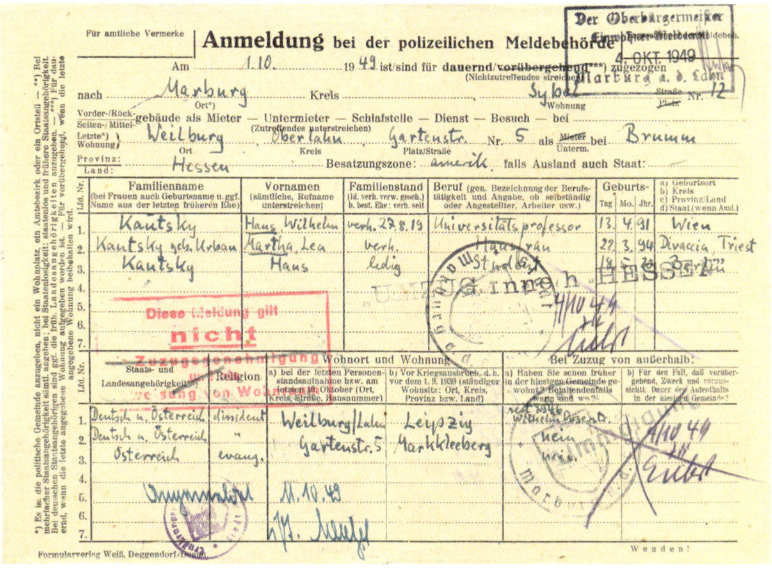

Für amtliche Vermerke

Anmeldung bei der polizeilichen Meldebehörde

Der Oberbürgermeister
4. OKT. 1949
Marburg a. d. Lahn

Am 1.10. 1949 ist/sind für dauernd/vorübergehend zugezogen
nach Marburg Kreis ... Sybel ... Nr. 12
Vorder-/Rück-/Seiten-/Mittelgebäude als Mieter — Untermieter — Schlafstelle — Dienst — Besuch — bei
Letzte Wohnung: Weilburg, Oberlahn, Gartenstr. Nr. 5 als Mieter bei Brumm
Provinz/Land: Hessen, Besatzungszone: amerik., falls Ausland auch Staat:

Lfd. Nr.	Familienname	Vornamen	Familienstand	Beruf	Geburts- Tag	Mo.	Jhr.	Geburtsort
1.	Kautsky	Hans Wilhelm	verh. 27.8.19	Universitätsprofessor	13.	4.	91	Wien
2.	Kautsky geb. Urban	Martha Lea	verh.	Hausfrau	22.	3.	94	Divaccia, Triest
3.	Kautsky	Hans	ledig	Student				

Diese Meldung gilt nicht

Lfd. Nr.	Staats- und Landesangehörigkeit	Religion	bei der letzten Personenstandsaufnahme am 29. Oktober	Vor Kriegsausbruch (1.9.1939)
1.	Deutsch u. Österreich	dissident	Weilburg/Lahn Gartenstr. 5	Leipzig Markkleeberg
2.	Deutsch u. Österreich	"		
3.	Österreich	evang.		

11.10.49

Formularverlag Weiß, Deggendorf

Wenden!

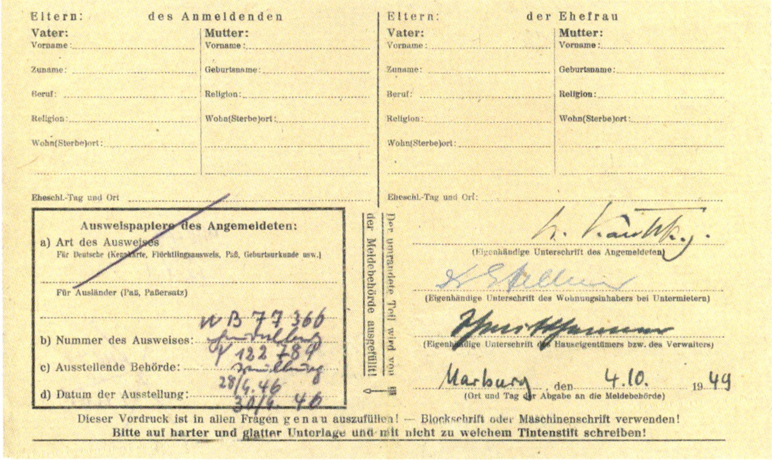

Eltern des Anmeldenden — Vater: / Mutter:
Eltern der Ehefrau — Vater: / Mutter:

Ausweispapiere des Angemeldeten:
a) Art des Ausweises
Für Ausländer (Paß, Paßersatz)
b) Nummer des Ausweises: WB 77 366 / Y 132 789
c) Ausstellende Behörde:
d) Datum der Ausstellung: 28.4.46 / 30.4.46

H. Kautsky
(Eigenhändige Unterschrift des Angemeldeten)
(Eigenhändige Unterschrift des Wohnungsinhabers bei Untermietern)
Schmitthenner
(Eigenhändige Unterschrift des Hauseigentümers bzw. des Verwalters)
Marburg, den 4.10. 1949
(Ort und Tag der Abgabe an die Meldebehörde)

Dieser Vordruck ist in allen Fragen genau auszufüllen! — Blockschrift oder Maschinenschrift verwenden!
Bitte auf harter und glatter Unterlage und nicht zu weichem Tintenstift schreiben!

Abb. 64 a, b Polizeiliches Anmeldeformular der Familie Hans Kautsky (Hans Kautsky, Martha Kautsky, Hans Kautsky Sohn) bei der Stadt Marburg am 1.10.1949

Es dürfte wohl fast ohne Beispiel sein, dass sich auf den chemischen Experimenten des Oberschülers ein wissenschaftliches Werk aufbaut, das lange nicht richtig verstanden wurde und uns auch heute vor zahlreiche ungeklärte Aufgaben stellt. Kautsky hat nie Fragestellungen verfolgt, die innerhalb der anorganischen Chemie „modern" waren. Er war Autodidakt und in seiner Problemstellung völlig unorthodox. Dadurch war er in einer Außenseiterposition, und nur so ist es verständlich, dass er in seiner akademischen Entwicklung nicht die ihm zukommende Anerkennung fand."

Hans Kautsky jun. überließ dem Autor (L. B.) das Redemanuskript eines sehr persönlich gehaltenen Nachrufes auf seinen Vater, den er kurz nach dessen Tod aufschrieb und der hier wörtlich wiedergegeben sei[18, Bl]:

„Prof. Kautsky, geboren 13. April 1891 in Wien. Heirat 1919 mit Martha Urban. Sehr glückliche Ehe. Schwerer Schlag, Ehefrau stirbt 1961 nach über 40-jähriger Ehe. K. überwindet diesen Tiefpunkt durch seine Liebe zu den Enkeln und seine Arbeit. Seine Arbeit, die Naturwissenschaften, war gleichzeitig sein Vergnügen. Ihr widmete er sein ganzes Denken. In der Freizeit war er ein leidenschaftlicher Wanderer. In den letzten Jahren musste er erleben, wie nach dem Tode seiner Frau auch seine beiden Brüder und sein bester Freund in kurzer Zeit verstarben. Er war trotzdem immer aufgeschlossen und freundlich gegenüber seiner Umgebung. Die letzten 4 Jahre sorgte seine Schwester für ihn. Für beide Geschwister war es eine sehr schöne Zeit. Trotz seines Alters und mancher Schmerzen, die ihn durch Veränderungen an der Halswirbelsäule plagten, unternahm er noch größere Reisen. Auf der letzten Reise, die ihn an die Adria in Jugoslawien führte, überraschte ihn der Tod. Wenn sein Weggang auch sehr schmerzlich für seine Umgebung ist, so mag uns der Gedanke trösten, dass er am Ende eines herrlichen, sehr glücklichen Urlaubs auf einem Waldspaziergang plötzlich und ohne zu leiden abberufen wurde. Wir möchten ihn als einen außergewöhnlich liebevollen Vater und Großvater, sowie als verständnisvollen gütigen Lehrer und Kollegen in Erinnerung behalten. Er war einer der wenigen glücklichen Menschen, die ganz aus eigener Kraft ihr eigenes Leben in der Form leben durften, wie es ihnen gefiel und dabei doch stets die Achtung ihrer Umgebung besaßen. Er verteidigte seine Lebensart ohne die Lebensart anderer Menschen einzuengen. Für die Zurückbleibenden wird es sehr schwer sein, die Lücke, die der Verlust dieses gütigen Menschen hinterlassen hat, wieder auszufüllen."

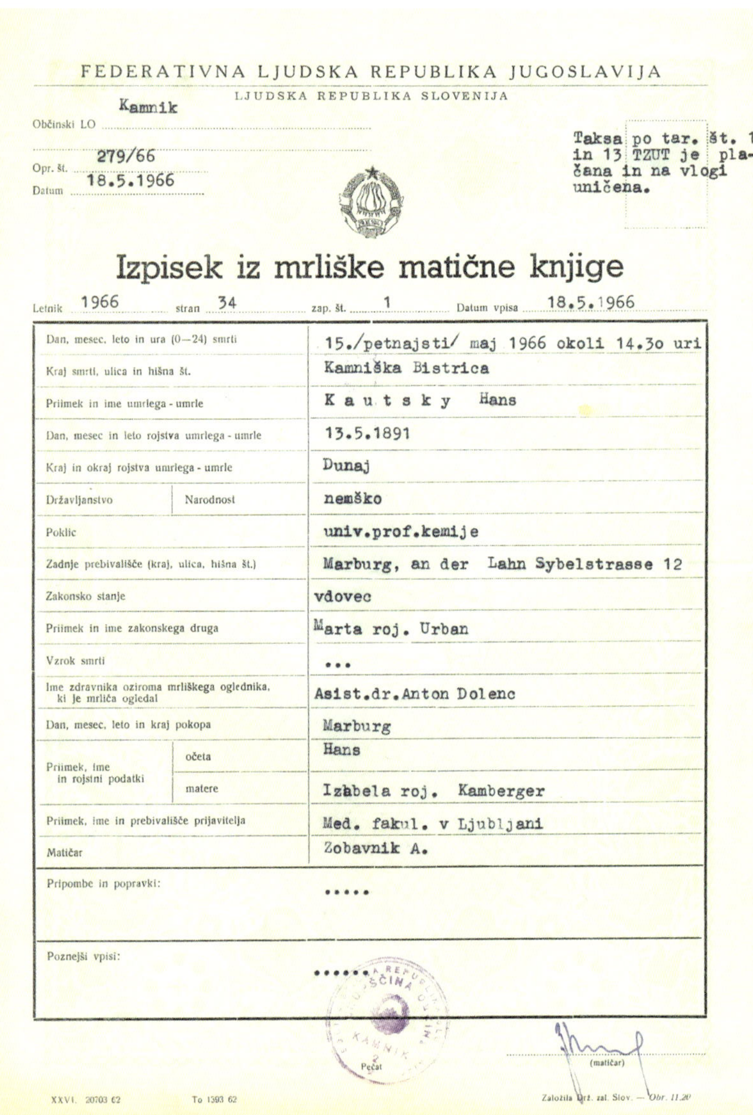

FEDERATIVNA LJUDSKA REPUBLIKA JUGOSLAVIJA

LJUDSKA REPUBLIKA SLOVENIJA

Občinski LO Kamnik

Opr. št. 279/66

Datum 18.5.1966

Taksa po tar. št. 1 in 13 TZUT je plačana in na vlogi uničena.

Izpisek iz mrliške matične knjige

Letnik 1966 stran 34 zap. št. 1 Datum vpisa 18.5.1966

Dan, mesec, leto in ura (0—24) smrti		15./petnajsti/ maj 1966 okoli 14.3o uri
Kraj smrti, ulica in hišna št.		Kamniška Bistrica
Priimek in ime umrlega - umrle		K a u t s k y Hans
Dan, mesec in leto rojstva umrlega - umrle		13.5.1891
Kraj in okraj rojstva umrlega - umrle		Dunaj
Državljanstvo	Narodnost	nemško
Poklic		univ.prof.kemije
Zadnje prebivališče (kraj, ulica, hišna št.)		Marburg, an der Lahn Sybelstrasse 12
Zakonsko stanje		vdovec
Priimek in ime zakonskega druga		Marta roj. Urban
Vzrok smrti		...
Ime zdravnika oziroma mrliškega oglednika, ki je mrliča ogledal		Asist.dr.Anton Dolenc
Dan, mesec, leto in kraj pokopa		Marburg
Priimek, ime in rojstni podatki	očeta	Hans
	matere	Izabela roj. Kamberger
Priimek, ime in prebivališče prijavitelja		Med. fakul. v Ljubljani
Matičar		Zobavnik A.
Pripombe in popravki:		.....
Poznejši vpisi:		......

Pečat — KAMNIK

(matičar)

XXVI. 20703 62 To 1393 62 Založila Drž. zal. Slov. — Obr. 11.20

Abb. 65
Amtlicher Todesschein für Hans Kautsky sen., ausgestellt in Kamnica Briscina am 18.5.1966

Abb. 64 c
Hans Kautsky (1891–1966) im vorgerückten Alter

Hinzuzufügen ist, dass die ungemein schwierigen Lebensumstände von Vorkriegs-, Kriegs- und Nachkriegszeit, denen er beruflich und privat über zwei Jahrzehnte, in denen ein Wissenschaftler vom intellektuellem Range eines Hans Kautsky eine noch reichere wissenschaftliche Ernte hätte einfahren können, ausgesetzt war, sein Lebenswerk massiv beeinflussten. Dies lässt die unter solchen äußeren Bedingungen erzielten naturwissenschaftlichen und künstlerischen Leistungen umso höher schätzen.

Forschungen von Hans Kautsky auf Grenzgebieten der anorganischen Chemie und Biochemie

Überblickt man das reiche wissenschaftliche Lebenswerk von Hans Kautsky, so ist die Fülle kreativer Ideen und deren Umsetzung unter den gegebenen äußeren Umständen beeindruckend.
Hans Kautsky hat seine wissenschaftlichen Publikationen selbst unter thematischen Schwerpunkten im Zusammenhang mit einer aus Frankfurt a. M. erbetenen Zuarbeit[18, Bl.] im Abgleich mit dem Autorenregister von Chemical Abstracts für ein Chemielexikon geordnet. Sein Sohn, Hans Kautsky jun., hat die Separatabdrucke der meisten seiner Publikationen in zwölf gebundenen Bänden für die Historische Sammlung der Fakultät für Chemie und Mineralogie an der Universität Leipzig übergeben. Sie sind wie folgt geordnet: 1. Siloxen und seine Derivate[25–51, 123, 125, 126]. 2. Chemilumineszenz[52–58, 127, 130]. 3. Energieumwandlungen an Grenzflächen[59–75]. 4. Chlorophyllfluoreszenz und Kohlensäureassimilation[76–90]. Darin sind auch die wegweisenden Erkenntnisse zur Entdeckung und Wirkung des Singulettsauerstoffs enthalten. Weitere seiner Publikationen sind im Literaturverzeichnis unter 5. Lepidoide[102–109] und 6. Patentschriften[111–122] aufgeführt.

Siloxen und seine Derivate

„Wöhler[132, S. 264] hat seinerzeit ein Calciumsilicid von der Zusammensetzung $CaSi_2$ entdeckt. Es schien mir ein geeigneter Ausgangsstoff zu sein, um ungesättigte Siliciumverbindungen zu bereiten. Der Formel nach konnte man in diesem Silicid ähnlich wie beim Calciumkarbid ungesättigte Siliciumvalenzen annehmen. Bekannt ist die Reaktion dieses Calciumsilicides mit Säuren, wobei namentlich Siliciumoxyhydride, das sind wasserstoff- und sauerstoffhaltige Siliciumverbindungen, entstehen, die Wöhler selbst schon zu untersuchen begonnen hat."[25, S. 209]
So schilderte Hans Kautsky in seiner am 16. März 1921 bei der Zeitschrift für anorganische und allgemeine Chemie eingereichten ersten Publikation *„Über einige ungesättigte Siliciumverbindungen"*[25, S. 209] den Beginn der folgenreichen, forschungsintensiven und mit überraschend reichen Ergebnissen aufwartende Bearbeitung einer Klasse von Siliciumverbindungen, die ihn und seine Schule fast ein ganzes Forscherleben lang im Banne hielt. Begonnen hatte es schon neun Jahre vorher: *„Vorliegende Arbeit habe ich, nachdem ich sie in Wien mit meinem Freunde Gustav Rickert im Jahre 1912 privatim angefangen habe, der Hauptsache nach in Berlin ausgeführt, und zwar im Wissenschaftlich-chemischen Laboratorium* [Berlin] *der Herren Prof. Dr. Arthur Rosenheim* [1865–1942] *und Prof. Dr. R.*[ichard] *J.*[Joseph] *Meyer* [1865–1939] *und im Kaiser-Wilhelm Institut für physikalische Chemie und Elektrochemie."*[25, S. 242]
In diesem Zusammenhang lassen wir Hans Kautsky noch einmal aus seinem Lebenslauf zu Wort kommen: *„Bis zum Jahre 1915 war ich in Wien. Zum entscheidenden Schulerlebnis wurde mein erster Chemieunterricht 1906 in der Oberrealschule. Ich richtete mir ein bescheidenes Laboratorium im Keller unseres Hauses ein, in welchem ich 6 Jahre später meine erste größere chemische Arbeit selbständig in Angriff nahm und dabei in ein neues Gebiet der anorganischen Chemie (Siloxen) vordringen konnte. Diese Arbeit wurde die Veranlassung zu meinem Universitätsstudium, welches ich 1915 in Berlin begann. Dort war mein Vater damals Kgl. Preuss. Hoftheatermaler."*[18, Bl. siehe auch 16]. Hans Kautsky wurde schließlich über dieses Gebiet *„Ungesättigte Siliciumverbindungen"* im Jahre 1922 an der Universität Prag promoviert.

Die Ausgangsverbindung Calciumdisilicid

Calciumdisilicid, $CaSi_2$, ist seit den frühen Arbeiten (1863) von Friedrich Wöhler bis heute aufgrund seiner besonderen Schichtstruktur die einzige Ausgangsverbindung für die Herstellung der von Hans Kautsky so benannten *„Siloxene"*. Der Trivialname wurde von ihm gewählt, weil es sich um ungesättigte Siliciumverbindungen mit inkludiertem Sauerstoff handelt. Negativ geladene, gewellte Si-Sechsringschichten

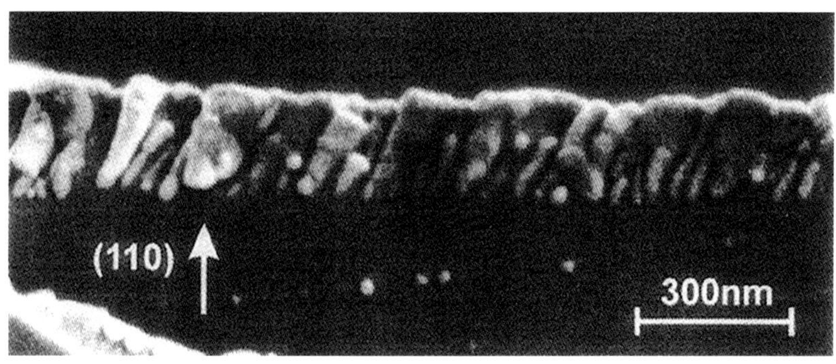

Abb. 66
Rasterelektronenmikroskopische Aufnahme eines 300 nm dicken $CaSi_2$-Layers auf (110)-Si-Substrat

wechseln sich im $(CaSi_2)_n$ einander mit planaren Monoschichten von Ca^{2+}-Schichten in einem stapelförmigen Aufbau ab (Abb. 66).
$CaSi_2$ gehört in die Klasse der Zintl-Phasen, das sind intermetallische Verbindungen, die aus Alkali- bzw. Erdalkalimetallen mit Metallen oder Halbmetallen der III. bis V. Hauptgruppe des Periodensystems der Elemente gebildet werden und heteropolare Bindungsanteile zwischen den Phasen aufweisen. Es bildet zwei trigonal rhomboedrische Modifikationen, tr3 und tr6, aus [133]. Das Synthese-Grundprinzip der „Siloxene" besteht darin, die Siliciumschichten des $CaSi_2$ strukturell zu erhalten, sie von den Calcium-Ionen abzutrennen und anstelle dieser an den Siliciumschichten Substituenten einzuführen. Da das technisch aus Siliciumdioxid, SiO_2, und Calciumcarbid, CaC_2, hergestellte $CaSi_2$ hauptsächlich durch elementares Silicium sowie $FeSi_2$ verunreinigt ist, wurden im Laufe der Jahre die Methoden zur Darstellung von strukturell und chemisch einheitlichem $CaSi_2$ verbessert. So gewann beispielsweise der Kautsky-Schüler Edwin Hengge im Jahre 1961 ein sehr reines $CaSi_2$ mit großen Kristallflächen, durch direkte Reaktion der Elemente: Unter Argon-Atmosphäre wird reines Silicium geschmolzen und in diese Schmelze die stöchiometrische Menge Calcium in geringem Überschuss portionsweise eingetragen und dabei die Temperatur auf 1200 °C gesenkt, nochmals kurz auf 1400 °C aufgeheizt und danach erneut auf 900 °C gesenkt, aus dem Ofen genommen und abgekühlt. Das Produkt enthält zwar noch 5-6% CaSi und 2% Si, die sich aber leicht entfernen lassen.[134]

Wöhlers Siloxen und Kautskys Siloxen

Ursprünglich bestand die Vorstellung sowohl von Friedrich Wöhler wie auch später zunächst von Hans Kautsky (siehe oben) darin, in Analogie zur Umsetzung von Calciumcarbid, CaC_2, mit Wasser zu Ethin, C_2H_2,

$$CaC_2 + 2\,H_2O \rightarrow HC \equiv CH + Ca(OH)_2$$

aus Calciumdisilicid mit Wasser Si-Si-Mehrfachbindung enthaltenden Siliciumwasserstoff, z. B. Si_2H_2, zu erhalten, um damit Folgeprodukte zu generieren. Das misslang:

$$CaSi_2 + 2\,H_2O \rightarrow HSi \equiv SiH + Ca(OH)_2$$

Bei Einsatz von konzentrierter Salzsäure erhielt Friedrich Wöhler jedoch unter Wasserstoffentwicklung bei 0 °C ein gelbgrünes, in allen bekannten Lösungsmitteln unlösliches, Produkt[132] der ungefähren analytischen Zusammensetzung

$$Si_2OH_2$$

das er *„Silicon"* nannte, das allerdings später, um Verwechselungen zu vermeiden, als ***„Wöhlers Siloxen"*** bezeichnet wurde und unter diesem Namen Eingang in die chemische Literatur genommen hat. Die Bezeichnung nach der IUPAC-Nomenklatur lautet: 2-D-Poly[1,3,5-trihydroxyhexasilan]. Später wurde das Produkt aufgeklärt. Die Reaktionsgleichung dafür entspricht der Formulierung:

$$3\,CaSi_2 + 6\,HCl + 3\,H_2O \rightarrow Si_6H_3(OH)_3 + 3\,CaCl_2 + 3\,H_2$$

Es wurde somit neben dem Wasserstoff durch eine Hydrolyse-Reaktion auch Hydroxyl eingeführt. Die in der Summenformel schon skizzierte unterschiedliche Bindung der Wasserstoffatome an die Silicium- bzw. Sauerstoffatome wird in der Strukturformel der polymeren Verbindung $[Si_6H_3(OH)_3]n$ deutlich: Die gewellten Schichten enthalten wie im $CaSi_2$ miteinander verknüpfte Silicium-Sechs-Ringe, wobei jedes Si-Atom mit 3 anderen Si-Atomen verbunden ist. Die jeweils 4. freie Silicium-Valenz wird abwechselnd durch ein Wasserstoffatom bzw. eine OH-Gruppe besetzt. Daraus resultiert folgende Struktur (Abb. 67).
Wöhler selbst erkannte diese Struktur natürlich nicht. Hans Kautsky sen. veränderte die von Wöhler angesetzten Reaktionsbedingungen und setzte das $CaSi_2$ (5g) unter Kohlendioxid-Schutzatmosphäre mit verdünnter ethanolischer Salzsäure (600ml Ethanol/110 ml Wasser/25 ml konz. Salzsäure) bei Eiskühlung im Dunkeln um[25, S. 215]. Es findet Wasserstoff-Entwicklung statt, und nach 6 Stunden ist die Reaktion beendet. Für die Darstellung des erhaltenen reaktionsfähigen

(entzündet sich bei Luftzutritt selbst) und lichtempfindlichen, gelborange farbigen Produktes lässt sich die folgende Reaktionsgleichung formulieren:

$$3n\,CaSi_2 + 6n\,HCl + 3n\,H_2O \rightarrow [Si_6O_3H_6]_n + 3n\,CaCl_2 + 3n\,H_2$$

Er postulierte für den erhaltenen Feststoff, den er zunächst *„Oxydisilin"* nannte, dem ***„Kautsky-Siloxen"***, eine Schichtstruktur (Abb. 68), und erklärte das Entstehen dieser wie folgt[36, S. 350] (Abb. 69).

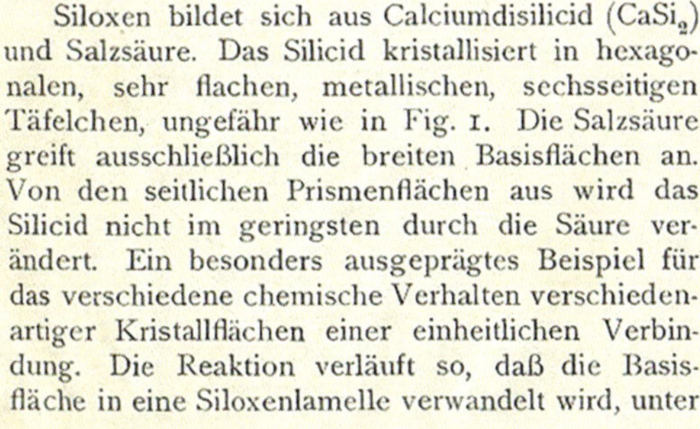

Siloxen bildet sich aus Calciumdisilicid ($CaSi_2$) und Salzsäure. Das Silicid kristallisiert in hexagonalen, sehr flachen, metallischen, sechsseitigen Täfelchen, ungefähr wie in Fig. 1. Die Salzsäure greift ausschließlich die breiten Basisflächen an. Von den seitlichen Prismenflächen aus wird das Silicid nicht im geringsten durch die Säure verändert. Ein besonders ausgeprägtes Beispiel für das verschiedene chemische Verhalten verschiedenartiger Kristallflächen einer einheitlichen Verbindung. Die Reaktion verläuft so, daß die Basisfläche in eine Siloxenlamelle verwandelt wird, unter

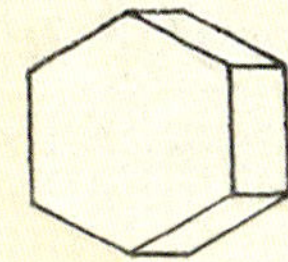

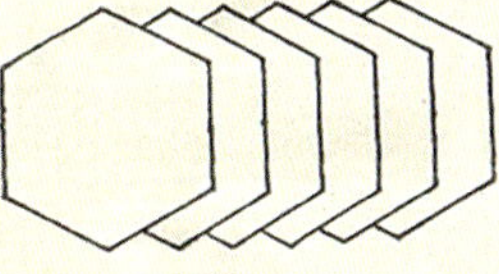

die nun neue Säure eindringt. Sie erzeugt eine neue Siloxenlamelle. Dies wiederholt sich bis zur völligen Umwandlung des Silicides. Auf diese Weise entstehen die aus Lamellen zusammengesetzten sichtbaren Siloxenblättchen. Unter dem Mikroskop sieht man, daß die Dimensionen der Basisflächen erhalten bleiben, während die Prismenflächen ziehharmonikaartig auseinander getrieben in Lamellen zerteilt erscheinen, wie dies schematisch in Fig. 2 angedeutet ist.

Abb. 69
Auszug aus der Publikation[36, S. 350]

Zur Struktur des Kautsky-Siloxens

Hans Kautsky entwickelte sehr scharfsinnig, basierend auf sorgfältig durchgeführten Experimenten zusammen mit seinen Schülern G. Herzberg, A. Hirsch und H. Thiele Vorstellungen zur Zusammensetzung und zur Struktur des *„Kautsky-Siloxens"*. Die offizielle IUPAC-Bezeichnung lautet: 2-D-Poly(cyclohexasiltrioxan). Beschrieben 1924 in den Publikationen *„Über die Konstitution des Siloxens"*[26] und *„Über das Siloxen und seine Derivate"*[27], postulierte und belegte er experimentell eindeutig das Vorliegen einer Sechsring-Struktureinheit aus miteinander gebundenen Siliciumatomen, an die je Si-Atom ein Wasserstoffatom gebunden ist (Abb. 70). Er zeigte weiterhin, dass sich immer zwei Siliciumatome ein Sauerstoffatom im Sinne Si-O-Si teilen. Damit lag er prinzipiell richtig, und das entsprach auch der dreifachen Summenformel 3x Si_2H_2O, d. h. $Si_6H_6O_3$. Eine Kettenstruktur schied aus. Er reduzierte diese Annahme zunächst auf eine ringförmige molekulare Struktureinheit (Abb. 71), die er der Einfachheit halber (siehe unten) schematisierte (Abb. 72). Dabei war ihm bewusst, dass diese molekularen Struktureinheiten [Anmerkung: wir setzen sie in eckige Klammern] nicht isoliert vorliegen, sondern in ein polymeres Netzwerk eingebaut sind. Diese Feststellung äußerte er mit folgenden Sätzen:

„Es hat alle Eigenschaften hochpolymerer Stoffe. Eine sehr feste Verknüpfung sämtlicher Moleküle in den Elementarlamellen muß vorhanden sein, möglicherweise durch den Sauerstoff des Siloxens in Form von Si-O-Si-Bindungen."[36, S. 350] Kautsky bindet die Struktureinheiten in das Siloxen-Netzwerk einer Schicht ein. Die Sauerstoffatome bilden Brücken Si-O-Si zwischen den Siliciumatomen. Es bindet je ein Wasserstoffatom an jedes Siliciumatom. Die H-Atome sind alternierend oberhalb und unterhalb der gewellten Schichtebene angeordnet. Daraus resultiert die in den

Abb. 67 Modellhafte Darstellung (Ausschnitt) einer idealen Wöhler-Siloxen-Schicht. Si-Atome: grün; Sauerstoffatome: blau; Wasserstoffatome: rot. In dieser Aufsicht sind die Hydroxylgruppen gezeichnet. Die an den Si-Atomen gebundenen Wasserstoffatome befinden sich unterhalb der Schicht und sind deshalb nicht für den Betrachter sichtbar.

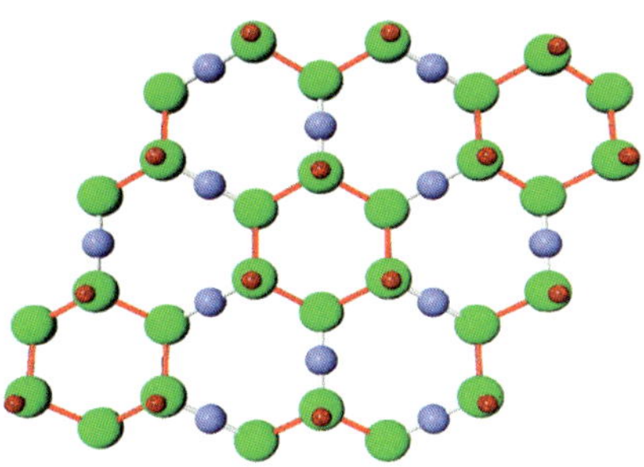

Abb. 68 Modellhafte Darstellung (Ausschnitt) einer idealen Kautsky-Siloxen-Schicht. Die aus den Si-Atomen (grün) aufgebauten Sechsringe sind über Sauerstoff-Atome (blau) mit jeweils sechs weiteren Silicium-Sechsringen verbunden. Die an Siliciumatome gebundenen Wasserstoffatome (rot) befinden sich alternierend oberhalb und unterhalb der Schichtebene.

Abb. 70

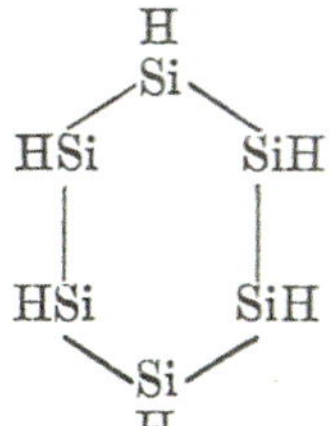

Abb. 71

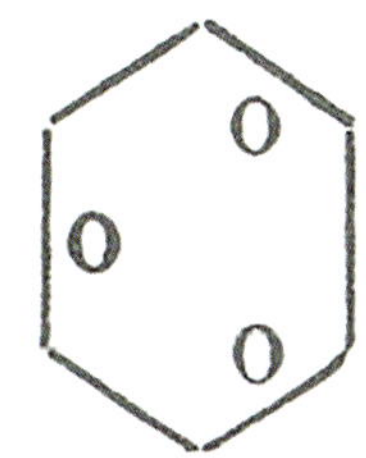

Abb. 72

Abb. 73
Teil eines Siloxen-Netzes. Kleine Kreise: Si; große Kreise: O. Jedes Si trägt ein H-Atom, welches der Übersichtlichkeit wegen nicht eingezeichnet ist.

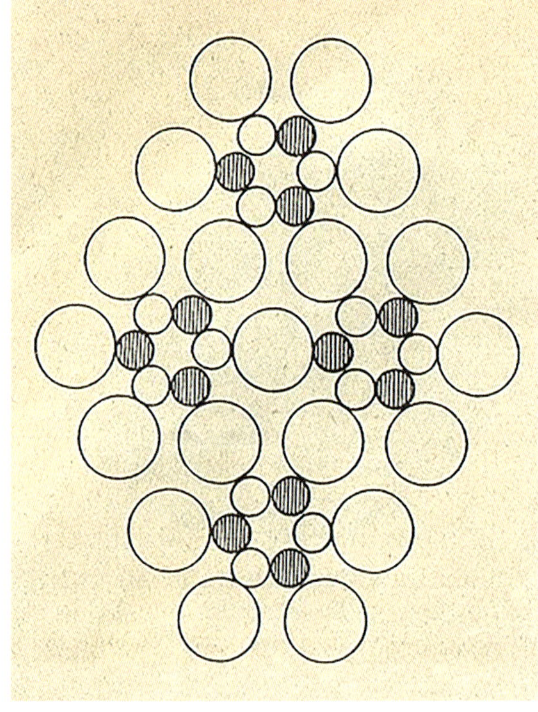

Abb. 68 (Kautsky-Siloxen), Abb. 73 (Kreise) und Abb. 74 (Schichten) dargestellte Struktur.

Diese Struktur unterscheidet sich von *„Wöhlers Siloxen"*. Beide Strukturen sind existent. Es hat sich in neueren analytischen Untersuchungen herausgestellt (1999), dass beide Verbindungen idealisiert und durch partiell eingebaute Strukturelemente, der Hydrolyse und partiellen Oxidation geschuldet, nicht ganz ideal der angegebenen Summen- und Strukturformel entsprechen. Das wurde mittels Röntgen-Emissions-Spektroskopie erkannt[135].

Um die Hydrolyse weitgehend zu unterdrücken, wurde die Wöhlersche Reaktionsführung bei -30 °C durchgeführt. Dabei entstand das schichtförmige aufgebaute **Polysilin (ws)**, $(Si_6H_6)_n$, gemäß

$$3\,n\,CaSi_2 + 6n\,HCl \xrightarrow{HCl_{conc.},\ 5\ Tage\ ,\ -30\ ^{\circ}C} 3n\,CaCl_2 + (Si_6H_6)_n$$

Dieses lässt sich auch noch auf anderem Wege durch reduktive Kupplung von Silicochloroform mit einer Natrium/Kaliumlegierung herstellen[136]. Günther Schott (1921–1985) fasste 1963 in einem Übersichtsartikel[137] den damaligen Kenntnisstand zu Polysilanen, insbesondere auch mit seinen eigenen Untersuchungen über Polysilane mit Schichtstruktur, $(SiH)_n$, zusammen.

Hans Kautsky hat klar die Struktur der Mono-Schichten und das synthetische Potential, das darin steckt, erkannt und selbst und mit zahlreichen Schülern weitgehend ausgeschöpft. So liegt ein polymeres Netzwerk vor, wobei die Mono-Schichten etwa wie beim Grafit lamellenartig (Abb. 75) übereinander gelagert sind. Das Kautsky-Siloxen und Derivate sind durch die in ihnen enthaltenen reaktiven -Si-H - Gruppen und die reaktiven -Si-Si-Einheiten außerordentlich reaktionsfähig, was sich allein schon dadurch äußert, dass sie an der Luft selbstentzündlich sind und leicht mit Oxidationsmitteln reagieren. Sie sind lichtempfindlich. Diese Eigenschaften erfordern eine besonders sorgsame Handhabung und spezielle apparative Vorkehrungen (Inertgas-Atmosphäre; Vermeidung von Luftzutritt; ggf. Dunkelheit), welche die Beschäftigung mit dieser Substanzklasse komplizieren. Die Spezifik der Siloxene hinsichtlich ihrer Reaktivität und ihrer Reaktionsprodukte besteht an den von Hans Kautsky erstmals realisierten und erkannten, definiert verlaufenden Reaktionen an den Grenzflächen der Siloxene.

Abb. 74
Modellhafte Darstellung (Ausschnitt) einer idealen Kautsky-Siloxen-Schicht

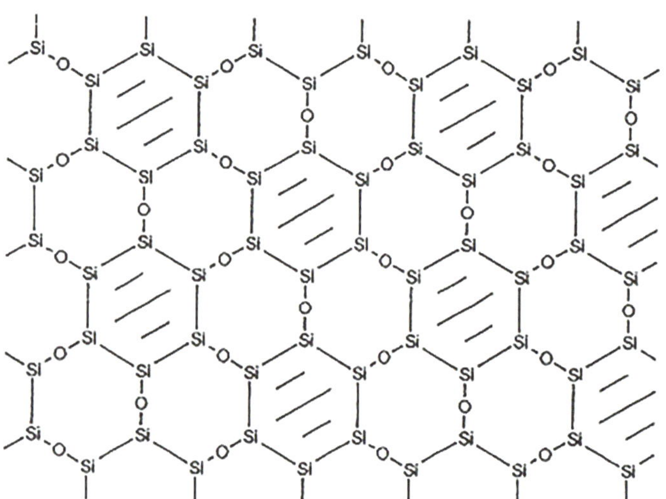

Reaktionen an den Grenzflächen von Kautskys Siloxen

Die einzelnen Schichten werden nur durch schwache dipolare Wechselwirkungen zusammengehalten. Eine grundlegende Erkenntnis Kautskys bestand darin, dass die Monoschichten ideale reaktionsbereite Grenzflächen darstellen, an denen sich definiert ablaufende Reaktionen durchführen lassen. In diesem Kontext sind von Hans Kautsky die Begriffe *„Permutoide"*, und *„Permutoidstrukturen"* eingeführt worden.[37, S.1] *„Permutoide sind mehr oder minder geordnete Strukturen, die aus eindimensionalen Ketten, zweidimensionalen Netzen oder dreidimensionalen Gerüsten so sperrig aufgebaut sind, dass Gase und Flüssigkeiten sie zu* *durchdringen vermögen und die gesamten Gruppen der sie aufbauenden Elementarketten, Netze oder Gerüstbausteine in Wechselwirkung treten können."*

Kautsky konnte schon in den 20er Jahren zeigen, dass im *„Kautsky-Siloxen"* prinzipiell zwei Reaktionstypen zu unterscheiden sind: Grenzflächenreaktionen an den Schichten unter Erhalt der Schichtstruktur und Oxydation, welche in die Schichtstruktur eingreifen und diese verändern oder zerstören. Systematisch wandte er sich den Grenzflächenreaktionen zu, wobei das luftempfindliche Edukt besonderer experimenteller Vorkehrung bedurfte, die chemische Analytik der Edukte (Umkristallisation nicht möglich u. a.) schwierig und die heute üblichen analytischen Methoden zur Strukturanalytik (noch) nicht verfügbar waren. Aus heutiger Sicht betrachtet, war Kautskys Exkursion in ein solches Neuland erfolgreich vorzustoßen, bewundernswert. Die Wasserstoffatome lassen sich teilweise oder vollständig substituieren, so durch Halogenatome, die sich wiederum definiert durch OH- oder NH_2-Gruppen unter Erhalt der ursprünglichen Schichtstruktur ersetzen lassen[27, 28, 31, 32] (Abb. 76, 77, 78):

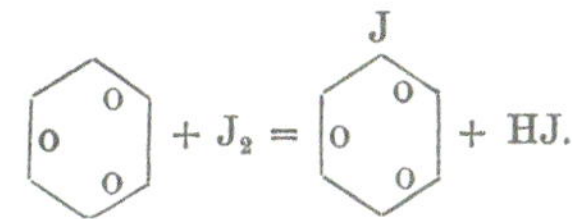

$$[Si_6H_6O_3] + I_2 \rightarrow [Si_6H_5O_3I] + HI$$

Abb. 76 Umsetzung des Kautsky-Siloxens mit Iod

Br
+ 3 Br₂ =
Br Br
+ 3 HBr.

$$[Si_6H_6O_3] + 3\,Br_2 \rightarrow [Si_6H_3Br_3] + 3\,HBr$$

Abb. 77 Umsetzung des Kautsky-Siloxens mit Brom

Br
Br Br
+ 6 NH₃ =
NH₂
NH₂ NH₂
+ 3 NH₄Br.

$$[Si_6H_3O_3Br_3] + 6\,NH_3 \rightarrow [Si_6H_3O_3(NH_2)_3] + 3\,NH_4Br$$

Abb. 78 Umsetzung des Kautsky-Siloxens mit Ammoniak

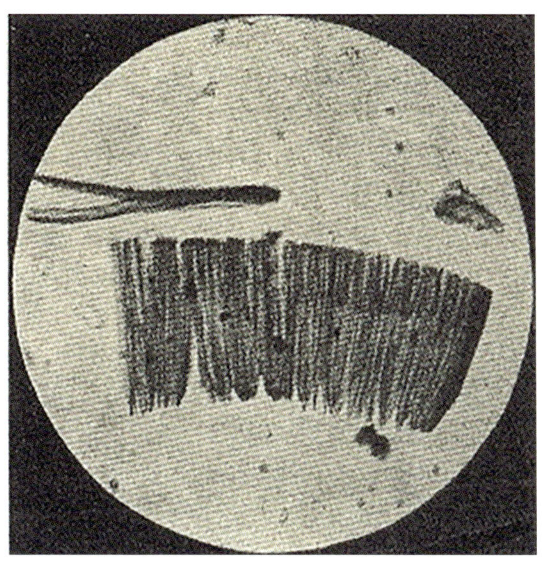

Abb. 75 Siloxenkieselsäureblättchen (Vergr. 800) in der Lamellenrichtung

Farbe und chemische Bindung in Siloxen und seinen Derivaten

Diesen drei neuen Verbindungen folgten die in der Tabelle angegebenen[27, S. 157] (Abb. 79):

Abb. 79 Tabelle der Halogen-, Oxy- und Aminoderivate des Kautsky-Siloxens

Tabelle.

farblos
fluoresziert nicht im sichtbaren Gebiet.

Halogenderivate.
X = Halogen.

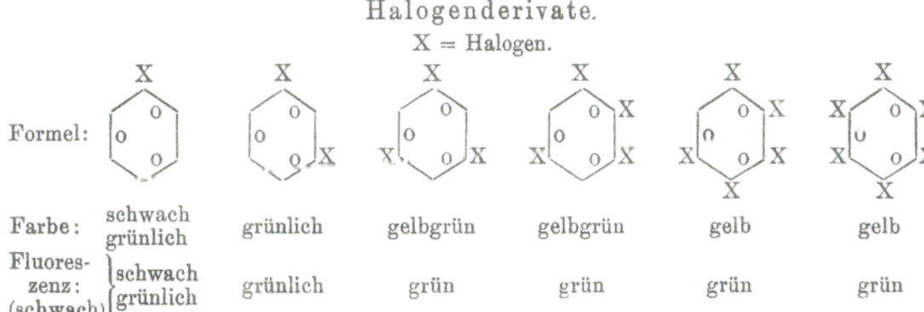

Formel:						
Farbe:	schwach grünlich	grünlich	gelbgrün	gelbgrün	gelb	gelb
Fluoreszenz: (schwach)	schwach grünlich	grünlich	grün	grün	grün	grün

Oxyderivate.

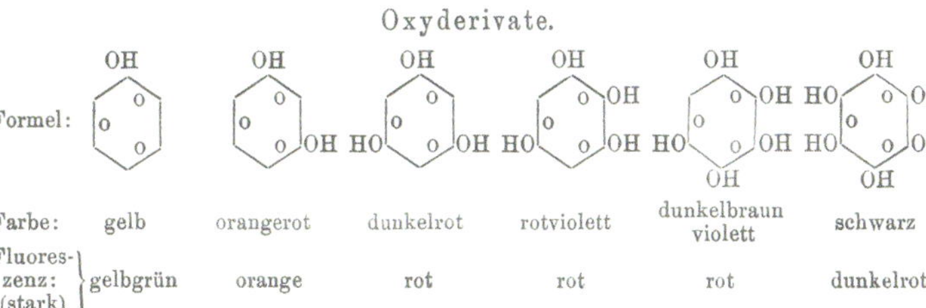

Formel:						
Farbe:	gelb	orangerot	dunkelrot	rotviolett	dunkelbraun violett	schwarz
Fluoreszenz: (stark)	gelbgrün	orange	rot	rot	rot	dunkelrot

Aminoderivate.
Am = NH₂ oder organ. Aminoradikal.

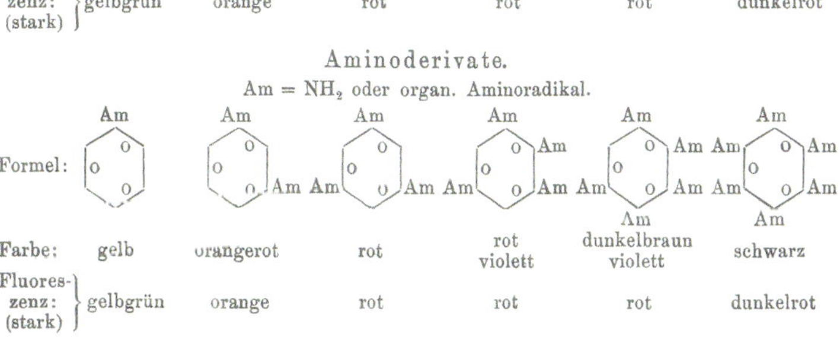

Formel:						
Farbe:	gelb	orangerot	rot	rot violett	dunkelbraun violett	schwarz
Fluoreszenz: (stark)	gelbgrün	orange	rot	rot	rot	dunkelrot

Dabei ändert sich systematisch die Farbe der Siloxenderivate[31], ein Phänomen, das der Schüler von Hans Kautsky, Edwin Hengge (1930–1997), eingehender untersuchte. Die zunehmende Substitution der H-Atome im Siloxen-Schichtgitter führt zu einer Farbvertiefung der Produkte, siehe Abb. 79. Die prinzipielle Frage, die dabei aufzuklären war, bestand darin, ob in den Siloxen-Derivaten Kristallphosphore vorliegen oder ob das Bindungssystem des Siloxens selbst für die Farbe, die Farbvertiefung und die Fluoreszenz verantwortlich ist. Letzeres ist der Fall, was mit Hilfe von Absorption- und Fluoreszenzspektren eindeutig geklärt werden konnte[138, 139, S. 239].

Damit lag es nahe, das Bindungssystem des Siloxens mit seinen Si-Sechsring-System in den Mittelpunkt der Betrachtung zu stellen[140], wobei sich ein Vergleich mit dem aromatischen C-Sechsring-System des Benzols und Substitutionsprodukten aufdrängt. Im Si-Sechsring liegt kein delokalisiertes π-Elektronensystem wie im Benzol vor. Dagegen kann das Elektronenoktett am Si-Atom unter Beteiligung von d-Orbitalen unter Bildung von Hybridorbitalen aufgeweitet werden, wenn dafür zur Besetzung Elektronen zur Verfügung gestellt werden. Diese können prinzipiell über freie Elektronenpaare an den Substituenten und über die freien Elektronenpaare der Brücken-Sauerstoffatome zur Verfügung gestellt werden und mittels $d\pi$-$p\pi$-Bindungen ein Resonanzsystem im Si-Sechsring aufbauen. Einen Beweis für diese Annahme lieferten die Blockierung freier Elektronenpaare an Substituenten durch Anlagerung von BF_3 und insbesondere 1956 eine Beobachtung von H. Kautsky und T. Richter[130], wonach sich BF_3 an die Siloxen-Brückensauerstoffatome nur vorübergehend und locker adsorbieren lässt, wohingegen z.B. die Einwirkung von BF_3 auf Hexamethylsiloxan, $(CH_3)_3Si\text{-}O\text{-}Si(CH_3)_3$, zur Spaltung der Si-O-Si Bindung unter Bildung von $(CH_3)_3SiF$ und $F_2BOSi(CH_3)_3$ führt[142, 143, S. 441]. Hans Kautsky zog aus der schwachen Eigenfarbigkeit („schwach gelbgrün", siehe jedoch die erste ungenaue, später korrigierte Angabe, „farblos" in Tab. 1, (Abb. 79) des Siloxens den Schluss, dass die polymere Verbindung (bestehend aus Si, O, und H) selbst ein Chromophor ist und dieses Verhalten durch die spezielle Bindungssituation im Sinne einer Quasiaromatizität verursacht wird.

Oxidative Zerstörung des Siloxen-Schichtgitters

Während die Einwirkung von Sauerstoff zunächst zu unübersichtlichen Reaktionsprodukten führte, gelang H. Kautsky bei der Einwirkung von Chlor im Überschuss tatsächlich der Eingriff in das Schichtgitter mit dessen vollständiger Zerstörung und der Bildung eines definierten Endproduktes. Die vollständige Absättigung der Siliciumatome mit Chloratomen ergibt Hexachlordisiloxan, $Cl_3Si\text{-}O\text{-}SiCl_3$. Damit ist zugleich „chemisch" bewiesen, dass das Sauerstoffatom an jeweils zwei Siliciumatome im Schichtgitter gebunden vorliegt. In ähnlicher Weise gelang ihm der Eingriff in das Gitter durch Umsatz mit Methanol unter katalytisch wirkendem Ammoniak[27, S. 146] zum Endprodukt Hexamethoxydisiloxan gemäß

$$[Si_6H_6O_3] + 18\,CH_3OH \rightarrow 3\,(CH_3O)_3Si\text{-}O\text{-}Si(OCH_3)_3 + 12\,H_2$$

Fluoreszenz und Chemilumineszenz in Siloxenen

Der junge Hans Kautsky war schon im elterlichen Kellerlabor in Berlin bei den ersten Experimenten mit Caliciumdisilicid von den dabei beobachteten farbigen Lichterscheinungen fasziniert. Die Chemie der Siloxene besitzt neben den interessanten Strukturen, Grenzflächenreaktionen, der abgestuften Farbigkeit und dem Adsorptionsvermögen[33, 34, 35] noch das Phänomen der Lichtemission bei Bestrahlung der Edukte und Produkte und bei chemischen Reaktionen. Bei Bestrahlung mit Licht bestimmter Wellenlänge wird die auf Reaktionsprodukte übertragene photochemische Energie (Absorption) zur Anhebung von Elektronen in höher gelegene Energieniveaus benutzt. Durch rasch erfolgte Abstrahlung von Licht größerer Wellenlänge – *Fluoreszenz* – oder über metastabile Zwischenzustände langsamer – *Phosphoreszenz* – kann wieder der elektronische Grundzustand erreicht werden. Im Falle der *Chemilumineszenz* wird bei dafür geeigneten chemischen Reaktionen freigesetzte Energie zur Anhebung von Elektronen in energetisch höhere Zustände ausgenutzt, die ebenfalls wieder unter Abstrahlung von Licht definierter Wellenlänge in Grundzustände übergehen. Hans Kautsky und H. Zocher[55, 54, 56] fanden diese typische Eigenschaft von Siloxen und seinen Derivaten, insbesondere an verschieden substituierten Hydroxy-Siloxenen bei der Umsetzung mit vielen starken Oxidationsmitteln, wie Kaliumpermanganat, $KMnO_4$, Wasserstoffperoxid, H_2O_2, konz. Salpetersäure, HNO_3. Dabei wird im Dunkeln eine helle Chemilumineszenz (CL) unterschiedlicher Wellenlänge abgestrahlt. Diese Entdeckung war Friedrich Wöhler entgangen. Der Effekt kann noch dadurch gesteigert werden, wenn zuvor an der Oberfläche der Siloxen-Schichten organische Farbstoffe adsorbiert werden[60, 144]. Der adsorbierte Farbstoff Rhodamin B führt zum Beispiel zu einer stark roten Chemilumineszenz. Bereits die ersten Publikationen von Hans Kautsky (Abb. 79) zeigen, dass er die abgestufte Fluoreszenzstrahlung der Siloxen-Derivate beobachtete und in Beziehung zur Zahl und Art der Substituenten und damit zur Bindungssituation setzte[145].

Die reiche Ernte aus Kautskys Pionierarbeit zur Chemie der Siloxene

Die Beschäftigung mit der Chemie der Siloxene hat Hans Kautsky von früher Jugend bis zu seinem Ableben 1966 nicht losgelassen. Ein handschriftliches, unvollendet gebliebenes, 18-seitiges Manuskript aus seiner Feder (Abb. 80), betitelt *„Oxydative Umwandlung der zweidimensionalen Siloxenstruktur in eine dreidimensionale Siloxanstruktur und das Problem der Siliconphosphorescenz H. K. u. F. Ch. Werner, Inst. F. anorg. Chemie Uni. Marburg. U. Vogell. Laboratorium f. Elektronenmikroskopie, Univ. Marburg"* kam nicht mehr zur Einreichung. Das Manuskript wurde von seinem Sohn Hans Kautsky jun. im September 2002 einem der Autoren (L. B.) mit dem Satz *„Entwurf einer Arbeit, die auf Grund seines Todes nicht mehr fertig gestellt werden konnte und daher nicht mehr veröffentlicht wurde"* (Abb. 81) überlassen[18].

Das für Hans Kautsky an der Universität Marburg gegründete *„Institut für Siliciumchemie"* bot ihm zwar in den Anfangsjahren Ende der 40er /Anfang der 50er Jahre nur bescheidene Arbeitsmöglichkeiten, dafür aber sammelten sich um ihn talentierte und motivierte Schüler, wie Gerhard Fritz (1919–2002)[146], Edwin Hengge, u. a., die sich den Siloxenen und der Siliciumchemie, in den späten 50er Jahren besonders auch den zweidimensionalen (lepidoiden) Kieselsäurederivaten[102] (es folgten bis 1965 noch weitere acht Publikationen in dieser Serie) und ihren Adsorbaten, höchst erfolgreich widmeten. Eine Sammlung aller Separatabdrucke der 56 Publikationen, die seit 1947 bis 1965 im Institut für Siliciumchemie der Universität Marburg unter Leitung von Hans Kautsky entstanden sind (insgesamt veröffentlichte Hans Kautsky mehr als 90 wissenschaftliche Publikationen) wurde von seinem Sohn Hans Kautsky jun. der Historischen Sammlung der Fakultät für Chemie und Mineralogie Leipzig überlassen.[18]

Die Siloxene wurden in der Zeit nach Hans Kautsky bis heute von zahlreichen Forschungsgruppen unter verschiedenen Aspekten intensiv bearbeitet. Eine kleine Auswahl soll zitiert werden, u. a. publizierten deutsche Forschungsgruppen: *„Porous silicon and siloxene: vibrational and structural properties"*, (1993)[147]. *„Siloxenes: What do we know about the structures?"*, (1995)[148]. *„Photo- and chemiluminecence from Wöhlers siloxene"*, (1995)[149]. *„Local and electronic structure of siloxene"*, (1999)[150]. *„Kautsky – siloxene analogous monomers and oligomers"*, (2003)[151]. Japanische Chemiker befassten sich ebenfalls besonders intensiv mit Siloxenen: *„Preparation and structure of novel siloxene nanosheets"*, (2005)[152]. *„Synthesis of siloxene derivatives with organic groups"*, (2010)[153]. *„Optical properties of siloxene films prepared by high-temperature heat treatment from thin films of polysilane containing anthryl groups"*, (2011)[154]. *„Synthesis and optical properties of two-dimensional nanosilicon compounds"*, (2017)[155]. *„Stabilized lithium-ion battery anode performance by calcium-bridging of two dimensional siloxene layers"*, (2017)[156]. Auch die an-

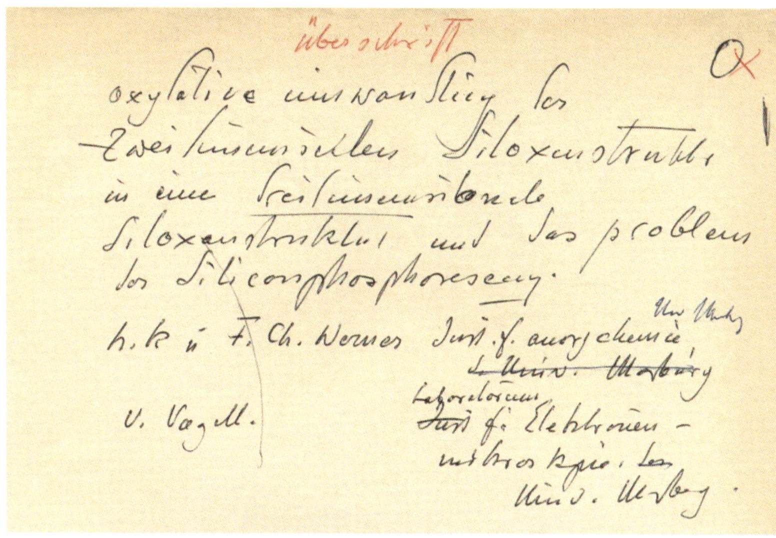

Abb. 80 Titel des letzten handschriftlichen, unveröffentlichten Manuskripts von Hans Kautsky

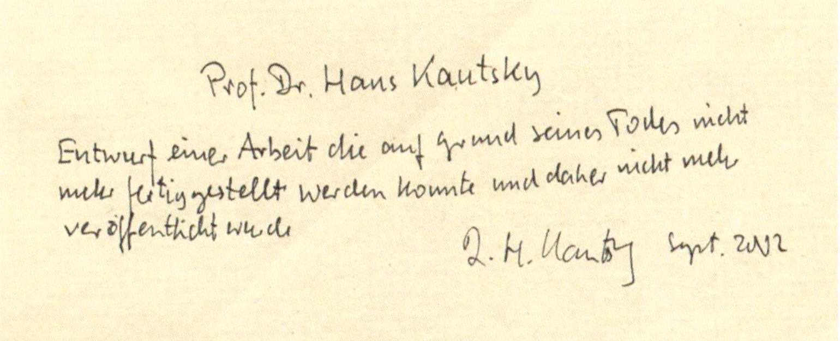
Prof. Dr. Hans Kautsky
Entwurf einer Arbeit die auf grund seines Todes nicht mehr fertiggestellt werden konnte und daher nicht mehr veröffentlicht wurde
H. H. Kautsky Sept. 2002

Abb. 81 Notiz von Hans Kautsky jun. auf der ersten Seite des letzten unveröffentlichten Manuskripts seines Vaters

sprachsvollen Arbeiten chinesischer Chemiker und Physiker füllen zunehmend die Fachjournale: „*Two-dimensional silicon suboxides nanostructures with Si nanodomains confined in amorphous SiO_2 derived from siloxene as high performance anode for Li-ion batteries*", (2017)[157]. „*Siloxene nanosheets: a metal free semiconductor for water splitting*", (2016)[158]. „*Structural stability and the electronic properties of (SiH)2O-formed siloxene sheet: a computational study*", (2017)[159].

Singulettsauerstoff und Photosensibilisierung (mit Eberhard Hoyer †)[16]

In Heidelberg begann Hans Kautsky an den Chemischen Instituten der Universität mit dem Generalthema „*Energie-Umwandlung an Grenzflächen*", das er in Leipzig vertiefte und abrundete. Das Schlüsselexperiment zum späteren Singulett-Sauerstoff ist 1931 in den „*Naturwissenschaften*" unter dem Titel „*Die Aufklärung der Photolumineszenztilgung fluorescierender Systeme durch Sauerstoff: Die Bildung aktiver, diffusionsfähiger Sauerstoffmoleküle durch Sensibilisierung*", beschrieben.[68]
Es heißt darin:
„*Wir stellen getrennt zwei Kieselsäureadsorbate her, das eine von einem fluorescierenden Farbstoff (z. B. Trypaflavin), das andere von einem Acceptor (z. B. p-Leukanilin). Beide werden durch gemeinsames Verreiben innig vermischt. Auf diese Weise sind Sensibilisator und Acceptor räumlich voneinander getrennt. Belichtet man die Mischung mit sichtbarem Licht, so färbt sich die belichtete Stelle durch Oxydation der Leukoverbindung rot. Das farblose Adsorbat der Leukoverbindung allein wird bei den gegebenen Versuchsbedingungen in keiner Weise verändert.*"
Und weiter: „*Wir finden hier also einen ganz neuartigen, besonders klaren und durchsichtigen Fall von Energieumwandlung an Grenzflächen, bei der die einzelnen Teilprozesse zeitlich und räumlich vollkommen getrennt werden können...*
Wir vermuten, daß der von uns durch seine Eigenschaften und Wirkungen charakterisierte Sauerstoff im Zusammenhang mit dem von W. H. J. CHILDS und R. MECKE rein spektroskopisch ermittelten metastabilen Zustand ($^1\Sigma$ Term) des Sauerstoffmoleküls steht."
1933 folgte eine ausführliche Publikation mit sorgfältigen Experimenten, auch in der Absicht, damit Einwände von Kritikern zu entkräften: H. Kautsky, H. de Bruijn, R. Neuwirth, W. Baumeister, „*Energie-Umwandlung an Grenzflächen, VII. Mitteil. Photo-sensibilisierte Oxydation als Wirkung eines aktiven, metastabilen Zustandes des Sauerstoff-Moleküls*".
Die Autoren schreiben[65]:
„*Sehr lange schon, bevor wir die aktive, metastabile Form des Sauerstoffs nachgewiesen hatten, waren ihre stark oxydierenden Wirkungen als ‚Photodynamische Wirkung fluorescierender Farbstoffe' bekannt. Wir halten es für angebracht, diese noch vielfach gebrauchte Bezeichnung abzuändern in ‚Photo-sensibilisierte Oxydation'. Damit ist wohl deutlich ausgedrückt, worum es sich handelt: Oxydierbare Stoffe (Acceptoren), im lebenden Organismus oder im Reagenzglas, welche im Dunkeln wie im Licht durch den Luft-Sauerstoff nicht oder kaum verändert werden, nehmen, in Gegenwart fluorescierender Stoffe (Sensibilisatoren) belichtet, molekularen Sauerstoff auf.*" Es folgen die Prüfung verschiedener Einwände und die beiden wichtigen Sätze: „*Die Versuchung ist groß, den durch Photosensibilisierung aktivierten Sauerstoff dem $^1\Sigma$-Zustand des Sauerstoff-Moleküls gleichzusetzen. Einen unmittelbaren Beweis dafür haben wir nicht*".
Die Publikation endet mit dem bedeutungsschweren Satz:
„*Die Hauptbedeutung dieses aktiven Sauerstoffs liegt wohl auf biologischem Gebiet. Bedenkt man, daß in jeder grünen, assimilierenden Pflanze die Fluorescenz des Chlorophylls durch Sauerstoff weitgehend getilgt wird und daß diese Fluorescenz-Tilgung in unmittelbarer Beziehung zu den Energie-Umwandlungen im Assimilations-Vorgang besteht, so kann man ermessen, welche Bedeutung der aktivierte Sauerstoff für das biologische Geschehen auf der Erdoberfläche hat.*"
Diese Publikationen entstammen Kautskys Wirken in seiner Heidelberger Zeit von 1928 bis 1936. Im Frühjahr 1936 übernahm Kautsky den durch die Fortberufung Arthur Schleedes (1892–1977) an die TH Charlottenburg freigewordenen Lehrstuhl für anorganische Strukturchemie am Chemischen Laboratorium der Leipziger Universität, zunächst vertretungsweise, ab Januar 1937 per Ernennung zum außerordentlichen Professor im sächsischen Landesdienst. Das Thema der Antrittsvorlesung lautete: „*Energieübertragung in Siloxenstrukturen*". Die erste Arbeit aus Leipzig ging am 10. Mai 1937 bei der Redaktion der Biochemischen Zeitschrift ein. Kautsky als Alleinautor berichtete über „*Wechselwirkungen zwischen Sensibilisatoren und*

Sauerstoff im Licht"[73]. Mit der Beauftragung war *„der Genannte"* zugleich durch den zuständigen Minister veranlasst, von Heidelberg nach Leipzig umzuziehen. So ist es zu verstehen, dass bei der Redaktion der Biochemischen Zeitschrift mit gleichem Eingangsdatum (10.5.1937) zwei Manuskripte aus Kautskyscher Feder eingegangen sind, die eine (s.o.) aus dem Chemischen Laboratorium der Universität Leipzig, die andere *„Chlorophyllfluoreszenz und Kohlensäureassimilation"*, von Hans Wilhelm Kautsky mit dem Untertitel (gemeinsam mit H. Hormuth): „Die Abhängigkeit des Verlaufs der Fluoreszenzkurven grüner Blätter vom Sauerstoffdruck"[82] noch aus dem Chemischen Institut der Universität Heidelberg.

Den Mechanismus der Photosensibilisierung formulierte Kautsky entsprechend der experimentellen Faktenlage und dem physikalischen Kenntnis- und Erkenntnisstand so (Abb. 82).

$$^1F \rightarrow {}^1F^*$$

Farbstoff

$$^1F^* \rightarrow {}^3F^*$$

$$^3F^* + {}^3O_2 \rightarrow {}^1F + {}^1O_2^*$$

$^3O_2$ wirkt als Fluoreszenzlöscher und wird dabei selbst in den $^1O_2$-Zustand angeregt

$$^1O_2^* + S \rightarrow S \cdot O_2$$

Substrat oxidiertes Substrat

Abb. 82 Mechanismus der Photosensibilisierung (nach H. Kautsky)

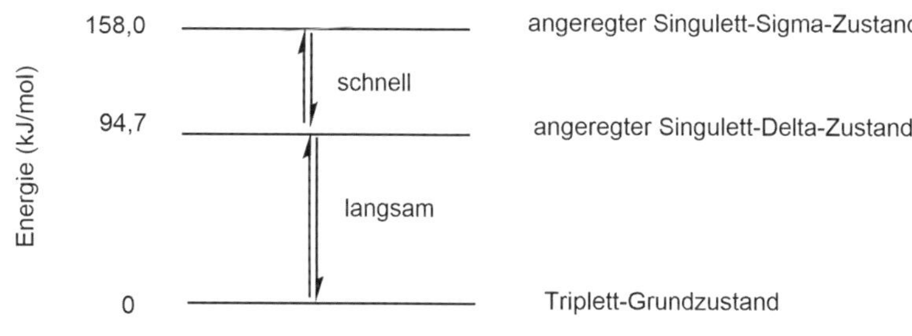

Abb. 83 Energiezustände im Sauerstoffmolekül bei Anregung

Kautskys einziger Fehler, wie auch der seines Kritikers H. Gaffron[160]: Er postulierte („vermutete", s. o.), dass *„aktiver Sauerstoff"* der $^1\Sigma_g^+$-Zustand des Singulettsauerstoffs sei. Tatsächlich aber ist es der $^1\Delta_g$-Zustand mit einer Energie 762 nm über dem Grundzustand $^3\Sigma_g^-$. Die Lebensdauer (Halbwertszeit) des metastabilen Singulettsauerstoff-Moleküls ist in der Gasphase ungewöhnlich lang; τ_{gas} beträgt ca. 45 min für $^1\Delta_g$ und 7sec für $^1\Sigma_g^+$. Dem stehen in der flüssigen Phase in Abhängigkeit vom Lösungsmittel Lebensdauern (Halbwertszeiten) von ca. 10^{-3} sec für $^1\Delta_g$ und gar nur von ca. 10^{-9} sec für $^1\Sigma_g^+$ gegenüber. Das erklärt, dass chemische Reaktionen mit Singulettsauerstoff im Regelfall aus seinem $^1\Delta_g$-Zustand heraus erfolgen (Abb. 83). In einem MO (molecular orbital) –Diagramm (Mulliken, 1928[161, 162, S. 505] / Hückel 1930[163, S. 29] für das Sauerstoffmolekül $(1\sigma_g)^2(1\sigma_u)^2(2\sigma_g)^2(2\sigma_u)^2(3\sigma_g)^2(1\pi_u)^4(1\pi_g)^2$ im elektronischen Grundzustand lassen sich die Verhältnisse hinsichtlich der höchsten besetzten Orbitale $1\pi_g$ (HOMO) wie folgt darstellen (Abb. 83).

Die Elektronenverteilung im Grund- und in den angeregten Zuständen ist im Schema in Abb. 84 dargestellt.

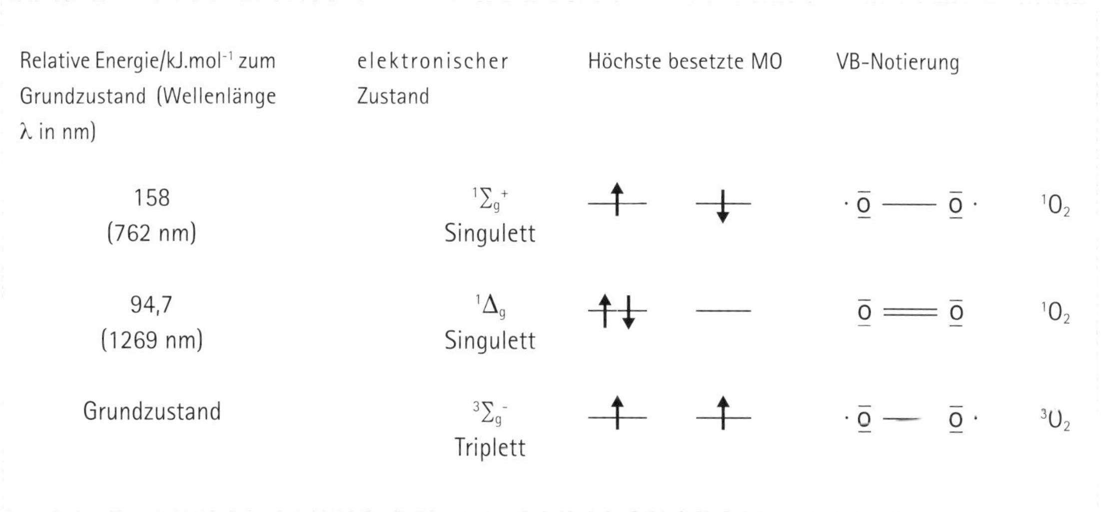

Relative Energie/kJ.mol^{-1} zum Grundzustand (Wellenlänge λ in nm)	elektronischer Zustand	Höchste besetzte MO		VB-Notierung	
158 (762 nm)	$^1\Sigma_g^+$ Singulett	↑	↓	$\cdot\bar{O}-\bar{O}\cdot$	$^1O_2$
94,7 (1269 nm)	$^1\Delta_g$ Singulett	↑↓	—	$\bar{O}=\bar{O}$	$^1O_2$
Grundzustand	$^3\Sigma_g^-$ Triplett	↑	↑	$\cdot\bar{O}-\bar{O}\cdot$	$^3O_2$

Abb. 84 MO-Diagramm von Triplett- und Singulett-Sauerstoff (nach Mulliken/Hückel)

Singulettsauerstoff verhält sich wie ein elektrophiles reaktionsfähiges Olefin und reagiert per 1,4-Addition, z. B. gegenüber α-Terpinen, oder 1,3-Addition, z. B. gegenüber Allen, oder 1,2-Addition, z. B. gegenüber sterisch gehinderten Alkenen. Dies wurde erst 25 bis 30 Jahre später in der präparativen organischen Chemie wiederentdeckt und genutzt. Besonders die Arbeitsgruppe um Günter Otto Schenck (1913–2003) in Göttingen[164] publizierte über die Nutzung von photochemisch angeregtem Sauerstoff in der organischen Synthese. Im Standardlehrbuch *„Chemistry of the Elements"*[165] stehen dazu in deutscher Übersetzung[166, S. 795–796] die bemerkenswerten Sätze:

„Die Pionierarbeit wurde im Zeitraum 1931 bis 1939 von H. Kautsky geleistet, der beobachtete, daß Sauerstoff in der Lage ist, die Fluoreszenz bestimmter bestrahlter Farbstoffe zu unterdrücken, indem er selbst in den Singulettzustand übergeht. Diese angeregten O2-Moleküle können Verbindungen oxidieren, die mit Sauerstoff im Triplett-Grundzustand nicht reagieren. Obwohl Kautsky seine Beobachtungen im Wesentlichen korrekt zu deuten wußte, wurden seine Ansichten zu jener Zeit nicht akzeptiert; seine Arbeiten blieben über 25 Jahre von organischen Chemikern unbeachtet, bis im Jahre 1964 zwei andere Arbeitskreise unabhängig voneinander die Reaktivität des Singulett-Sauerstoffs wiederentdeckten. Es scheint aus heutiger Sicht bemerkenswert, daß Kautsky nicht in der Lage war, seine Zeitgenossen durch seine eleganten Experimente und sorgfältige Argumentation zu überzeugen."

Pionier in dieser Hinsicht der Wiederentdeckung und der Bestätigung von Kautskys Hypothese von 1931 und vor allem der Nutzung von Singulettsauerstoff in der Synthesechemie war zweifellos Christopher S. Foote (1935–2005)[167, S. 6424] mit seinen Publikationen von 1964 gemeinsam mit S. Wexler: *„Olefin Oxidation with Excited Singlet Molecular Oxygen"*[168] sowie *„Singlet Oxygen. A Probable Intermediate in Photosensitized Autoxidations"*[169]. Alexander Greer, Postdoktorand von C. F. Foote, Professor an der City University of New York, Präsident der American Society of Photobiology, widmete Foote 2006 einen Nachruf, betitelt: *„Christopher Foote's Discovery of the Role of Singlet Oxygen [$^1O_2(^1\Delta_g)$] in Photosensitized Oxidation Reactions"*[170]. *„Discovery"* ist korrekt durch „Rediscovery" zu formulieren, denn das Verdienst der Entdeckung des Singulettsauerstoffs gehört zweifelsfrei Hans Kautsky. Das konzediert Greer auch mit folgenden Ausführungen in[170, S. 798]:

„Howewer, in 1931, Kautsky and de Bruijn conducted a brilliant series of experiments at the University of Heidelberg[68, S. 1043]*. A dye (trypaflavine, 1) and an oxygen acceptor compound (leucomalachite green, 2) were adsorbed seperately on SiO_2 gel beads that were 1,2 and 0,23 mm in size, respectively. These were then mixed and irradiated in the presence of O_2*[8, S. 1043, 65]*. Oxidation of 2 took place to give malachite green (3)... The chemistry was found not to be due to diffusion of 1 or 2, which remained attached to the original beads.. The oxygen source was found not to be H_2O. because 1 and 2 were separated by several millimeters and the compounds were not adsorbed on the same gel granules, Kautskys ‚three-phase-test' suggested the formation of a diffusible O_2 species ...*[68, 65] *sing $^1O_2$."*

Einen Absatz weiter führt A. Greer Gründe an, weshalb Kautskys fundamentale Entdeckung längere Zeit nicht wahrgenommen worden ist[170]:

„Kautsky published a rebuttal indicating that the singlet delta state, $^1O_2$ ($^1\Delta_g$), was estimated to be 22 kcal/mol above the ground state. His polemic against Gaffron suggested that the quenching of chlorophyll luminescence by O_2 in plants could lead to $^1O_2$ ($^1\Delta_g$) but not $^1O_2$ ($^1\Sigma_g^+$).(The distribution of the two electrons in the highest orbitals for the $^1\Sigma$, $^1\Delta$, and $^3\Sigma$ states are shown in Figure 1.) The caveat was that the energy of the $^1\Delta$ state had not been characterized with certainty. Kautsky was perhaps the only scientist at the time to hold this view. Noticeably absent from the literature of that period are references to Kautsky's rebuttal, published in a biochemical journal. Three possible reasons are the following: (i) the dilemma about the accuracy of the energetics measured for the $^1\Delta_g$ state; (ii) the onset of World War II may have diverted attention from the topic; and (iii) at the time, there was a vigorous debate about the nature of biological oxidations, which concerned mechanisms of oxidation versus dehydrogenation."

Singulettsauerstoff in der Synthesechemie

Elektronisch angeregter Sauerstoff im $^1\Delta_g$-Zustand hat sich als wertvolles Synthesereagenz etabliert. Da mehrere Desaktivierungsprozesse des Singulettsauerstoffs ablaufen können (Abb. 85), ist die Syntheseoptimierung bei der Auswahl der Lösungsmittel, der Photosensibilisatoren oder der angewandten Strahlung nicht trivial. Die Quantenausbeuten müssen berücksichtigt werden. Zukunftsfähig ist die direkte Bestrahlung der luftdurchströmten Reaktionsmischungen mit Sonnenlicht, wie dies zum Beispiel mit Hilfe eines Parabolspiegels im solaren Photoreaktor (SOLARIS-Reaktor) in Almería/Südspanien praktiziert wird. Die im sichtbaren Bereich absorbierenden Photosensibilisatoren müssen der Bedingung genügen, dass ihre Triplettenergien > 94,7 kJ/mol sind, wie dies bei Chlorophyll, Phthalocyaninen Acridin, Bengalrosa, Methylenblau u. a. der Fall ist. Dies ist verständlich, weil die Energieübertragung in einem spinerlaubten Energietransfer gemäß

$$^3F^* + {}^3O_2\,(^3\Sigma_g^-) \rightarrow {}^1[F\cdots O_2]^* \rightarrow F + {}^1O_2\,(^1\Delta_g)$$

vom energetisch höheren zum energetisch niederen Zustand ablaufen muss.

Olefine reagieren bevorzugt mit Singulettsauerstoff. Zur Illustrierung mögen folgende Reaktionen bzw. Reaktionsmechanismen beispielhaft dienen (Abb. 90)

a) [2 + 2]-Cycloaddition

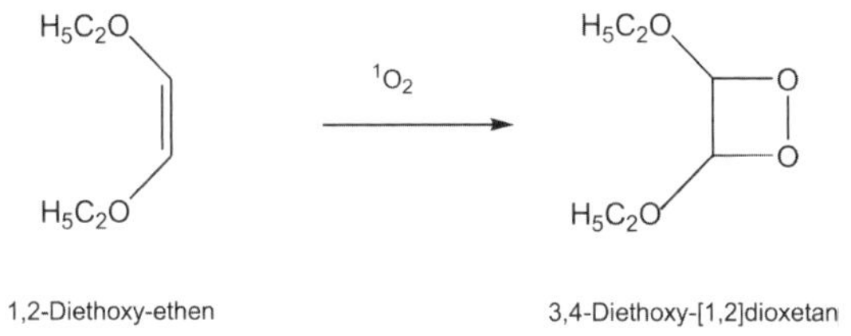

1,2-Diethoxy-ethen

3,4-Diethoxy-[1,2]dioxetan

Abb. 86 [2 + 2] - Cycloaddition von Singulettsauerstoff an 1,2-Dioxy-ethen

Voraussetzung für den Ablauf dieser Reaktion sind elektronenschiebende Substituenten an der Doppelbindung

b) [4 + 2] – Cycloaddition

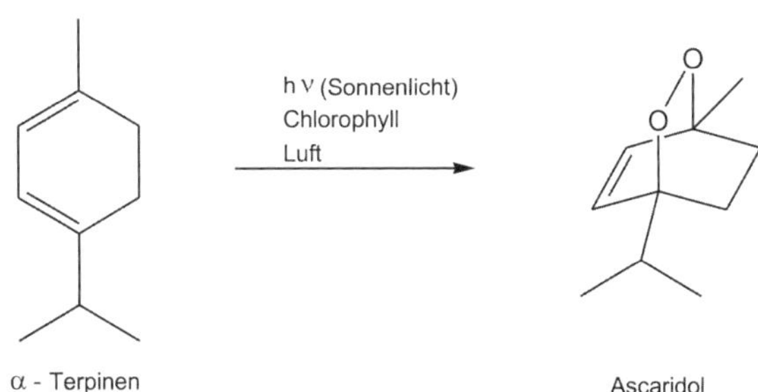

Abb. 87 [4 + 2] – Cycloaddition von α-Terpinen mit Singulettsauerstoff zu Ascaridol

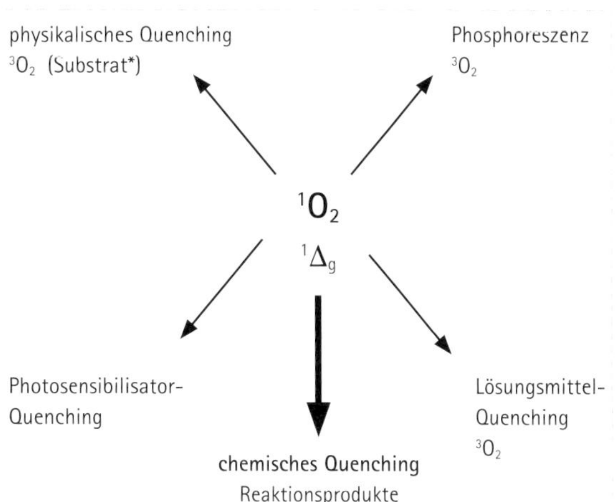

Abb. 85 Mögliche Desaktivierungsprozesse des Singulettsauerstoffs

Singulettsauerstoff verhält sich wie ein Dienophil, das im Sinne einer Diels-Alder-analogen Reaktion in einem konzertierten Prozess an das 1,3-Dien unter Bildung eines Endo-Peroxides anlagert.

c) En-, Schenck-Reaktion

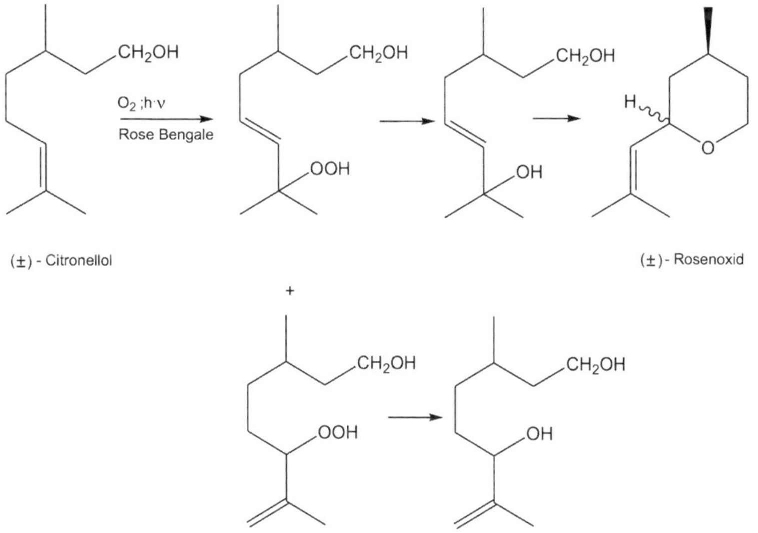

(±) - Citronellol

(±) - Rosenoxid

Abb. 88 Die En-Schenck-Reaktion von (±)-Citronellol mit Singulettsauerstoff bei Anwesenheit des Photosensibilisators Rose bengale zu (±)-Rosenoxid

Die Allyl-Verbindung (±)-Citronellol reagiert mit Singulettsauerstoff, der mit Hilfe des Photosensibilisators Bengalrosa (Rose bengale) generiert wird, zu einem Allyl-Hydroperoxid. Dieses wird mit Natriumsulfit reduziert. Nach Kondensation des Produktes entsteht das in der Parfümindustrie begehrte (±)- Rosenoxid[171, S. 578] (siehe unten). Rosenoxid ist im natürlichen Rosenöl enthalten. Als Zwischenstufen der Sauerstoffanlagerung werden ein Per-Epoxid bzw. ein Exciplex wahrscheinlich gemacht (Abb. 89):

Abb. 89 Zwischenprodukte bei der Reaktion in Abb. 88

Mercaptoverbindungen, Sulfide und Phenole können ebenfalls mit Singulettsauerstoff gezielt oxidiert werden. Die Referenz der Leipziger Studenten und Hochschullehrer an Hans Kautsky ist die Aufnahme einer präparativen Synthese mittels Singulettsauerstoff in das Fortgeschrittenenpraktikum am Institut für Organische Chemie: In einer Bestrahlungsapparatur wird (±)-Rosenoxid aus Citronellol und 1,3-addiertem Singulettsauerstoff synthetisiert. Rose Bengale fungiert als Sensibilisator (siehe oben).

Chlorophyllfluoreszenz und Kohlensäureassimilation. Der Kautsky-Effekt (mit Eberhard Hoyer †)[16, S. 210–212]

Die vom Blatt in dessen Chloroplasten und deren Chlorophyll absorbierte Sonnenlichtenergie wird

a) hauptsächlich photochemisch zur Erzeugung von Zuckern verwertet;
b) sie treibt nicht-photochemische Reaktionen und / oder wird als Wärme abgegeben und
c) ein bestimmter Energiebetrag wird als rotes Fluoreszenzlicht, die Chlorophyllfluoreszenz (CF), wieder abgestrahlt.

Diese Prozesse konkurrieren miteinander, d. h., je größer die Anteile von a) und b) sind, desto geringer ist die Chlorophyllfluoreszenz und umgekehrt. Diesen Sachverhalt hat der Anorganiker Hans Kautsky genial erkannt. Bereits die erste Kurzmitteilung von Hans Kautsky und Arthur Hirsch: *„Neue Versuche zur Kohlensäureassimilation"*[89] enthält die wesentlichen Aussagen über den Induktionsverlauf der Chlorophyllfluoreszenz. In der Publikation heißt es[89]: *„Je größer der Teil der absorbierten Strahlung ist, der in chemische Energie umgewandelt wird, desto geringer ist die Chlorophyll-Fluoreszenzintensität"* (Abb. 90).

Nachfolgend erscheinen zur Thematik Chlorophyllfluoreszenz und Kohlensäureassimilation 12 Publikationen, davon aus Heidelberg vier, aus Leipzig acht und 1960 zuletzt eine aus Marburg, schon nach Kautskys Emeritierung[100].

Die CF-Kinetik wird als **„Kautsky-Effekt"** bezeichnet und deren Interpretation ist seit 85 Jahren Kernbestand der Forschung über die Photosynthese der Pflanzen. Ein Review zum Kautsky-Effekt verfasste 1991 Hartmut Lichtenthaler aus Anlass des 60. Jahrestages der Entdeckung des Effektes durch Hans Kautsky, zugleich erinnernd an den 100. Geburtstag des Entdeckers[172.] Im Sci-Finder® fanden wir (14.06.2018) allein 94 eingetragene Literaturzitate unter dem Stichwort *„Kautsky effect"*[174].

Die Fotosynthese der chlorophyllhaltigen Pflanzen (Eukarioten, Algen) wird über die Absorption von Photonen durch Lichtsammelkomplexe (light harvesting complexes), LHC, eingeleitet. Diese auf die winkelabhängige Einstrahlung ausrichtbaren „Antennen" befinden sich in einem ausgedehnten plastidären Membransystem, der Thylakoid-Membran. Die Reaktionszentren zur Umwandlung der Lichtenergie in nutzbare chemische Energie für die CO_2-Assimilation sind die Pigment-Protein-Komplexe Photosystem I (PS I) und Photosystem II (PSII). LHC, PS I und PSII sind miteinander gekoppelt und enthalten grüne Chromophore (Chlorophyll a) und zum Teil gelb-orangefarbige Chromophore (Carotinoide). Sie befinden sich ebenfalls in der Thylakoid-Membran. Wenn ein vorher dunkeladaptiertes grünes Blatt einer (kurzzeitigen) Belichtung, z. B. durch eine UV-Quarzlampe (Kautsky und Hirsch, 1931), oder dem Licht eines Projektors mit Blaufilter ausgesetzt wird, dann tritt schon nach 0,2 sec eine starke Rotfluoreszenz mit Maxima bei 690 und 735 nm auf (Chlorophyllfluoreszenz, CF), die man bei Anbringen eines Dunkelrotfilters beobachten kann (Abb. 91).

Die Absorption der Lichtenergie bewirkt im Chlorophyll der LHC energetische Anregungszustände (S_1- und S_2-Singulettzustände). Da die Weiterleitung dieser Energie über eine Elektronentransportkette an die PS I und PS II induziert werden muss und zeitlich versetzt abläuft, wird beim ersten aufgegebenen, sättigenden Lichtimpuls (SP) die maximale Fluoreszenz (F_M) erreicht, indem ein großer Teil der eingefangenen Energie als rote Chlorophyllfluoreszenz sofort wieder abgestrahlt wird. Vor dieser Maximal-Fluoreszenz tritt kurzzeitig ein wenig ausgeprägtes Plateau auf, das Hinweis auf die Anschaltung der Induktionskette gibt. Das bestrahlte Chlorophyll geht aus dem angeregten Singulettzustand wieder in den Grundzustand F_0 über (der vorher mit schwachem Messlicht erzeugt wurde, das nicht zur Ladungstrennung in den Reaktionszentren ausreicht). Dies entspricht der Kautskyschen Induktionsphase. Die rote Fluoreszenzstrahlung ist etwas längerwellig als die für das Erreichen des Singulett-Zustandes notwendige Energie, weil ein gewisser Energieanteil für die Anregung von Schwingungszuständen bzw. Rotationen verbraucht wird. Da sich das Chlorophyllfluoreszenz-Emissionspektrum und das Absorptionsspektrum von Chlorophyll a überlappen, wird ein Teil der Fluoreszenzstrahlung wieder reabsorbiert. Die Reabsorption steigt mit der erhöhten Chlorophyllmenge im Blatt an. Aus dieser Situation lässt sich ableiten, dass das Intensitätsverhältnis der Maxima F_{690} / F_{735} ein Maß für den Chlorophyllgehalt von Blättern ist. Dies lässt sich für die Bestimmung des realen Chlorophyllgehaltes von Blättern, z. B. nach Stresssituationen bei der Vegetation, vielseitig nutzen. Die auf den ersten eingestrahlten Lichtimpuls (Kautsky-Induktion) folgende kontinuierliche Bestrahlung mit aktinischem Licht hat zur Folge, dass innerhalb von bis zu 30 Minuten allmählich die Chlorophyllfluoreszenz auf einen konstanten Wert F abfällt. Dieser Abfall F_M-F wird als Fluoreszenzlöschung bzw. variable Fluoreszenz bezeichnet. Er ist eine Maßzahl für die Wirksamkeit der Elektronentransportkette, der Verknüpfung von PS I und PS II und der Effizienz dieser Reaktionszentren zur Kohlensäureassimilation. Bei Anwendung von periodisch sehr kurzen, aufgegebenen Lichtimpulsen (Pulsdauer 1 µs; Laserstrahlung) während der Periode F_M-F lassen sich gezielt die einzelnen Beiträge zur Fluoreszenzlöschung, d. h. $q_N \cdot F_V$ ermitteln (q_N = nichtchemische Fluoreszenzlöschung) bzw. $q_P \cdot F_V'$ (q_P = fotochemische Fluoreszenzlöschung) ermitteln und damit sekundär eine Vielzahl nützlicher Hinweise auf die Chlorophyllassimilation oder ihrer Störung bei den untersuchten Proben ableiten. Die Verhältnisse sind in Abb. 92[173, S. 140] und in [175, S. 426] dargestellt.

Die Charakterisierung der Chlorophyllfluoreszenz (CF) wurde bis hin zu Bildgebungsverfahren entwickelt[176], mit der man Stoffwechselvorgänge bei Pflanzen zerstörungsfrei sichtbar machen kann. Dies ist sowohl für die botanische Grundlagenforschung als auch für die landwirtschaftliche Praxis bedeutungsvoll[177].

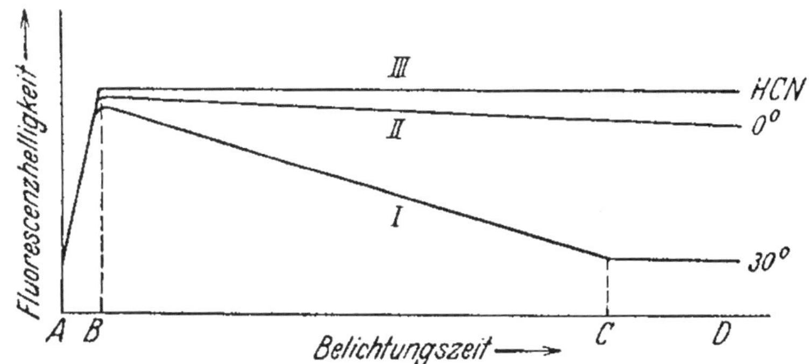

Abb. 90 Schematische Darstellung der Änderung der Fluoreszenzhelligkeit von Blättern[89]

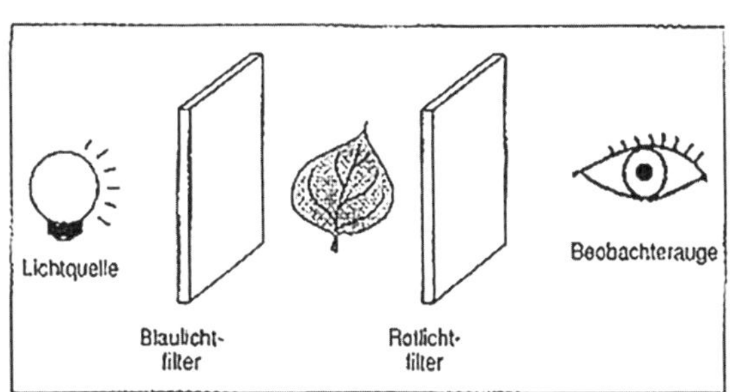

Abb. 91 Versuchsanordnung zur Beobachtung der Fluoreszenz am lebenden Blatt

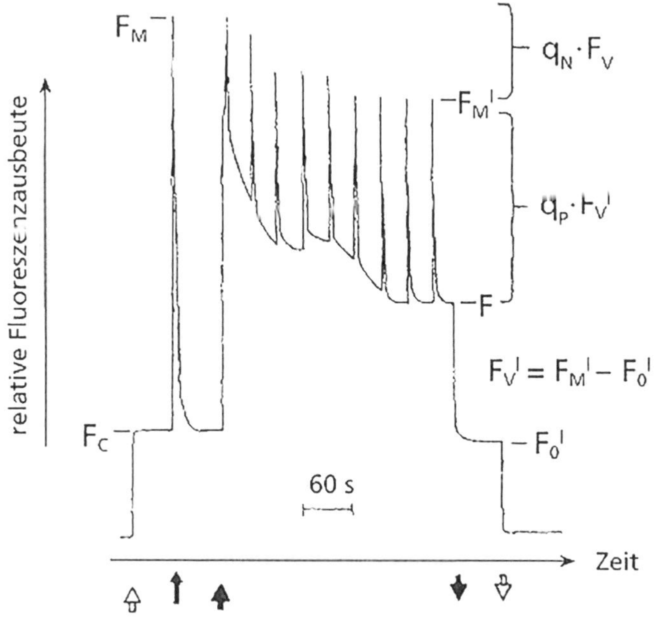

Abb. 92 Fluoreszenz-Induktion-Kinetik einer im Dunkeln gelagerten Blattprobe, punktförmige Messung mit dem PAM-Verfahren (Pulsamplitudenmodulation), aus: C. Büchel, C. Wilhelm, „In vivo Analysis of slow Chlorophyll Fluorescence Induction Kinetics in Algae: Progress, Problems and Perspectives“, Photochem. and Photobiology, 58, No 1 (1993), S. 140[173]

HANS KAUTSKY jun.

Biografisches

Prof. Hans Kautsky jun. **27** hat seinen schriftlich formulierten Lebenslauf dem Archiv der Fakultät für Chemie und Mineralogie der Universität Leipzig in Form einer Autobiografie überlassen.

Dr. Hans Kautsky ‚Mein Leben'[18]

18.5.1920 *in Berlin geboren*

1927 – Mitte 1936 *in Heidelberg; mein Vater war dort an der Universität im chemischen Institut*

ab Sommer 1936 – 1940 *in Leipzig, infolge Berufung meines Vaters an die Universität*

1938 *Abitur, anschließend Arbeitsdienst. Durch den Anschluss Österreichs an Deutschland habe ich meine österreichische Staatsangehörigkeit verloren, ab Wintersemester Studium der Chemie, daneben Meteorologie und Mitteilung über Kautschukfüllstoffe auf Silicatbasis als Ersatz für das, für weiße Gummiwaren sonst übliche Zinkoxyd, welches knapp wurde.*

1940 *Entwicklung einer feldtauglichen Schnellmethode zum Nachweis des Vorkommens von Kampfstoffen im Boden*

Abb. 93
Ehepaar Hans und Ingeborg Kautsky auf dem Balkon ihrer Wohnung in der Vogt-Wells-Straße in Hamburg im Sommer 2004

Oktober 1940 *Einberufung zur Wehrmacht nach Bautzen zur schweren Artillerie (bespannte Truppe)*

1941 *Einsatz bei Beginn des Russlandfeldzuges; Knieverletzung durch Hufschlag, 8 Monate Lazarett*

1942 *wieder Beurlaubung zum Studium, Studium bis Kriegsende in Heidelberg*

1.4.1945 *in amerikanische Gefangenschaft, Lager bei Cadarache in Südfrankreich, dann Arbeitskompanie Feldflughafen bei Mannheim und anschließend Landsberg am Lech*

Frühjahr 1946 *Entlassung aus Kriegsgefangenschaft; Wiederaufnahme des Studiums in Heidelberg, neben Chemie auch Botanik. Hauptwohnort nominell Weilburg a.d. Lahn, wohin meine Eltern bei Kriegsende von den Amerikanern aus Leipzig evakuiert worden waren.*

1948 *Mit-Aufbau des Instituts für Siliciumchemie in Marburg. Durchführung meiner Diplomarbeit über „Apparatur zur Erzielung stationärer Bedingungen bei der Kultur von Mikroorganismen"*

24.3.1950 *Diplom. Anschließend Doktorarbeit über „Anwendung von Hochspannungsfunken unter Flüssigkeiten zur chemischen Synthese"*

22.6.1955 *Promotion. Prüfungsfächer anorganische, organische, physikalische Chemie und Botanik*

16.6.1951 *Heirat mit meiner Frau Ingeborg, die ich in Heidelberg kennengelernt habe*

1954 *Geburt unseres ersten Sohnes Hans-Michael*

1957 *Geburt unseres zweiten Sohnes Felix*

1955 – März 1958 *In Firma Perutz-Fotowerke in München in der Forschungsabteilung. Neben Emulsionsversuchen insbesondere tägliche Messungen der in den Niederschlägen aus den Atombombenversuchen stammenden radioaktiven Stoffe, die eine Bedrohung des Filmmaterials darstellen konnten. Infolge extremer Föhnempfindlichkeit musste ich München aus Gesundheitsgründen verlassen*

ab 15.4.1958 *am Deutschen Hydrographischen Institut Hamburg (DHI) Neu-Aufbau einer Stelle für die Überwachung der Umweltradioaktivität hier speziell im Meeresbereich. Einrichtung eines Strahlenmessnetzes auf See auf verschiedenen Schiffen. Entwicklung geeigneter Messmethoden für die meist extrem geringen Konzentrationen von Radionukliden im Meerwasser. Planung und Bau eines Speziallabors, das 1969 bezogen werden konnte. Verfolgung der von den Wiederaufbereitungsanlagen für Kernbrennstoffe in Sellafield in der Irischen See und in La Hague im Englischen Kanal in das Meer abgegebenen radioaktiven Abwässer über viele Jahre. Damit konnten die Transportwege und auch*

–zeiten in der Nordsee bis ins Nordmeer und der Barentsee durch direkte Messungen bestimmt werden. Für die Arbeiten wurde im Wesentlichen das deutsche Forschungsschiff „Meteor" eingesetzt. Insgesamt habe ich mich in Teilabschnitten mehr als 1 Jahr auf diesem Schiff aufgehalten und Meeresuntersuchungen im Mittelmeer, zentralem Nordatlantik, Nordmeer mit Barentsee und insbesondere der Nordsee ausgeführt. In 21 Jahren wurden dabei auf 23 Reisen (von insgesamt 73) auf Profilen von 182.000 sm (von insgesamt 703.000 sm) Wasser- und Bodenproben zur radiologischen Untersuchung genommen, d.h., das Schiff war über 25% seiner Zeit für unser Labor tätig und das mit einer Arbeitsgruppe von nur 8 Personen. Unser Labor der marinen Radioaktivität war eines der führenden auf der Welt dank seiner hervorragenden Mitarbeiter. Neben den wissenschaftlichen Arbeiten war ich über mehr als 20 Jahre der Vertreter der Bundesrepublik Deutschland in den Fachausschüssen der OECD-NEA (Nuclear Energy Agency) in Paris und der Internationalen Atomic Energy Agency (IAEA) in Wien betreffend der Fragen einer Einbringung radioaktiver Abfälle in das Meer. Ich bin dabei auch zum Ozeanographen mutiert. Im Grunde genommen war ich nie ein echter Chemiker, sondern eindeutig Naturwissenschaftler mit chemischen und breiten biologischen Kenntnissen, für die Bearbeitung von Umweltschutzfragen eine unbezahlbare Kombination.

Am 31. 5. 1995 *bin ich dann in mein Pensionärsdasein eingetreten* [Abb. 93], *habe noch über viele Jahre an internationalen Fachtagungen teilgenommen und eine Reihe wissenschaftlicher Veröffentlichungen geschrieben. Insgesamt habe ich während meiner Tätigkeit als Wissenschaftler über 50 Veröffentlichungen verfasst und während meiner Zeit am DHI Hamburg die jährlichen Beiträge für die amtliche Veröffentlichung der Jahresberichte „Umweltradioaktivität und Strahlenbelastung" geschrieben. Ich liebe die Fotografie und habe in über 60 Jahren ein Archiv von rund 15.000 schwarz-weiß-Aufnahmen und rund 10.000 Farbdias aufgebaut. Mein zweites großes Hobby ist das Sammeln von Mineralien. Schon mein Vater hat Anfang des 20. Jahrhunderts damit begonnen, und ich habe die Sammlung auf rund 1700 Stufen von 650 verschiedenen Mineralen ausgebaut. Meine handwerklichen Fähigkeiten, ich habe im Laufe meines Lebens jeden Handwerker mit meinen Fragen zur Verzweiflung gebracht, haben es mir dabei erlaubt, die Sammlungsschränke mit Glasschiebetüren, Innenbeleuchtung und Laden selbst anzufertigen. Als junger Mensch hatte ich effektiv daran gedacht, Schreiner oder Feinmechaniker zu werden, habe dann aber doch studiert. Mit meinem Beruf habe ich unwahrscheinliches Glück gehabt. Ich durfte 27 Jahre lang meinem Vergnügen nachgehen, auch wenn dies oft mit harter Arbeit verbunden war, die ich aber nie als solche empfunden habe.*

Hans Kautsky jun. verstarb am 6. April 2019 im hohen Alter von 99 Jahren in Hamburg.

Biochemie und Synthesechemie

Hans Kautsky und Hans Kautsky jun. als sein einziger Nachkomme pflegten miteinander ein sehr enges familiäres Vater-Sohn-Verhältnis, das mit dem Begriff „Freundschaft im Denken und Fühlen" bezeichnet werden kann. Sie waren besonders auch der durchlebten schwierigen, unruhigen Zeiten wegen verbunden. So ist verständlich, dass Hans Kautsky jun. im Vater das Vorbild sah, ihm nacheiferte und sich folgerichtig dem Studium der Naturwissenschaften, speziell auch der Chemie, zuwandte. Seine Veranlagung für die bildende Kunst lebte er in der künstlerischen Fotografie aus (siehe S. 148, Abb. 66, 67). Während Hans Kautsky sich den Naturwissenschaften anfangs eher autodidaktisch und im Ausbildungsgang unkonventionell genähert hatte (siehe oben), war der Ausbildungsgang von Hans Kautsky jun. ebenfalls unkonventionell, und durch den II. Weltkrieg mit Wehrdienst, Kriegsteilnahme, Internierung und die schwierige Nachkriegzeit stark beeinflusst worden.

Die Einschreibung an der Universität Leipzig am 5. November 1938 und das begonnene Studium rer.nat der Chemie und Meteorologie (Abb. 94) wurde 1940 durch die Einberufung zur Wehrmacht unterbrochen und konnte erst 1942 in Heidelberg kurzzeitig fortgesetzt werden. Eine erneute Unterbrechung wegen der Kriegsereignisse und Kriegsgefangenschaft ließ erst 1946 in Heidelberg die Weiterführung des Studiums in Chemie und Biologie zu. Gefordert durch die praktische Mithilfe beim Aufbau des Institutes für Siliciumchemie seines Vaters in Marburg, begann Hans Kautsky jun. dort 1948 mit Einverständnis von Prof. Dr. Freudenberg (1886–1983, Universität Heidelberg), die Diplomarbeit mit einer von den Arbeitsgebieten des Vaters teilweise abweichenden Thematik, betitelt *„Eine Anordnung zur Erzielung anhaltend stationärer Umgebungsbedingungen bei biokatalytischen Vor-*

Abb. 94
Einschreibung von Hans Kautsky jun. an der Universität Leipzig

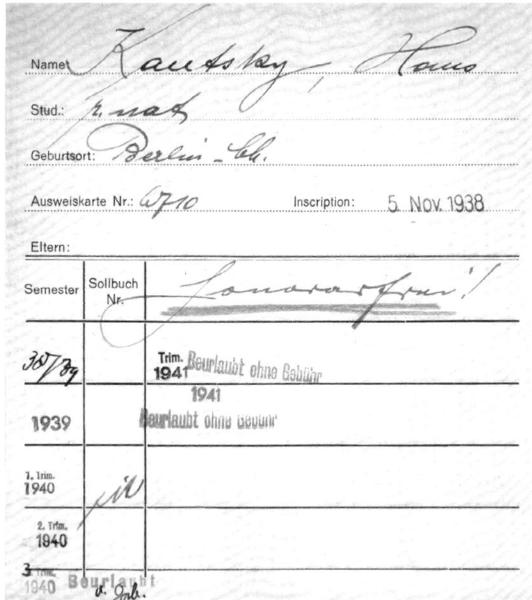

Name: Kautsky, Hans		
Stud.: [illegible]		
Geburtsort: Berlin-Sch.		
Ausweiskarte Nr.: 6710		Inscription: 5. Nov. 1938
Eltern:		
Semester	Sollbuch Nr.	[illegible]
[illegible]		Trim. 1941 Beurlaubt ohne Gebühr 1941
1939		Beurlaubt ohne Gebühr
1. Trim. 1940	[illegible]	
2. Trim. 1940		
3. Trim. 1940	Beurlaubt [illegible]	

gängen"[178]. Ein gemeinsames Interessengebiet dabei betraf die Ermittlung des Nachweises von gebildetem H_2O_2 in biokatalytischen Prozessen durch Chemilumineszenz mittels Luminol bei definiertem pH-Bereich[178, S. 31–42]. Sein praktisches Geschick hatte er schon zu Anfang seines Chemiestudiums nachgewiesen (siehe Lebenslauf) und die Nähe zur Biochemie war gegeben. Der Inhalt eines Abschnittes der Arbeit ist zusammenfassend in der gemeinsam mit seinem Vater erschienenen Publikation *„Apparatur zur Erzielung stationärer Bedingungen bei der Kultur von Mikroorganismen"*[179] wie folgt beschrieben:

„Es wurde eine Apparatur entwickelt, deren Zweck es ist, festsitzende Kulturen auf strömender Nährlösung zu züchten. Damit sollen stationäre Konzentrationen der Stoffe in der Umgebung der Organismen erreicht und die Möglichkeit gegeben werden, Entwicklung und Stoffwechsel von Mikroorganismen unter definiert variablen Bedingungen zu untersuchen. Die Brauchbarkeit der Apparatur wurde mit einigen Mikroorganismen, vor allem mit Kulturen von Rhodotorula [eine schnell wachsende, farbige Pilzgattung], *geprüft."*

Nährböden, Nährlösungen und Kulturen wurden ihm vom Botanischen und Hygienischen Institut der Universität Marburg sowie von der Technischen Hochschule Stockholm (Prof. Lundin, betr. Rhodotorula) zur Verfügung gestellt. Die im Mittelpunkt der Arbeit stehende Apparatur ist in Abb. 95 abgebildet. Zur genauen Dosierung der eingetropften Nährlösung konstruierte er – im Einklang mit seinem auch ins Auge gefassten Berufswunsch „Feinmechaniker" – einen patentreifen *Präzisionsquetschhahn* (Schlauchklemme, Abb. 96) und eine mit Glasstäben und Papier eingesetzte Halterung (Abb. 97). Details zur ausgeklügelten Funktion der Apparatur sind in der o. g. Publikation beschrieben.

Schon Carl Friedrich Mohr (1806–1879) hatte für die Bürette zum Dosieren der Maßlösungen einen *„federnden Quetschhahn"* (Abb. 98) konstruiert[180], der für die Kautskysche Apparatur bei konstant stetigem Zufluss der Nährlösung natürlich nicht brauchbar war. Die Anwendung von Glashähnen wurde verworfen.

Die Dissertation zum Thema *„Anwendung von Hochspannungsfunken unter Flüssigkeiten zur chemischen Synthese"* fertigte Hans Kautsky jun. in der Zeit von Sommer 1950 bis Anfang 1954 (Diplom-Datum 22. Juni 1955, Universität Marburg/Lahn 1954) im Institut für Siliciumchemie unter Leitung des Doktorvaters, zugleich leiblichen Vaters, an, dem er auf Seite 119 mit den Worten dankt: *„Meinem lieben Vater, Herrn Professor Dr. H. Kautsky, möchte ich an dieser Stelle für die Überlassung des Themas und die freundliche Unterstützung bei der Durchführung der Arbeit danken."*[181]

Die Svedberg'sche Kolloidzerstäubungsmethode[182] wurde von Hans Kautsky jun. erstmals zur chemischen Synthese abgewandelt und zur Knüpfung von Si-Si-, Si-Cl –, Si-C- und Si-H-Bindungen genutzt.[183, 184, 185] *„Hochspannungskurzschlussfunken, die stundenlang als Funkenspiel zwischen leitenden Teilchen unter Flüssigkeiten übergehen, bewirken Verdampfung und Dissoziation der anwesenden Stoffe zu Atomen und Radikalen. Diese vereinigen sich nach dem Funkenübergang in einem extrem steilen Temperaturgefälle zu Verbindungen..."*[184, S. 571] Um diese Methodik an einem „einfachen" System zu testen, untersuchte er die Kombination Silicium (fest) / Siliciumtetrachlorid (flüssig) unter Stickstoffatmosphäre und konstruierte dazu ein Reaktionsgefäß mit Kühl- und Auffangvorrichtungen für flüchtige Reaktionsprodukte (Abb. 99). Die dazu eingesetzte elektrische Anlage (Abb. 100) in Anlehnung an die Svedberg-Apparatur besteht aus einem Regeltransformator A, einem Hochspannungstransformator B, einer Kapazität C und einer Funkenstrecke F zwischen zwei Kupferelektroden, die leicht nach innen gebogen in das zylindrische Reaktionsgefäß A mit flüssigem $SiCl_4$ so eintauchen, dass sie nur wenig oberhalb einer gleichmäßig aufgetragenen Schicht von vorher geschmolzenem, zerkleinertem, ausgesiebtem Silicium (fest) bedeckt ist (Abb. 101).

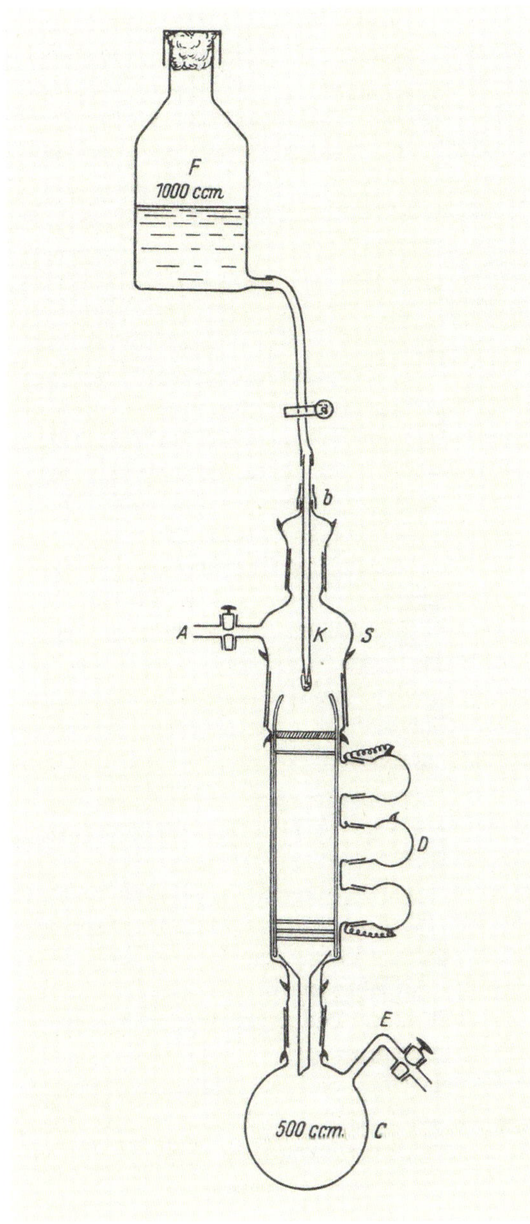

Abb. 95 Darstellung der Gesamtapparatur. Maßstab 1:5

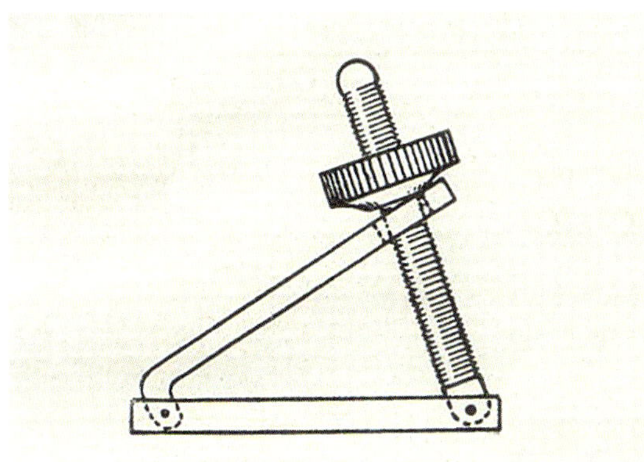

Abb. 96 Präzisionsquetschhahn

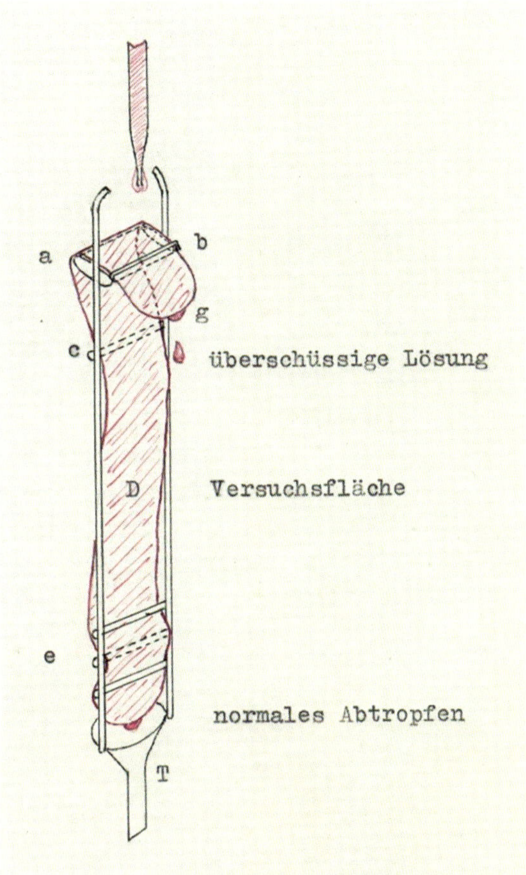

Abb. 97 Einsatz aus Glasstäben mit Papierstreifen
D Versuchsfläche; P Querstab aus Glas in Form einer schräg gestellten 10 mm breiten Platte; eingeschmolzen zwischen zwei senkrechten Glasstäben; T Trichter; c Querstab; b Glasbügel; e 3 Querstäbe; g Abtropfstelle

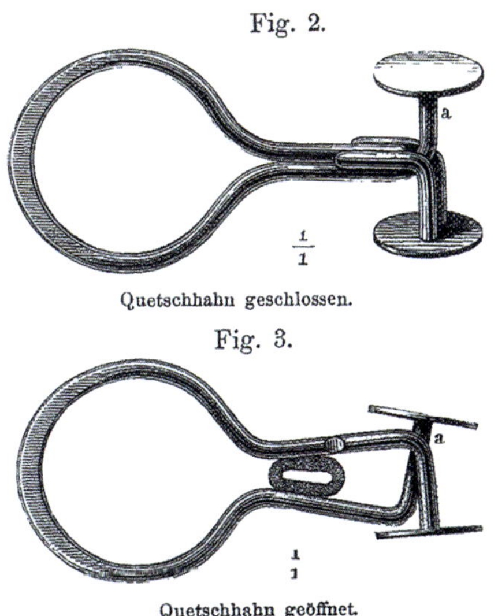

Abb. 98 Quetschhahn, nach Mohr (Holzstich)

Abb. 99
Apparatur zur Kolloid-Zerstäubung metallischer Stoffe und zur Erfassung der Reaktionsprodukte

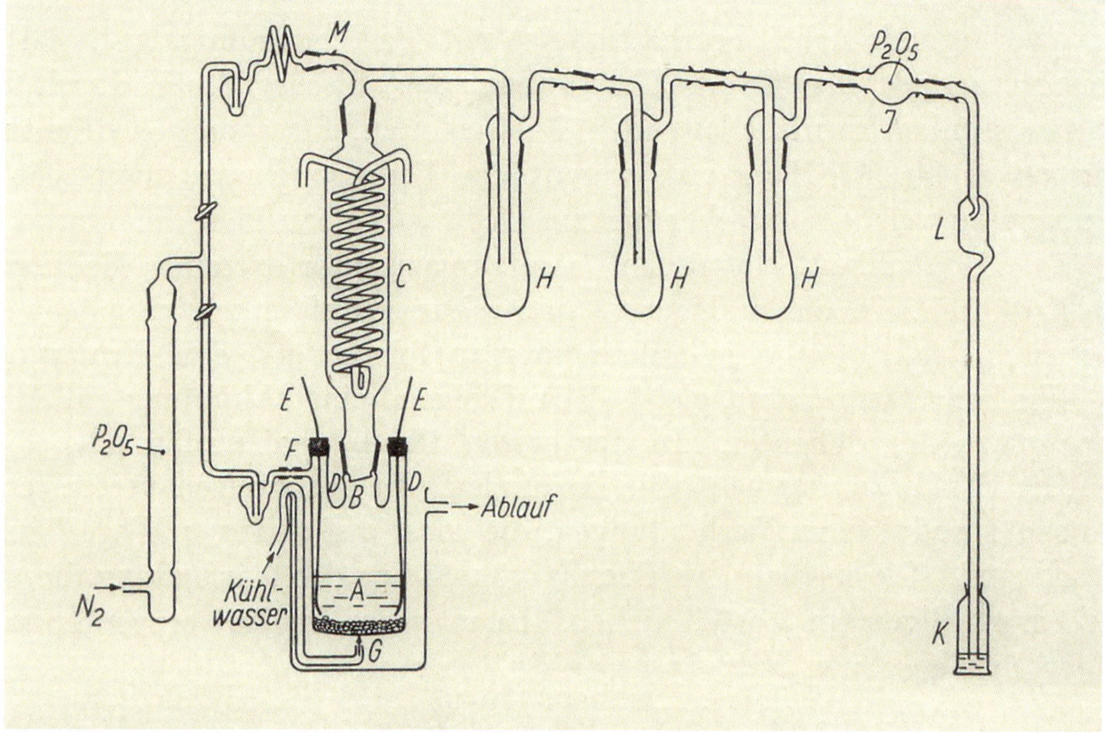

Abb. 100
Schema der Apparatur zur Kolloid-Zerstäubung nach The Svedberg

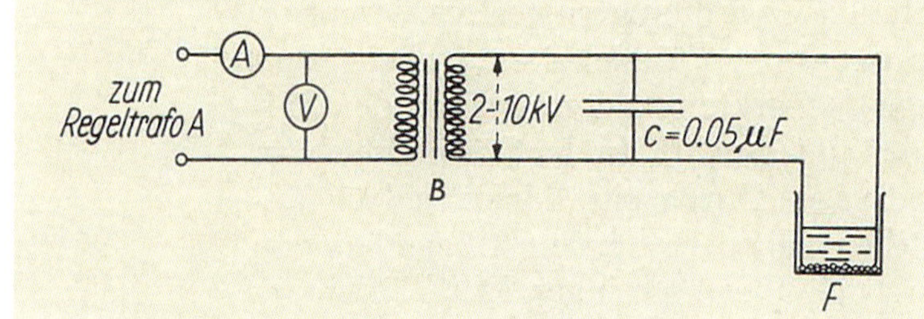

Abb. 101 Die Anordnung der Kupferelektroden in dem Reaktionsgefäß

Der aufgesetzte Kühler C sorgt für den Rückfluss des Eduktes $SiCl_4$ und von höher siedenden Reaktionsprodukten, während leicht flüchtige in den Kühlfallen H abgefangen werden. Auf diesem Syntheseweg ließ sich nach Abzentrifugieren von nicht umgesetztem Silicium und Destillation von restlichem $SiCl_4$ im Vakuum erstmals das bis dahin langkettigste, zersetzungsfrei im Vakuum destillierbare höchstsiedende Si_6Cl_{14} herstellen. Das Verfahren wurde 1955 patentiert[186]. Später wandte Hans Kautsky jun. diese spezielle Synthesemethode noch auf die Reaktion von Silicium in Aceton an, wobei ein Siliconharz

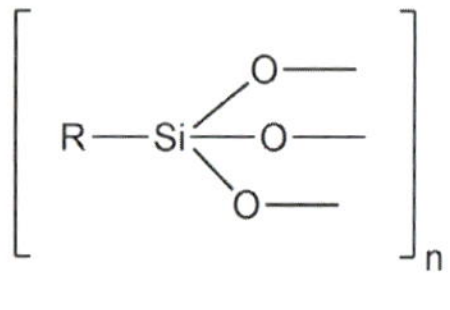

Abb. 102
Formelschema Siliconharz

$$\left[R-Si \begin{matrix} O- \\ O- \\ O- \end{matrix} \right]_n$$

gebildet wurde.[185, S. 125]

Maritime Radiochemie. Wissenschaftliche Leitung auf dem Forschungsschiff „Meteor"

Nach der Promotion 1955 verließ Hans Kautsky jun. die universitäre Laufbahn und fand eine Anstellung in der Forschungsabteilung der Fotowerke Perutz in München. Dies kam seinem Interesse für die Fotografie entgegen und das war wohl auch ein Grund dafür, dort einzusteigen und sich neben der künstlerischen auch der wissenschaftlichen Fotografie zu widmen. Fotografische Filme auf der Basis von Silberhalogenid (AgX), namentlich Colorfilme, sind in ihrer Zusammensetzung und im Reaktionsverhalten nach Belichtung ein chemisches Wunderwerk. Die in Gelatineemulsion eingebetteten und durch Schwefel- und Palladiumverbindungen zusätzlich sensibilisierten Silberhalogenide (AgBr, AgCl) sind gegen Licht und andere Strahlung sehr empfindlich, wodurch ihre Reduktion zu Silberkeimen beschleunigt wird. Das wirkt sich im Falle energiereicher, radioaktiver Strahlung besonders negativ auf eine unerwünschte Schwärzung des unbelichteten Filmmaterials aus. Genau dies in der Emulsionsschicht zu untersuchen war die Forschungsaufgabe von Hans Kautsky jun. im Zeitraum von 1955 bis 1958 in München. So gelangte er unmittelbar mit der Radiochemie in Kontakt. Dieser Umstand verschaffte ihm ab 1958 (siehe Lebenslauf) in Hamburg am „Deutschen Hydrographischen Institut (DHI)" eine neue wissenschaftliche Heimat.

Das Deutsche Hydrographische Institut (DHI) mit Sitz in Hamburg wurde 1945 gegründet und 1990 mit dem Bundesamt für Schiffsvermessung (BAS) zusammengeführt. Ab 3. Oktober 1990 wurde der Seehydrographische Dienst (SHD) der ehemaligen DDR eingegliedert. Diese vereinigten Institutionen bildeten nunmehr das „Bundesamt für Seeschifffahrt und Hydrographie" (BSH) mit Standorten in Hamburg und Rostock. Gegenwärtig beschäftigt es ca. 800 Mitarbeiter. Wie schon im DHI, sind neben anderen die maritime Gefahrenabwehr und die Überwachung der Meeresumwelt, wozu die radiometrischen Messungen gehören, mit Hilfe des maritimen Umweltnetzwerkes MARNET mit zehn Messstationen, Hauptaufgaben des BSH.

Hans Kautsky jun. hatte die interessante Aufgabe, die Überwachung der Umweltradioaktivität im Meeresbereich aufzubauen und wissenschaftlich zu betreuen. Dazu gehörten der Aufbau und die Leitung eines speziellen Labors am DHI mit einem geschulten Mitarbeiterstamm, die Einrichtung eines Strahlenmessnetzes auf verschiedenen Hochseeschiffen, die Auswertung der Messergebnisse und die daraus zu ziehenden Schlussfolgerungen, die für Deutschland und international zu ziehen waren. Folgerichtig, dass Hans Kautsky jun. als Spezialist über 20 Jahre lang als Vertreter der Bundesrepublik Deutschland den Fachausschüssen der OECD-NEA *(Organisation for Economic Co-operation and Development - Nuclear Energy Agency)* in Paris und der IAEA *(Internationalen Atomic Energy Agency)* in Wien, betreffend die Problematik einer Einbringung radioaktiver Abfälle in das Meer, angehörte. Die von Hans Kautsky jun. geleitete radiologische Forschungsgruppe am DHI gehörte zu den führenden Gruppen dieser Art in der Welt. Ein Großteil der Arbeiten wurde auf dem Forschungsschiff METEOR (Abb. 103) durchgeführt. Allein 15 der insgesamt 73 mehrmonatigen Expeditionen dienten vorrangig radiologischen Aufgaben und wurden unter Leitung von Hans Kautsky jun. geplant und in der Durchführung koordiniert. Einzelne Mitarbeiter seines Teams waren auch an weiteren Expeditionen dabei. Das Team bestritt zudem 5 Expeditionen mit der METEOR innerhalb des Nordostatlantischen Monitoring Programms (NOAMP).

Abb. 103
Das Forschungsschiff METEOR

Das deutsche Forschungsschiff METEOR versah seinen Dienst in der Nordsee, im Atlantischen und Indischen Ozean. Es wurde in Bremerhaven gebaut und am 24. März 1964 in Betrieb genommen. Die Schiffstaufe wurde von Wilhelmine Lübke, der Frau des damaligen Bundespräsidenten, vorgenommen. Das Schiff versah seinen Dienst bis 1985, nachdem insgesamt 73 Expeditionen unter Verantwortung des Deutschen Hydrographischen Instituts Hamburg (DHI) und der Deutschen Forschungsgemeinschaft (DFG) vorgenommen worden waren. Die Ausmaße des Schiffes betrugen 82,1 m Länge und 13,5 m Breite. Die Höchstgeschwindigkeit ist mit 14 Knoten (26 km/h) angegeben. Die Reichweite betrug ca. 12.000 Seemeilen. Die METEOR verfügte über 14 Laboratorien, die von 24 Wissenschaftlern genutzt wurden. Es waren 55 Besatzungsmitglieder an Bord.

Die Schwerpunkte der durchgeführten radiologischen Arbeiten auf der METEOR fasste Hans Kautsky jun. nach Ausmusterung der METEOR in Deutschland zusammen[187, S. 78,79]:

„Der wesentliche Punkt dürften die umfangreichen radiologischen Untersuchungen in der Nordsee auf neun Reisen sein. Darunter fällt insbesondere das in enger Zusammenarbeit mit den britischen Kollegen des MAFF Fisheries Laboratory in Lowestoft durchgeführte radiologische Nordseeprogramm RANOSP, 1974-1976, bei dem, unter Verwendung der im Meerwasser vorhandenen künstlichen Radionuklide als Tracer, ein gutes Bild der weiträumigen Transportvorgänge, sowie

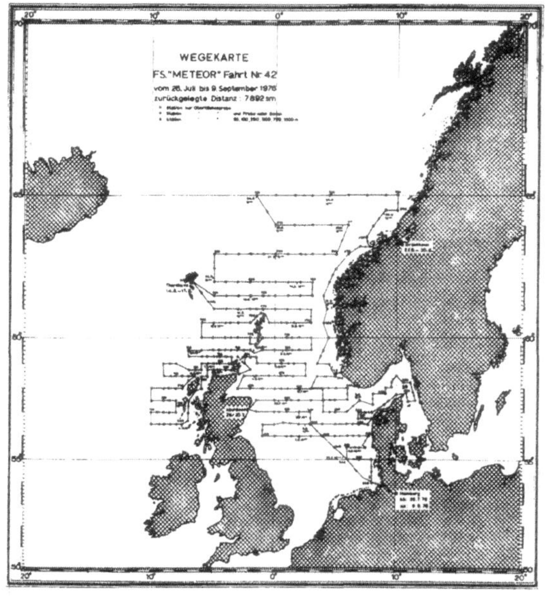

Abb. 104
Wegekarte FS METEOR, Fahrt Nr. 42 vom 26.7. bis 9.9.1976. Zurückgelegte Distanz: 7892 Seemeilen.

in gewissem Umfang auch von Transportzeiten in der Nordsee, erarbeitet werden konnte.

Der zweite Punkt sind die in den Jahren 1966, 1968, 1970, 1972 und 1974 durchgeführten Untersuchungen im Bereich des Iberischen Beckens. Dies waren die ersten größeren Untersuchungen in der Tiefsee, die sich mit den wissenschaftlichen Fragen eines Dumping verpackter niedrigaktiver Abfälle in der Tiefsee befassten. Die Ergebnisse unserer Arbeiten waren von außerordentlichem Nutzen für unsere Mitarbeit in den entsprechenden internationalen Gremien...

Der dritte Punkt sind radiologische Untersuchungen im Nordmeer, die sich mit der Ausbreitung und dem Verbleib künstlicher Radionuklide im Meer beschäftigen. Auf vier Reisen 1972, 1976, 1979 und 1985, wurden vor allem der Weg und soweit möglich, die Transportzeiten der vorwiegend von der Kernbrennstoff-Wiederaufbereitungsanlage Sellafield Works (früher Windscale) in der Irischen See mit den Abwässern dem Meer zugeführten künstlichen Radionuklide, insbesondere des Cäsiums 137, untersucht."

Weiterhin wurden auf zwei Expeditionen im Mittelmeer radiologische Messungen und zusammen mit britischen Wissenschaftlern Vergleichsmessungen zur Radioaktivität in der Irischen See vorgenommen.

Fazit[187, S. 79]: *„Die bisher in der Nordsee und im Atlantik gemessenen Aktivitätskonzentrationen künstlicher Radionuklide lassen keine negativen Einflüsse auf die Biosphäre dieser Gebiete erwarten. Sie sind aber ausgezeichnet als Tracer zur Beurteilung von Bewegungs- und Ausbreitungsvorgängen im Meer geeignet."*

Abb. 105
Expeditionsstempel von Fahrten des Forschungsschiffs METEOR in den Jahren a) 1972; b) 1974; c) 1979; d) 1980; e) 1982.

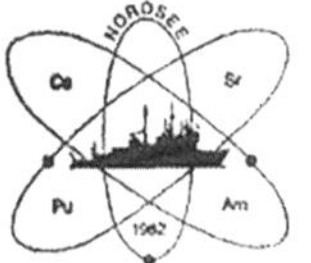

Im Fokus standen dabei auch die Einflüsse auf die maritime Umwelt, verursacht durch das *fall out* von Kernwaffenversuchen aus der Atmosphäre und die Einleitung und anschließende Verbreitung radioaktiver Abwässer der Kernbrennstoff-Wiederaufbereitungs-Anlagen in Sellafield/England und in La Hague nahe Cherbourg/Frankreich. Die Messungen der Actinidenkonzentrationen von ^{241}Pu, $^{239+240}$Pu, ^{238}Pu, ^{241}Am und außerdem ^{137}Cs im Wasser der nördlichen Nordsee[188] und der südlichen Nordsee[189] zusammen mit den Auswertungen wurden von Hans Kautsky jun. et al in der renommierten Zeitschrift „Nature" 1978 und 1979 publiziert. Über die Sammlung und Analytik der Proben und besonders über die Verteilung von ^{137}Cs entlang der Küsten von England, Deutschland und Holland berichtete H. Kautsky jun. in [190]. Eine Reihe weiterer Radionuklide, darunter ^{90}Sr, wurden in die Untersuchungen einbezogen. Die Auflistung und Kurzbeschreibungen von Expeditionen und Expeditionsergebnissen der METEOR mit der Teilnahme und wissenschaftlichen Leitung bzw. Koordinierung von Hans Kautsky jun. sind in der Schrift *50 fahrten des forschungsschiffs „meteor"* aufgeführt[191]. Eine Auswahl zeigt die folgende Tabelle:

Nr. der Expedition	Zeitraum
12	9.11.1967 - 5.12.1967
15	19.8-1968 - 30.11.1968
27	30.5.1972 - 21.8.1972
29	14.11.1972 - 12.12.1972
33	15.1.1974 - 5.4.1974
42	26.7.1976 - 9.9.1976
47	17.1.1978 - 3.3.1978

Beispielhaft ist die Wegekarte der 42. Expedition (Abb. 104) zum Abschluss des radiologischen Nordseeprogramms 1974–1976 mit dem Ziel, einen Überblick zu den Wassermassentransportvorgängen in der Nordsee durch Markierung mit radioaktiven Isotopen zu gewinnen[191, S. 97].

Weitere ausgewählte Publikationen von Hans Kautsky jun. zur maritimen Radiochemie und -ökologie sind folgende: [192-200]. Eine bibliografische Übersicht zu Hans Kautskys jun. Forschungsergebnissen ist in [191, S.120-121] enthalten. Am Rande sei bemerkt, dass für jede Expedition ein „Expeditionsstempel" – von Interesse für Numismatiker – kreiert wurde. Eine kleine Auswahl enthält die (Abb. 105 a–d).

FRITZ KAUTSKY

Biografisches

Hofrat Leo Waldmann (1899 Wien – 1973), Chefgeologe des Geologischen Bundesamtes Wien, und der Chefgeologe der Boliden AB von 1944 bis 1967, und Leiter der Explorationsabteilung der Boliden Gruppe, Prof. Bo Ake Erland Grip (1905 Stockholm – 2007) würdigten 1965 Fritz Kautsky (Abb. 12) in Nachrufen[201, 202]. Aus diesen Schriften wurden die biografischen Daten und seine Publikationen entnommen. Fritz Kautsky (1890–1963) **18** wurde am 5. März 1890 als ältestes von vier Kindern seiner Eltern Hans Josef Wilhelm Kautsky **8** und Isabella geb. Kamberger **9** in Wien geboren. Der Vater versuchte, wie bei seinem Bruder Hans Kautsky sen. (Abb. 106 a, b) vergeblich, ihn für den künstlerischen Beruf zu begeistern. Nach dem Abschluss des Gymnasiums besuchte er Vorlesungen über Zoologie, Anthropologie, Geologie und Stratographie, Paläontologie und Petrographie. Daraus war seine naturwissenschaftliche Interessenlage klar zu erkennen. 1912/1913 diente er als Einjährig-Freiwilliger beim K. k. Landwehrinfanterieregiment Nr. 1 in Wien. Anschließend begann er mit einer Arbeit zur beabsichtigten Dissertation über das außeralpine Jungtertiär im Grenzbereich Mähren/Niederösterreich, wurde jedoch bereits 1914 zur Wehrmacht einberufen und kam an die Ostfront. Für einen kurzen Studienurlaub 1916 freigestellt, begann er zusammen mit seiner späteren Frau Cäcilie Urban („Cilli") am Geologischen Institut der Universität Wien mit einer vergleichenden Studie über Erdbeben im Ostalpen-/Karpatenraum. Wieder an der Front, erlitt Fritz Kautsky während eines Trommelfeuers einen schweren Nervenschock und wurde nach längerer Behandlung vom Heeresdienst freigestellt. Er zog nach Berlin, wo sein Vater Hans Josef Wilhelm Kautsky als preußischer Hoftheatermaler tätig war und setzte seine Studien mit Vorlesungsbesuchen an der Berliner Universität über Geologie, Paläontologie und Geographie fort. Sein Interesse richtete sich nun vornehmlich auf die Untersuchung der Wirbellosenfauna des Miozäns im Raum zwischen Hamburg und Bremerhaven. Er heiratete im Herbst 1919 seine ehemalige Kommilitonin, die Geologin Cäcilie Urban, und kehrte mit ihr, ebenso wie seine Eltern, nach Wien zurück. Dort wurde er 1921 an der Universität Wien zum Dr. phil. mit einer Schrift über die Wirbellosenfauna im Hemmoor promoviert. Kurz darauf nahm er ein an ihn und andere Wiener Kollegen gerichtetes Angebot zu einer Assistenz am Mineralogisch-geologischen Institut der Schwedi-

Abb. 106 a Fritz Kautsky und Hans Kautsky sen., 1900

Abb. 106 b Fritz Kautsky und Hans Kautsky sen., Stockholm 1951

Abb. 106 c Fritz Kautsky bei einem seiner letzten Erzblöcke, 1959

Abb. 107
Titelblatt der Monografie von Fritz Kautsky, „Phylogenetische Studien an fossilen Invertebraten."

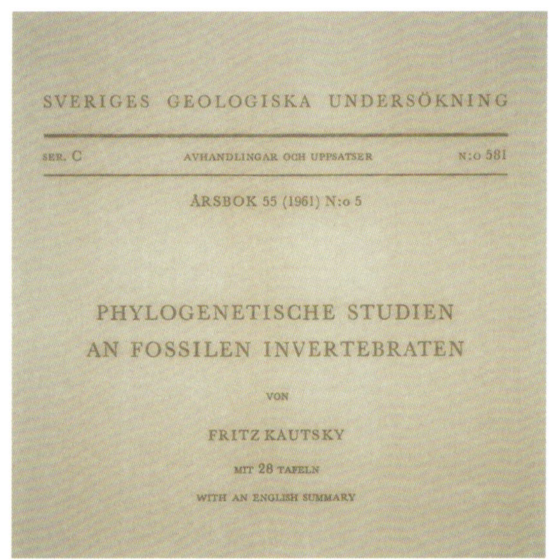
SVERIGES GEOLOGISKA UNDERSÖKNING

SER. C AVHANDLINGAR OCH UPPSATSER N:o 581

ÅRSBOK 55 (1961) N:o 5

PHYLOGENETISCHE STUDIEN AN FOSSILEN INVERTEBRATEN

VON

FRITZ KAUTSKY

MIT 28 TAFELN

WITH AN ENGLISH SUMMARY

schen Akademie in Abo-Turku (Finnland) an. Der Sohn Gunnar Kautsky kam in Åbo im Januar 1921 zur Welt. Im Sommer 1921 wechselte Fritz Kautsky als Prospektionsgeologe zur Boliden Bergbaugesellschaft *(Bolidens Gruv Aktiebolag)* in Västerbotten (Nordschweden), für die er die nächsten 40 Jahre erfolgreich mit der Erkundung von Erzlagerstätten im Skelleftefelde tätig war. Im Hochgebirge Lapplands entdeckte er allein reiche Erzlager. Die Zeiten zwischen November und März des Folgejahres verbrachte er bei seiner Familie in Wien, wohin seine Frau mit den beiden Kindern – im September 1922 war der zweite Sohn Nils Kautsky **28** geboren worden – gezogen war. In diesen Zeiten widmete er sich weiter den früher begonnenen Erdbebenstudien in den Ostalpen und betrieb paläontologische und biologische Untersuchungen über miozäne Mollusken in Niederösterreich. Eine erhoffte und in Aussicht gestellte Anstellung 1930 als Erdbebenreferent an der Geologischen Bundesanstalt in Wien kam nicht zustande, so dass er für sich und seine Frau die schwedische Staatsbürgerschaft erwarb und weiterhin im bereits beschriebenen Jahresrhythmus zwischen Schweden und Wien – der Erziehung der Kinder geschuldet – pendelte. Kurz vor der Besetzung Wiens durch russische Truppen im Frühjahr 1945 gelang es seiner Frau und dem Sohn Gunnar Kautsky nach Schweden zu fliehen. Sohn Nils Kautsky, ebenfalls der Erdgeschichte zugeneigt, war bereits im Sommer 1944 beim Rückmarsch der Truppen in Bessarabien gefallen. Seine Frau Cäcilie starb am 23. Dezember 1952. Zur Feier des 70. Geburtstages von Fritz Kautsky im Jahre 1960 charakterisierte ihn der Direktor der Bergbaugesellschaft Boliden als *„Gallionsfigur der Gesellschaft, ihren Wegweiser"*. Das aussagekräftige Foto, das Fritz Kautsky an einer Erzlagerstätte zeigt (Abb. 106 c), entstand 1959. Fritz Kautsky starb am 2. Dezember 1963 in Skelleftea (Nordschweden).

Forschungen in Paläontologie und Geologie

Phylogenetische Studien an Invertebraten

Im Jahre 1962 erschien die umfangreiche monografische Abhandlung von Fritz Kautsky über *„Phylogenetische Studien an fossilen Invertebraten"*[203] (Abb. 107). Sie fasst sein Lebenswerk auf diesem Gebiet zusammen. Diese Monografie über Wirbellose *(Invertebraten)* beschreibt seine über Jahrzehnte hinweg betriebenen, vergleichenden Studien zur Stammesgeschichte *(Phylogenese)* von fossilen Weichtieren *(Mollusken)* mit Muscheln *(Bivalven)* und Schnecken *(Gastropoden)*. Die Systematik der wirbellosen Tiere der Vorzeit mit Bezug auf fossile Muscheln und Schnecken ist wie folgt[204]:

II. Überreich Eukaryota (Kernzeller)
5. Reich. Animalia (vielzellige Tiere)
3. Gruppe: Eumetazoa (Gewebetiere)
2. Untergruppe Protostomia (Urmünder)
11. Stamm: Mollusca (Weichtiere)
2. Unterstamm: Conchifera (Schalenweichtiere)
2. Klasse Gastropoda (Schnecken)
5. Klasse Bivalvia (Muscheln)

Die Bedeutung der fossilen Invertebraten ist wie folgt beschrieben[205]:

„Die wirbellosen Organismen (Invertebraten) sind bei weitem die zahlreichste und formenreichste Gruppe, mit denen sich die Paläontologie befasst. Traditionell liegt eine große Bedeutung der fossilen Invertebraten in ihrer Nutzung zur Datierung von Gesteinsschichten. Diese Disziplin – die ‚Biostratigraphie' - ist Grundlage für alle zeitlichen und paläogeographische Aussagen, die unter anderem zur Prospektion von nutzbaren Lagerstätten herangezogen werden. Die Erforschung der wirbellosen Organismen dient aber auch in hohem Maße dem Verständnis langzeitlicher Umwelt- und Klimaveränderungen auf der Erde, und sie liefert wichtige Erkenntnisse zur Entwicklung der Biodiversität sowie zur Evolution und Stammesgeschichte der

Organismen. Damit trägt die Invertebraten-Paläontologie unverzichtbare Erkenntnisse über die Entwicklung der heutigen organismischen Vielfalt bei."

Die Untersuchungen wurden bereits vor den 20er Jahren in Österreich und Deutschland begonnen und begleiteten ihn danach in Schweden bis an sein Lebensende. In diesem Sinne waren die wissenschaftlichen Untersuchungen an fossilen Invertebraten in Einklang mit seiner persönlichen Neigung sowie den oben skizzierten familiär bedingten halbjährlichen Aufenthalten zwischen Schweden und Österreich und dem später vorrangigen Tätigkeitsfeld in Schweden zur Erzprospektion eine sehr sinnvolle Kombination. Auf den 28 Tafeln, die der Monografie beigegeben sind, wurden allein 66 Spezies abgebildet, die Fritz Kautsky entdeckt bzw. wiederentdeckt hat. Beispielhaft sei die Tafel 7 (Abb. 108) mit dem Genus *Aquilofusus* abgebildet. Die daneben platzierte Abbildung (Abb. 109) zeigt eine Spezies unbekannten Fundortes, die einer der Autoren (L. B.) im Mai 2018 in Ustronje Morskie an der polnischen Ostseeküste käuflich erworben hat. Zum *Aquilofusus* schrieb Fritz Kautsky erläuternd[203, S. 32]:

„Dieses Genus Aquilofusus (Kautsky 1925) lebte vom Unteroligozän bis ins Unterpliozän, also ca. 40 Millionen Jahre. Es ist auf das Nordseebecken beschränkt. Nur eine in dieses Genus gehörige Art, der seltene Aquilofusus haueri R. Hörn (R. Hörner, 1875), ist aus dem Schlier von Ottnang (Mittelmiozän) in der außeralpinen Ebene Österreichs bekannt. Diese räumlich stark begrenzte Ausbreitung des Genus Aquilofusus macht es für phylogenetische Untersuchungen besonders wertvoll. Es ist nicht möglich, das spontane Auftreten extremer Aquilofusus Arten im Nordseebecken durch Einwanderung von einem unbekannten Entstehungszentrum her zu erklären".

Die Erdneuzeit (*Känozoikum*) ist traditionell gegliedert in die Periode (System) des *Quartär* mit den Serien *Holozän* (11,700 BP* – Heute) und *Pleistozän* (2,588 bis 0,0117 mya*) und in das ältere System *Tertiär* mit den Serien *Pliozän* (5,333 – 2,588 mya), *Miozän* (23,03 bis 5,333 mya), *Oligozän* (33,9 – 23,03 mya), *Eozän* (56 bis 33,9 mya) und *Paläozän* (66 – 56 mya). Daran schließt sich die noch ältere Periode der *Kreidezeit* an.

Anmerkungen: BP* = Before Present (gezählt als Jahre vor dem Heute); mya* = million years ago (Millionen Jahre vor dem Heute). Infolge einer aktuellen Konvention wird in der wissenschaftlichen Literatur das System *Tertiär* durch das ältere *Paläogen* (umfasst Paläozän, Eozän und Oligozän) und das *Neogen* (umfasst Miozän und Pliozän) ersetzt. Die heutige Flora und Fauna hat sich, klimatisch bedingt, hauptsächlich im *Tertiär* entwickelt[206].

Fritz Kautsky hatte bereits im Herbst 1919 eine erste umfangreiche Arbeit *„Das Miocän von Hemmoor und Basbeck-Osten"*[207] eingereicht, mit er 1925 promoviert wurde (Abb. 110).

„Von der hauptsächlich aus Mollusken bestehenden Wirbellosenfauna des Miozäns von Hemmoor und Basbeck-Osten von mit 311 Arten und Varietäten beschrieb er 63 neue Arten, 38 neue Varietäten und eine neue Gattung (Aquilofusus)"[201, S. 252] – Die Publikation wurde vom Preußischen Landesamt Berlin 1925 in Druck gesetzt. Hemmoor / Basbeck-Osten liegt zwischen Stade und Cuxhaven an der Nordsee. Im Stadtmuseum der Kleinstadt Hemmoor sind heute Fundstücke aus der Warstader Kreidegrube präsentiert.

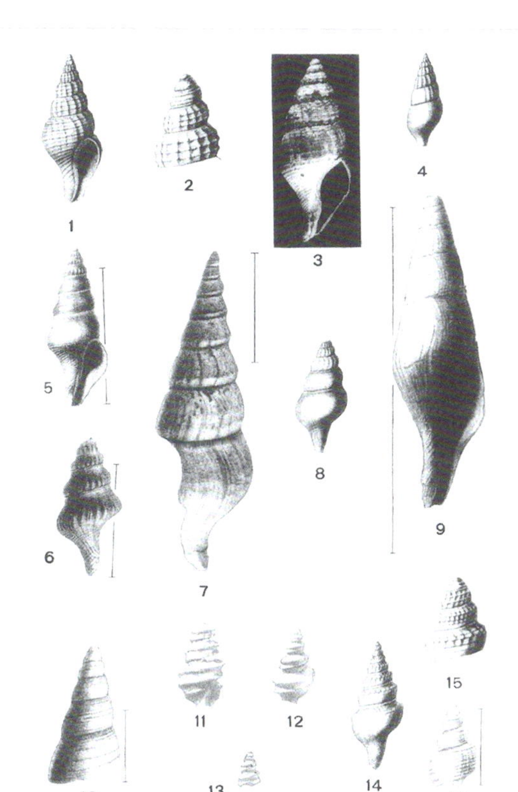

Abb. 108 *Aquilofusus* aus dem Miocän (Nordseebecken), darunter 5: *Aquilofusus beyrichi Nyst* Mitt. Mioc. (Kautsky 1925) 6: *Aquilofusus beyrichi Nyst.* Mitt. Mioc (Kautsky 1925); 7: *Aquilofusus siebsi Kauts* Mitt. Mioc. (Kautsky 1925); 9: *Aquilofusus oppenheimi Kauts*, Mitt. Mioc (Kautsky 1925); 10: *Aquilofusus oppenheimi Kauts* Oberer Gewindeteil Mitt. Mioc. (Kautsky 1925); 16: *Aquilofusus lategradatus Kauts* O. Mioc. (Kautsky 1925)

Abb. 109 Aquilofusus unbekannter Herkunft

Abb. 110
Titelseite der Monografie „Das Miocän von Hemmoor und Basbeck-Osten“

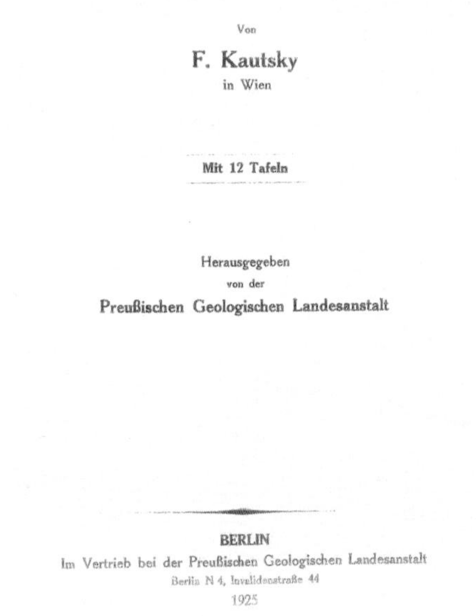
Das Miocän von Hemmoor und Basbeck-Osten

Von

F. Kautsky

in Wien

Mit 12 Tafeln

Herausgegeben von der Preußischen Geologischen Landesanstalt

BERLIN

Im Vertrieb bei der Preußischen Geologischen Landesanstalt

Berlin N 4, Invalidenstraße 44

1925

Wesentliche Ergebnisse von Kautskys Studien in Hemmoor sind in die *„Phylogenetischen Studien..."* aufgenommen worden. Die Publikation von 1919/1925 enthält 12 Tafeln mit seinen fossilen Fundstücken von Invertebraten: *„Zur Herstellung der Tafeln hat die Notgemeinschaft der Deutschen Wissenschaft dem Verfasser einen größeren Geldbetrag zur Verfügung gestellt".* Es war schon damals schwer, und das ist tröstlich für heutige Autoren, Druckkostenzuschüsse für Fachbücher zu erhalten. In einer weiteren, vergleichenden Studie[208] wies er nach, *„dass sich im Miocaen sowohl in Europa als auch in Mareika klimatische Zonen unterscheiden lassen, die in ihrer Lage zueinander denselben Verlauf wie die heutigen klimatischen Zonen haben. Dies deutet darauf hin, dass die Lage der Pole in der Miocaenzeit ungefähr dieselbe wie heute war. Die Temperatur war jedoch bedeutend höher als heute."*

Publikationen von Fritz Kautsky: Das Miocän von Hemmoor und Basbek-Osten (1919)[207]. Die boreale und mediterrane Provinz des europäischen Miocaens (1925)[208]. Die biostratigraphische Bedeutung der Pectiniden des niederösterreichischen Miocaens[209]. Ein neues Veneridengenus „Gomphomarcia" aus dem europäischen Miocaen nebst Bemerkungen über die systematische Stellung von Tapes gregarius Partsch und Tapes senescens Dod.[210]. Biologische Studien über den Schlossapparat von Tapes (1929)[211]. Die Bivalven des niederösterreichischen Miocaen (1932)[212]. Die Veneriden u. Petricoliden des niederösterreichischen Miocaen. (1936)[213]. Die Erycinen des niederösterreichischen Miocaen (1939)[214]. Die unterkambrische Fauna vom Aistjakk in Lappland (1945)[215].

Tektonik in den Ostalpen

Fritz Kautsky begann 1916 diese umfangreiche Arbeit, die mit der „sehr zeitraubenden Sammlung des großen Materials" verbunden war und bei der ihn seine Frau „Cilli" (Cäcilie geb. Urban), ebenfalls Geologin, bei der Kontrolle der Intensitätsbestimmungen der lokalen Beben unterstützte. Fritz Kautsky schreibt, dass sich das dicht besiedelte Gebiet mit intelligenter Bevölkerung wie kaum ein anderer Teil der Erde für makroseismische Untersuchungen eignet. Die Angaben zur wahrgenommenen Stärke der Beben wurden den Berichten und Aufzeichnungen der betroffenen Ortschaften/Regionen entnommen, gesammelt und analysiert. Das war allerdings nur bis zum Ausbruch des ersten Weltkrieges vollumfänglich möglich und reicht bis etwa 1860 in der Datenerfassung zurück. Einer „eingehenden Bearbeitung" durch vergleichende Analyse wurden von ihm weit über 1000 Lokalbeben und zirka 100 Beben mit größerem Erschütterungsgebiet unterzogen und deren Ausbreitung in einer Region, die die Ostalpen, den südlichen und zentralen Teil des böhmischen Massivs, den westlichen Teil der Karpaten und die ungarische Tiefebene umfasst, beschrieben. Die nach ihrer Stärke und Häufigkeit aufgezeichneten Beben sind nicht chronologisch, sondern nach ihrer Verwandtschaft in Bezug auf ihre Ausbreitung geordnet.

Zwei großformatige Karten, die der Monografie[227] (Abb. 111) beigefügt sind, zeigen eindrucksvoll die beobachteten Beben in ihrer Stärke (Abb. 112) und ihrer Ausbreitung (Abb. 113). Die im untersuchten Gebiet aufeinandertreffenden unterschiedlichen geologischen Gesteinsformationen stellten diesbezüglich besondere Anforderungen. In den Karten sind die am stärksten von Erdbeben betroffenen Regionen so gut sichtbar.

Eine weitere Publikation zu diesem Gebiet folgte im Jahre 1925[217].

„An dem Todestage von Fritz Kautsky fand wieder ein kräftiges Erdbeben in dem von ihm als junger Geologe beschriebenen österreichischen Erbebengebiete statt. Für seine Freunde war es, als ob die Erde selbst sich melden wollte zum Abschluss des bedeutenden Lebenswerkes eines ihrer Beschreiber"[202, S. 414]

Erzprospektion in Nordschweden

Erland Grip[116] und Leo Waldmann[201] haben die Einordnung der großen Leistungen von Fritz Kautsky auf dem Gebiet der Erzprospektion in Schweden im Zusammenhang mit geologisch-paläontologischen Studien ausführlich beschrieben. Deshalb sollen aus der Waldmannschen Würdigung, ergänzt durch solche aus dem Gripschen Nachruf, hier nur einige Passagen zitiert werden. Sie vermitteln das Bild eines rastlos im zum Teil schwer begehbaren Gelände, von seiner Berufung her fast besessenen Naturwissenschaftlers. Waldmann schreibt:

„*...Im Laufe seiner 40-jährigen Tätigkeit für die Boliden Bergbaugesellschaft* [schwedisches Bergbauunternehmen mit 4 Bergwerken und z. Z. 4900 Angestellten] *hat er an allen Erzfunden, die im Skelleftefelde* [Nordschweden] *zu einem erfolgreichen Bergbau geführt haben, mehr oder weniger an hervorragender Stelle mitgewirkt. Im Hochgebirge Lapplands* [in Nordeuropa, aufgeteilt zwischen Norwegen, Schweden, Finnland und Russland. Urbevölkerung: Samen = Lappen] *hat er die Erze allein entdeckt. ... Das Erz der Blöcke ist je nach der Ausgangslagerstätte recht bunt zusammengesetzt. Hauptsächlich sind es Schwefel- und Arsenkies, daneben Sulfide von Cu, Zn, Sb, Pb u. a.. Auch Au und Ag sind oft in merklicher Menge ....nachgewiesen. Das Gelände Skelleftefeld wurde nun in einem breiten Streifen von Skelleftea am Bottnischen Meerbusen gegen N*[ord] *W*[Westen] *bis zur Staatsgrenze von der Sveriges Geologiska Undersökning [Schwedische Geol. Staatsanstalt] und dem Centralgruppensemmissions AB. Von 1921 eingehend nach Erzblöcken durchsucht und geologisch aufgenommen... Fritz Kautsky hat nun durch genaue Untersuchung der Blöcke auf ihren Erzgehalt und durch Heranziehen der Heimischen und ihre Unterweisung das Blocksuchen verfeinert. Sein Einfühlungsvermögen in die jeweilige Umwelt und seine rege Anteilnahme am Leben der bäuerlichen Bevölkerung haben ihm dabei viel geholfen.*"

Grip schreibt:

„ *...Jeder Reisende wurde gut empfangen und in der Familie aufgenommen. Damals konnte man in Nordschweden fast überall damit rechnen, übernachten zu können, und besonders der Fremde, der etwas zu erzählen hatte, konnte mit den Leuten in den Bauernhöfen bald Freundschaft schließen...Kautsky war sowohl gegen Hitze als auch Kälte unempfindlich. Stets, auch im Winter, ging er ohne Kopfbedeckung, was in den zwanziger Jahren in Schweden sehr ungewöhnlich war. Barhaupt, mit dem reichlichen krausen Haar* [Anmerkung: ein Merkmal mancher Kautskys, siehe die Abb. 12, 18, 19] *erregte er Aufsehen, wohin er auch kam. Während der Feldarbeiten im Hochgebirge schliefen er und seine Mitarbeiter bis lang in den Herbst hinein im Zelt...Västerbotten ist zum weitaus überwiegenden Teil moränebedeckt, und Aufschlüsse sind recht selten. Ein Erzprospektor kommt darum nicht weit, wenn er Erz nur im Anstehenden* [hervortretendes, zutage tretendes Erz] *sucht. Kautsky fand aber bald, dass man durch das Studium der Blöcke in der Moräne sehr wertvolle Hinweise erhalten konnte. Die Methode, Erz mit Hilfe von Erzblöcken zu suchen war nicht neu, aber sie wurde von Kautsky zu einer schönen Kunst weiterentwickelt. Um Erzblöcke zu finden, brauchte er Mitarbeiter, und solche fand er, nach strenger Auswahl, unter den jungen Bauern. Blocksuchen hat sich seither allmählich zu einem Beruf entwickelt, und sowohl private als staatliche Organisationen verwenden jetzt regelmäßig Blocksucher....Die Ortsbevölkerung hat ein für das Erzsuchen wichtige Hinweise gegeben. Kautsky beschrieb den Bauern, wie ein Erz aussieht, worauf diese ihm oft mitteilen konnten, wo sie während ihrer Arbeit am Feld oder im Wald Steine gesehen hätten, die vielleicht Erz enthalten könnten....*"

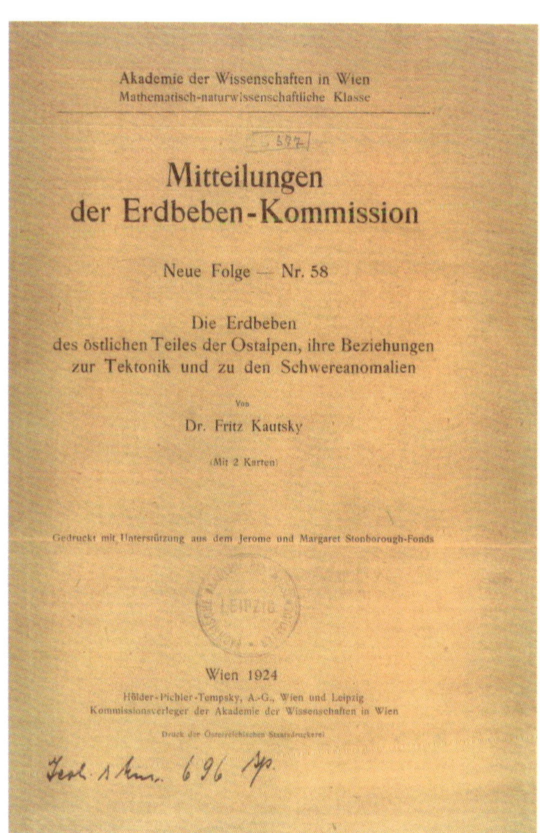

Akademie der Wissenschaften in Wien
Mathematisch-naturwissenschaftliche Klasse

Mitteilungen
der Erdbeben-Kommission

Neue Folge — Nr. 58

Die Erdbeben
des östlichen Teiles der Ostalpen, ihre Beziehungen
zur Tektonik und zu den Schwereanomalien

Von
Dr. Fritz Kautsky

(Mit 2 Karten)

Gedruckt mit Unterstützung aus dem Jerome und Margaret Stonborough-Fonds

Wien 1924

Hölder-Pichler-Tempsky, A.-G., Wien und Leipzig
Kommissionsverleger der Akademie der Wissenschaften in Wien

Abb. 111
Titelblatt zur Monografie von Fritz Kautsky: Die Erdbeben des östlichen Teils der Ostalpen, ihre Beziehungen zur Tektonik und zu den Schwereanomalien

Abb. 112
Verbreitung der lokalen Beben im Ostalpengebiet, nach Fritz Kautsky

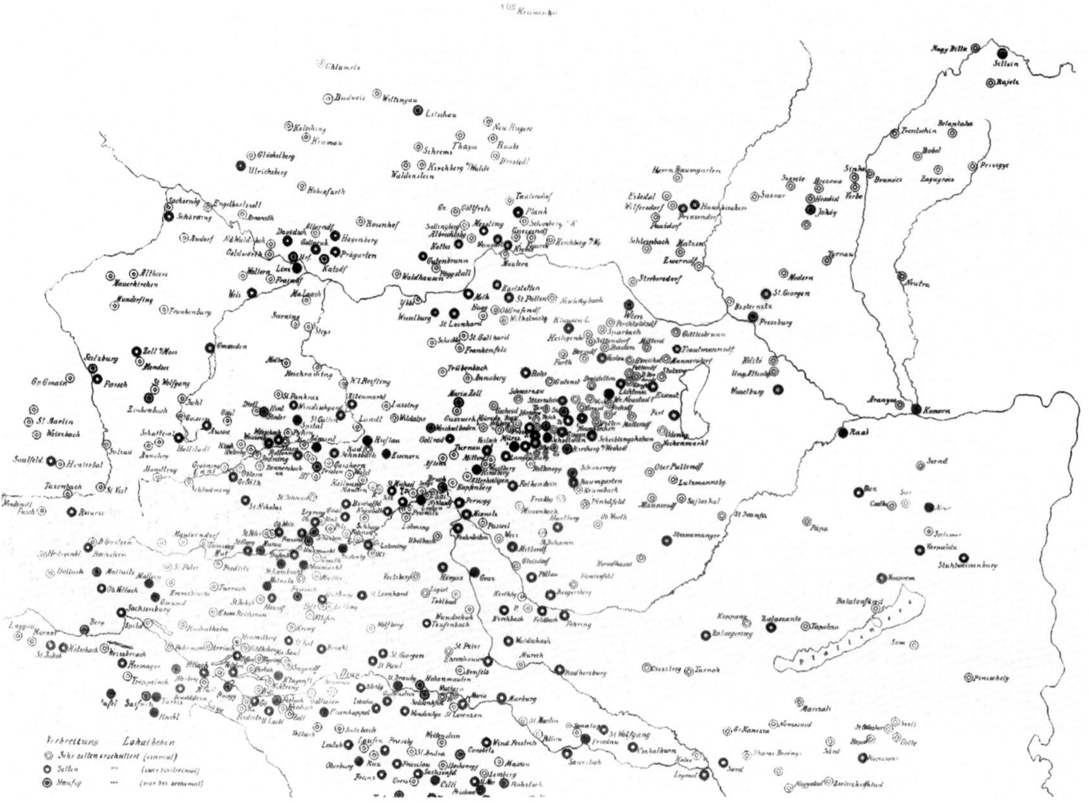

Abb. 113
Verteilung der Schwereanomalien und der Epizentren der kürzeren Beben im Ostalpengebiet, nach Fritz Kautsky

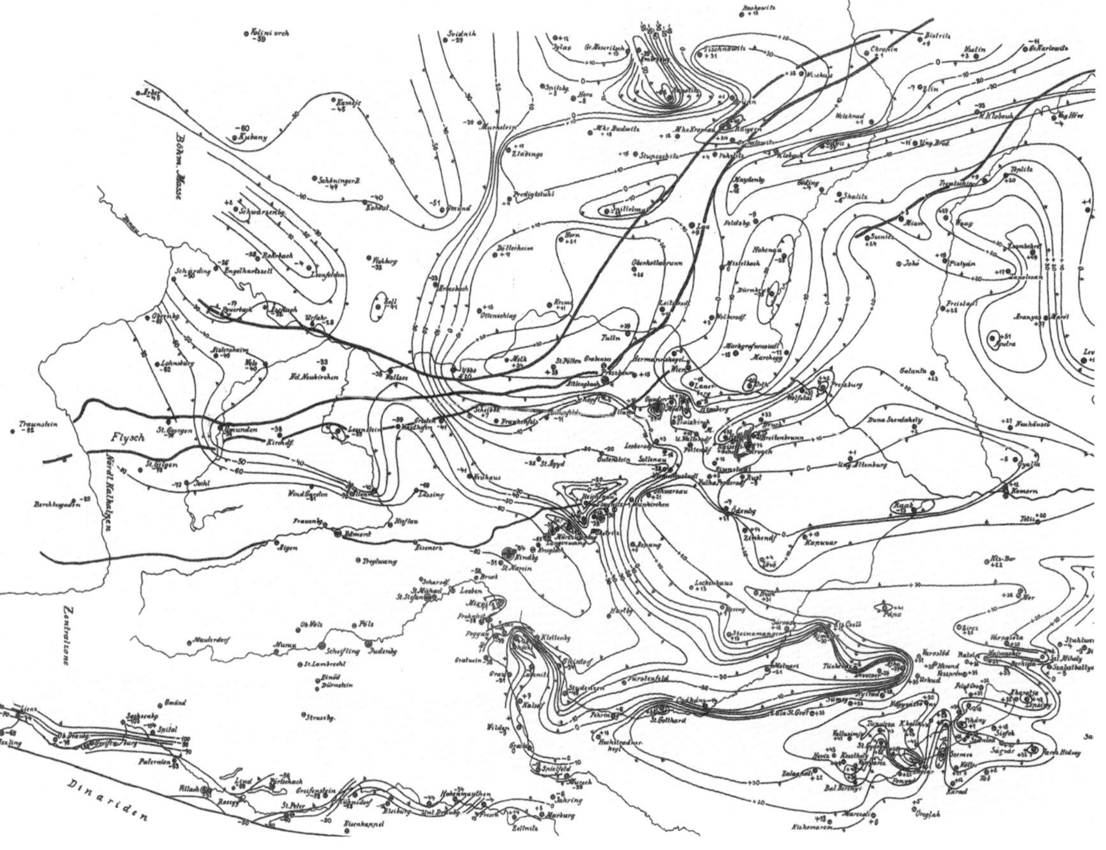

Aus den lokalen Fundstätten, der Verteilung, den Eistransportrichtungen, dem Studium und der Zusammensetzung der Erzblöcke zusammen mit seinen geologischen und stratigraphischen Kenntnissen schloss Kautsky dann auf deren Herkunft und bestimmte so die Zentren der Erzlagerstätten. So kam er beispielsweise zu einer reichen Bleierzlagerstätte in der Nähe des Sees Storlaisan, die nach ihrem Entdecker als *„Kautskymalmen"* (*„Kautskyerz"*) benannt wurde.
Waldmann schreibt weiter:
„Schon 1921 fand er zusammen mit K. Krejci Blöcke und die Ausbisse des größten Sulfiderkörpers des Skelleftefeldes Rakkejaure (Pyrit mit Bleiglanz, Kupfer- u. Arsenkies; Zinkblende, Antimonbleierz, Gold), wurden die großen Schwefelkiesvorkommen im Asenfelde und Mensträsk [Kleinstadt mit längster Seilbahn der Welt] *und Kupfer- u. Magnetkies, Zinkblende, örtlich Gold entdeckt. Bereits 1921 traf er bei Boliden* [Stadt in Nordschweden] *Erzblöcke der großen Pyritlagerstätte, reich an Kupfer- u. Arsenkies mit starkem Gold- u. Silbergehalt. Auch in den von ihm erkundeten Kupfer- u. Arsenkiesvorkommen Holmtjärn ist ein merklicher Goldgehalt nachgewiesen, stieß er bei Renström* [Ort in der Gemeinde Skelleftea] *auf erzführende Blöcke, die den Bergbau auf Pb, Zn, Cu u. a. in die Wege leiteten. Im Laufe der Jahre kam er auch zum Gebirgsrande in Lappland. Dort waren stellenweise schon früher Erze gefunden worden (F. Svenonius 1895), stellte er bei Idre weitere Bleierzkörper fest...Von 1934 an beging er, soweit er nicht von seiner Gesellschaft anderswo eingesetzt wurde, den Grenzbereich des Hochgebirges und dieses selbst. Hier konnte er nun dank der guten Aufschlüsse im Verein mit der Erzsuche im nicht- und im metamorphen Sedimenten stratigraphische* [geochronologische], *fazielle* [zugeordnete Mineralien in Gesteinsschichten] *und tektonische* [Vorgänge in der Erdkruste] *Forschungen durchführen und mit bereits bekannten Gebieten vergleichen. Damals war das Hochgebirge in Schweden zwischen Jämtland und dem Torne Träsk* [70 km langer See in Nordschweden] *(zwischen Narvik und Kiruna) nur an einigen nicht zusammenhängenden Stellen gut durchforscht ... Zunächst bereiste er das obere Einzugsgebiet des Skellefteflusses und die Gegend des Stör Laisan (Nebenfluß des Umeelfs), machte er seine Gesellschaft auf die große Bleiglanzlagerstätte Laisvall* [Ort und See in schwedischer Provinz Nordbottens] *(etwa 17 östl. Greenwich u. 66 nördl. Br.) aufmerksam..."*

Publikationen von Fritz Kautsky: Das Fenster von Gautojaure im Kirchspiele Arjeplog, Lappland[218] (Abb. 114). Neue Erzschürfmethoden in Schweden, (1943–1945)[219]. Die Geologie der Umgebung des Tuoddarjaure am Südrande des Sjangelifensters[220]. Der Bau des Westrandes der svionischen Leptidzone im Gebiet der Zinkgrube von Ammeberg[221].
Fritz Kautsky war, wie Edward Grip schrieb, einer der erfolgreichsten Erzsucher seiner Zeit. Die Begeisterung für die Natur übertrug er auf seinen erstgeborenen Sohn Gunnar. Dieser setzte sein Werk fort.

Abb. 114
Das Fenster von Gautojaure im Kirchspiele Arjeplog Lappland

GUNNAR KAUTSKY

Biografisches und Werk

Gunnar Kautsky (1921–2002) **29**[222] wurde am 27. Januar 1921 in Åbo geboren. Seine Eltern, Fritz Kautsky und Cäcilie Kautsky, waren kurz zuvor aus beruflichen Gründen aus Wien nach Skandinavien gekommen. Sein Schüler und langjähriger Mitarbeiter Krister Sundblad, Professor für Geologie an der Universität Turku, verfasste eine beeindruckende Biografie über Gunnar Kautsky, die in fünf Abschnitten: Der Überlebende – Feldgeologe und Wissenschaftler – Erzgeologe – Organisator und internationale Wissenschaftsbrückenbauer – Die Person, den Einblick in die bedeutende Wissenschaftler-Persönlichkeit vermittelt. Bald nach der Geburt kehrte die Familie nach Wien zurück, wo Gunnar Kautsky seine Schulbildung und danach das Geologiestudium an der Universität Wien absolvierte. Zu Kriegsbeginn wurde er zur Armee einberufen und erlitt noch vor dem Einsatz an der Ostfront einen schweren, fast tödlichen Verkehrsunfall, der ihn zeit seines Lebens körperlich beeinträchtigte („*...his body remained badly damaged fort he rest of his life...*“[222]), ihn jedoch vor dem Einsatz im Krieg bewahrte. Trotz dieser Behinderung führte er schwierige Feldarbeiten als exzellenter Geologe in Bergregionen durch und auch familiäre Schicksalsschläge – seine erste Frau Dora starb 1970, seine zweite Frau Stina starb in den 90er Jahren – ließen ihn seiner Berufung als erfolgreicher Geologe konsequent folgen.

Abb. 115
Gunnar Kautsky (Mitte, sitzend), umgeben von seinen Mitarbeitern im Jahre 1986

Wie in der Biografie von Fritz Kautsky erwähnt, kam Gunnar Kautsky 1945 von Wien nach Schweden, wo er bei der *Boliden Mining Company* sogleich Anstellung fand und beauftragt wurde, innerhalb von fünf Monaten zwischen 1945 bis 1947 eine stratigrafische und tektonische Karte der Sulitelma-Salojaure Region (schwedisch-norwegische Bergregion) am nördlichen Polarkreis zu erstellen. Ohne heute übliche Hilfsmittel der Ausrüstung und zur Erkundung war dies eine Meisterleistung. Er verteidigte das Lizentiat 1947 und die Doktordissertation 1947 an der Universität Stockholm. Er qualifizierte sich zum Experten für die Prospektion von Erzen, besonders Goldlagerstätten. Er wurde zur zentralen Persönlichkeit des „*Geological Survey of Sweden*“ von 1953 bis 1987 und Vorsitzender der „*Gold-Sektion*“ von 1959 bis 1974 (Abb. 115).

Gold-Sektion

Er führte die „*Sveriges geologiska undersökning*“ (SGU), das ist der Geologische Dienst von Schweden, die Fachagentur für Fragen zu Grundgestein, Boden und Grundwasser in Schweden. Im Jahre 1992 wurde Gunnar Kautsky zum Professor ernannt. Er war Chairman des Schwedischen Nationalkomitees für Geologie und geschätztes Mitglied der Nordischen Geowissenschaftlichen Vereinigung. Die Akademie der Wissenschaften von Finnland wählte ihn 1986 und die Königliche Akademie der Wissenschaften Norwegen 1991 zum Mitglied. Herausragend seine Wahl zum Vizepräsidenten der Internationalen Union der Geologischen Wissenschaften (IUGS), als Kommissionsmitglied zur Erstellung einer geologischen Weltkarte und als Vizepräsident, Präsident und Past-Präsident der „*International Association on the Genesis of Ore Deposits*“ (I.A.G.O.D. – im Jahre 2017 gehörten der Vereinigung 750 Wissenschaftler aus 68 Ländern an) und Chef des Organisationskomitees des IAGOD-Symposiums 1986 in Lulea/Schweden. Eine vermittelnde Rolle nahm Gunnar Kautsky als Brückenbauer zur Geowissenschaftlichen Community der Ostblockstaaten ein. Er beteiligte sich noch 78jährig aktiv als „*lebende Legende*“ am internationalen Symposium „*Gold 99 Trondheim*“. Sein Leben endete nach der Rückkehr von einer Flugreise zu den Azoren unerwartet auf einer Taxifahrt zum Flughafen Luxemburg am 14. Oktober 2002.

Die vier Söhne von Gunnar Kautsky mit seiner ersten Frau Dora, namens Nils, Hans, Fritz und Ulrik (Abb. 4) wurden allesamt bedeutende, international bekannte Naturwissenschaftler.

FRITZ KAUTSKY jun.

Fritz Kautsky jun. (*1950) **37** folgte seinem Vater Gunnar Kautsky als Geologe. Er wandte sich dem hochaktuellen Gebiet der Erkundung geeigneter Gesteinsformationen für die (End)lagerung radioaktiver Abfälle zu. Mit dem Chemiker Hans Kautsky jun. in Deutschland (siehe Kapitel Hans Kautsky jun.), dem Geologen Fritz Kautsky jun. und dem Biologen Ulrik Kautsky am SKB (siehe unten), beide in Schweden, haben sich drei Naturwissenschaftler aus der Kautsky-Familie der Thematik Radiologie - Ökologie zugewandt, die für die Anwendung der Kerntechnik von enormer Bedeutung mit allen Auswirkungen heute und für nachfolgende Generationen ist.

Schweden besitzt seit über 30 Jahren in Betrieb befindliche Kernkraftwerke, die heute ca. 40% der Stromerzeugung des gesamten Landes ausmachen. Sie befinden sich aktuell an drei Standorten: Forsmark (3 Reaktoren), Oskarsham (1 Reaktor) und Ringhals (4 Reaktoren). Zwei noch ältere Kraftwerke in Ågesta (1 Reaktor) und Barsebäck (2 Reaktoren) sind stillgelegt. Schweden hat das Ziel, bis 2040 seinen Strombedarf vollständig aus erneuerbaren Energien (Wind-, Wasserkraft-, Solarenergie) zu erzeugen. Die Betreiber der Kernkraftwerke sind Unternehmen, wie z. B. das schwedisch-staatliche Aktienunternehmen Vattenfall AB (AB = Aktiebolag,) der viertgrößte Stromerzeuger Europas. Staatlicherseits überwacht die *„Svensk Kärnkraftsinspektion (SKI)"* (Schwedische Kernaufsichtsbehörde; Swedish Nuclear Power Inspectorate) die Sicherheit der Kerntechnik und die Lagerung der radioaktiven Abfälle und führt und koordiniert national und international betriebene Forschungen auf diesem Gebiet. Das SKI wurde um 2009 reorganisiert und umbenannt als *„Swedish Radiation Safety Authority (SSM)"*. Eine zweite Institution, die *„Svensk Kärnbränslehantering AB Co"* (Schwedisches Kernbrennstoffmanagement AB (**SKB**); Schwedisch Nuclear Fuel Management AB), befasst sich hauptsächlich mit den Problemen der Endlagerung der radioaktiven Abfälle und ihrer Auswirkung auf die Umwelt. Beide Institutionen kooperieren miteinander.

Das DECOVALEX-Projekt

Der Geologe Fritz Kautsky jun. war bzw. ist im *„Svensk Kärnkraftsinspektion (SKI)"* (Schwedische Kernaufsichtsbehörde; Swedish Nuclear Power Inspectorate) bzw. *Swedisch Radiation Safety Authority* (**SSM**) in forschungsleitender Position tätig. Sein Name ist eng verbunden mit dem großen internationalen Forschungsprojekt DECOVALEX, das in vier Projektphasen (I: 1992–1995; II: 1995–2000; III: 2000–2003 und IV: 2003–2007 DECOVALEX-THMC, also 15 Jahre lang, bearbeitet worden ist und dessen Abschlussbericht *„DECOVALEX Project 1992-2007"* von Chin-Fu Tsang (Lawrence Berkeley National Laboratory, Berkeley, USA), Ove Stephansson (Geoforschungszentrum Potsdam, Deutschland), Lanru Jing (Royal Institute of Technology Stockholm, Schweden) und Fritz Kautsky, jun. (SKI) federführend vorgelegt wurde[223]. Bereits 1996 erschien eine Zusammenfassung der bis dahin erreichten Ergebnisse mit Fritz Kautsky jun.[224]. DECOVALEX ist das Akronym für „**DE**velopment of **CO**upled models and their **VAL**idation against **EX**periments in nuclear waste isolation" (Entwicklungen gekoppelter Modelle und ihre Validierung mit Experimenten zur Isolierung von Nuklearabfällen). Das Großprojekt bestand aus vier Phasen und wurde gemeinsam in den Projektphasen I bis III (1992–1995) von den Förderorganisationen (Funding organisations) aus Kanada, Finnland, Frankreich, Großbritannien, Japan, Schweden, USA finanziert. Diesen schlossen sich später noch solche aus China, Deutschland (Bundesanstalt für Geowissenschaften und Rohstoffe, BGR) und Spanien an (insgesamt 10 Länder mit 15 Institutionen). Das Gesamtprojekt wurde von der Europäischen Union bekleidet und Russland war als „Observer" beteiligt. Es befasste sich mit der Entwicklung mathematischer Modelle, numerischer Methoden und Computercodes für gekoppelte Thermo - Hydro - Mechanische (**THM**) – Prozesse in Felsformationen (Felsmechanik), vorwiegend Granit in tiefer gelegenen geologischen Formationen, gebrochenen Gesteinen (Fractures) und Puffermaterialien für die geologische Isolierung von abgebrannten Kernbrennstoffen und anderen radioaktiven Abfällen über lange Zeiträume (Endlagerung). Die Ergebnisse solcher Modellrechnungen wurden und werden mit den Ergebnissen von großen, kostspieligen Laborfeldversuchen verglichen (validiert). Das Schema der Projektphasen I bis III in Abb. 116 vermittelt einen Überblick über das mehrfach komplexe System, bei dem in der Projektphase IV noch die chemischen

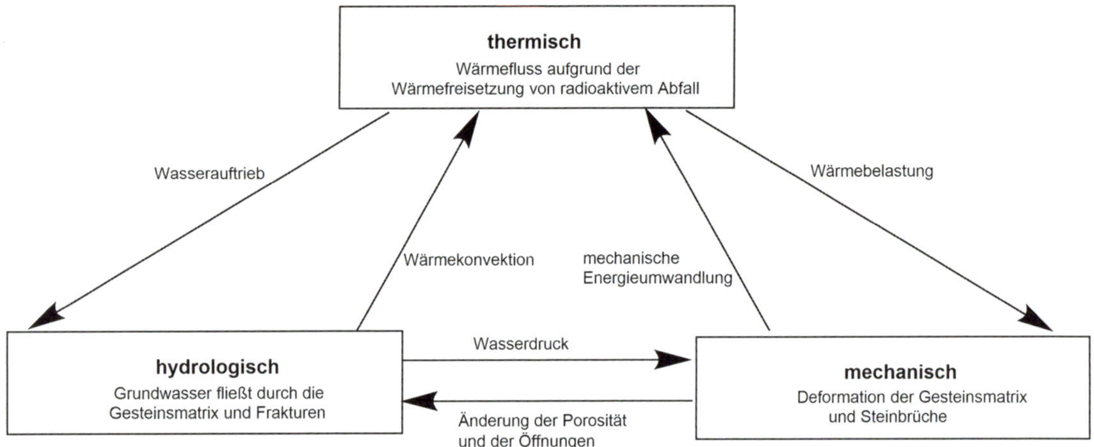

Abb. 116
Gekoppelte Thermo-Hydro-Mechanische Prozesse (THM) in Gesteinen

Prozesse (Langzeit-Korrosion der Stahl- bzw. Kupferbehälter mit radioaktivem Abfall; chemische Prozesse in der Matrix u. a. zu berücksichtigen waren bzw. sind (THMC-Prozess).

Das internationale Großprojekt hatte folgende Organisationsstruktur (Abb. 117):

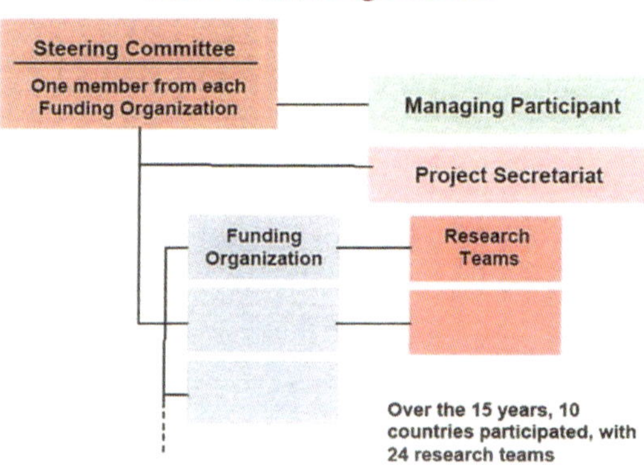

Abb. 117
Organisation des DECOVALEX-Projekts

Die jedes Jahr einzahlenden 15 Institutionen aus den oben genannten Ländern, vertreten durch ihre Leiter, bildeten das „Steering Commitee" (Lenkungsausschuss), das zusammen mit dem schwedischen SKI als „Managing Organization" (Verwaltungsorganisation) die Gesamtleitung innehatte. In den beteiligten Institutionen (Funding Organizations) wurden Forschungsteams (Research Teams) gebildet, die an den Teilprojekten arbeiteten und zusätzlich von ihren staatlichen Stellen finanziert wurden. Der am Projekt beteiligten schwedischen Institution SKI unterstanden die Forschungsteams *„Division of Engineering Geology beim Royal Institute of Technology Stockholm (KTH g)"*, *„Division of Hydraulics, Royal Institute of Technology, Stockholm (KTH_h)"* und das *„Lawrence Berkeley National Laboratory, University of California, USA (**LBNL**)"*. Die zweite am Projekt beteiligte schwedische Institution **SKB** war zuständig für Forscherteams in **KTH**, „**ITASKA** Geomekanik AB", „Chalmers University of Technology Göteborg, „Lund University of Technology (LTH)" und „**CLAY** Technology AB, Lund", alle Schweden. Aus Deutschland waren Forschungsteams maßgeblich vom GeoForschungsZentrum Potsdam (**GFZ**) unter Leitung von Ove Stephansson (früher Universität Stockholm) sowie der Universitäten Tübingen und Hannover beteiligt.

Die Ergebnisse der zahlreichen Modellrechnungen und Korrelationen wurden in internen Forschungsberichten und in Berichtspublikationen nicht nur für die Spezialisten und die Öffentlichkeit dokumentiert, sondern insbesondere den Beratungsgremien von Regierungen der beteiligten Länder für die Endlagerung radioaktiver Abfälle zur Kenntnis gebracht. Eine Auswahl der Publikationen von Fritz Kautsky jun. im Kontext des DECOVALEX-Projektes: Jing L; Stephansson O; Tsang C-F; Kautsky F: DECOVALEX– mathematical models of coupled T-H-M processes for nuclear waste repositories–executive summary of phase I, II and III. (1996)[225]. Jing L; Stephansson O; Tsang C-F; Knight JL; Kautsky F DECOVALEX II project–executive summary[226]. Jing L; Tsang C-F; Mayor J-C, Stephansson O; Kautzky F. DECOVALEX III project: mathematical models of coupled thermal-hydro-mechanical processes for nuclear waste repositories, executive summary. (2005)[227]. Jing L, Kautsky F; Stephansson O.; Tsang C.: DECOVALEXTHMC project, executive summary (2008)[228]. Tsang, C-F.; Stephansson, O.; Kautsky, F.; Jing, L.: Coupled THM processes in geological systems and

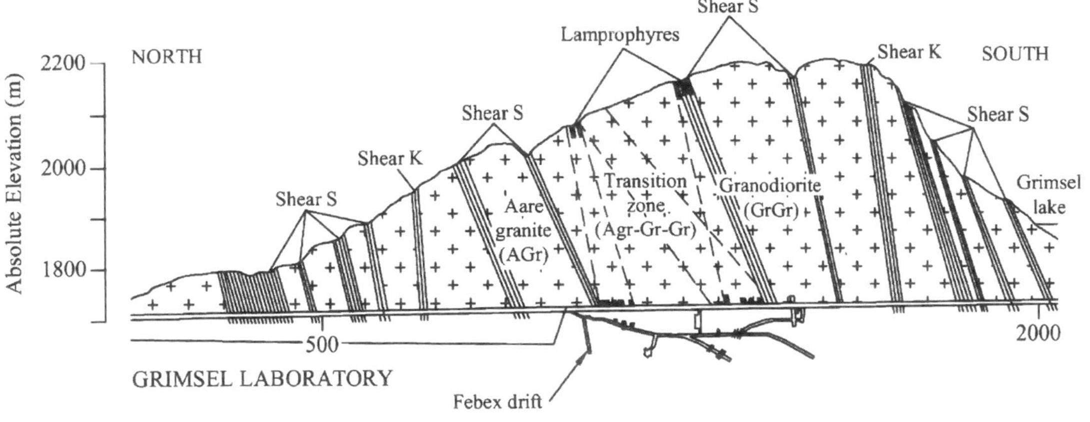

Abb. 118
Geologisches Profil des Grimsel-Gebietes mit dem Granitstock und der unterirdischen Laboratoriumsanlage im FEBEX-Feldversuch

the DECOVALEX project, In: Stephansson, O.; Hudson J.A.; Jing, L. (Hrsg.) Coupled thermo-hydro-mechanical-chemical processes un geo-systems: Fundamentals, modelling, experiments and application, Elsevier, Oxford , S. 3-16, (2004)[229].

Drei große „Feldexperimente" in geologischen Systemen wurden über mehrere Jahre hindurch mit erheblichem Aufwand durchgeführt und mit den Modellsimulationen korreliert: Das FEBEX-Experiment (Full Scale Engineered Barriers EXperiment (gekoppelte **THMC**) in einem kristallinen Granit-Bentonit-System in Grimsel/ Schweiz, das Yucca Mountain-Drift-Scale-Test Experiment (**DST**) in ungesättigtem Tuff-Gestein (gekoppelte **THM**) in Nevada, USA, und das Kamaishi-**THM**-Experiment in Japan. Das hier beispielhaft ausgewählte internationale **FEBEX**-Experiment wurde von der spanischen Institution „Empresa Nacional de REsiduos Radioactivos, S.A."(**ENRESA**) geleitet[230]. Ein Tunnel wurde in einen Granitblock gehauen und ein tief gelegenes unterirdisches Laboratorium eingerichtet (Abb. 118). Die eingelagerten Stahlbehälter, die radioaktiven Abfall enthielten, wurden mit Bentonit umhüllt und abgedichtet. Die Aufzeichnung und Auswertung der THM-Messdaten erfolgte in der Messwarte des unterirdischen Labors (Abb. 119, unten).

Das Gestein Bentonit besteht aus einer Mischung verschiedener Tonmineralien mit dem Hauptbestandteil Montmorillonit (60–80%) und den Begleitmineralien Quarz, Glimmer, Feldspat, Pyrit und Calcit. Es entsteht durch Verwitterung aus vulkanischer Asche. Montmorillonit ist ein Schichtsilicat $(Na,Ca)_{0,3}(Al,Mg)_2Si_4O_{10}(OH)_2 \cdot nH_2O$ mit einem variablen Anteil (n) an Kristallwasser, das eine große Wasseraufnahme- und Quellfähigkeit besitzt und dessen Volumen dabei zunimmt.

In der Abbildung 119 unten sind die Anordnung der waagerecht liegenden Behälter mit ihren Umhüllungen (oben) und die gesamte Versuchsanordnung (unten) gezeichnet. Die Dimensionen sind in Metern angegeben. Die Arbeiten zur Einrichtung der Gesamtanlage zogen sich über mehrere Etappen hin. Sie begannen im September 1995. Die nach 18-jähriger Laufzeit des **THMC**-Feldversuchs gemessenen und 2017 publizierten Ergebnisse[231] zu Konzentrationen von Eisen, Fe, im Bentonit lassen die Schlussfolgerung zu, dass die Wirkung des thermischen und hydraulischen Gradienten wesentlich bedeutender ist als die ablaufenden Korrosionsprozesse der mit radioaktivem Abfall gefüllten Stahlbehälter. Es wurden keine signifikanten Veränderungen in den physikalischen und chemischen Eigenschaften von Bentonit in der Nähe des Heizers und der Auskleidung festgestellt. Die Fe-Messungen zeigen keine Fe-Anreicherung in Bentonit.

Abb. 119
Schema der Versuchsanordnung zum FEBEX-Projekt Bentonite block (Bentonit-Barriere), Stahl liner (Stahlbehälter), Heater (Heizer), Concrete plug (Betonpropfen), Service zone, control and data acquisition system (Service Zone, Kontroll- und Datenerfassungssystem); Principal access tunel (Hauptzugang)

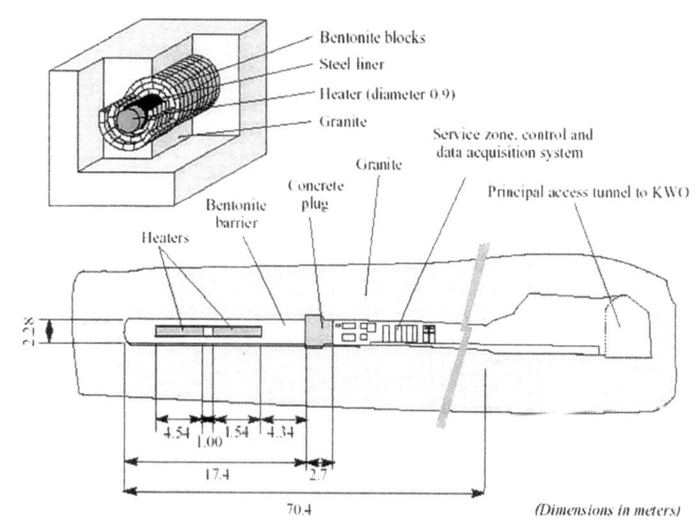

BIOLOGIE UND OZEANOGRAFIE

Drei der vier Söhne von Gunnar Kautsky, Nils, Hans und Ulrik, entschieden sich für das Studium und die wissenschaftliche Beschäftigung mit der „lebenden" Natur, der Flora und Fauna, im maritimen Umfeld der Ostsee und kooperierten bei individuell und speziell ausgerichteten Forschungsfeldern jedes einzelnen „brüderlich" miteinander. Dies wird augenscheinlich in einer gemeinsamen Publikation, die sie 1992 dem schwedischen Nestor der Meeresforschung, Mats Waern, anlässlich dessen 80. Geburtstag widmeten *„All of us have been inspired by the enthusiasm of Mats Waern and his pioneering diving studies during some stage of our studies"* und in der auch die international angesehene Biologin Lena Kautsky, Ehefrau von Nils Kautsky, als Koautorin beteiligt ist:

Hans Kautsky, Lena Kautsky, Nils Kautsky, Ulrik Kautsky, Cecilia Lindblad

„Studies on the Fucus vesiculosus community in the Baltic Sea"

Acta Phytogeographica Suecia 78(1992) 1, S. 33–48[232]

In dieser Publikation weisen sie im Nachwort auch klar die einzelnen Abschnitte aus, für die sie jeweils verantwortlich sind (H. K.: Beschreibung struktureller, zeitabhängiger Veränderungen durch Umweltverschmutzung; L. K.: Autökologie; U. K.: Energiedynamik). Eine enge Bindung aller besteht mit dem Department of Ecology, Environment and Plant Sciences und dem Baltic Centre mit dem Askö Laboratorium der Universität Stockholm, an denen sie in Forschung, Lehre und Ausbildung wirken bzw. wirkten. Wie schon bei Gunnar Kautsky und Fritz Kautsky, nahmen dabei die „Feldforschungen" und die internationale Kooperation, insbesondere mit namhaften Wissenschaftlern der Ostsee-Anrainerstaaten, so u. a. auch mit Prof. Hendrik Schubert, Universität Rostock in Deutschland, einen besonderen Stellenwert ein. Dies ist aus gemeinsam verfassten Publikationen und gemeinsam veranstalteten Symposien ablesbar.

Es ist weiterhin zumindest bemerkenswert, dass zwischen den Forschungsgebieten von Ulrik Kautsky und seinem älteren Bruder, dem Geologen Fritz Kautsky jun. in der Radiologie enge Berührungspunkte hinsichtlich der Themenproblematik der Endlagerung von radioaktiven Abfällen bestehen. Berücksichtigt man in diesem Zusammenhang dabei auch das Forschungsgebiet des Großcousins der beiden in Deutschland, Hans Kautsky jun., zur Messung und Auswertung der Radioaktivität im Atlantik, vorzugsweise in der Nordsee, dann ist zu konstatieren, dass die Kautskys für die Erhaltung der Natur und für die Menschheit nachhaltig wichtige Erkenntnisse hinsichtlich der möglichen umweltschädigenden Auswirkungen der Kerntechnik beitragen.

Nils Kautsky war Mitautor einer Denkschrift von 26 prominenten Wissenschaftlern, die unter der Überschrift *„Social norms as solutions"* in der Zeitschrift *„Science"*[233] im Jahre 2016 veröffentlicht wurde und Lösungsansätze für dringend zu lösende Menschheitsprobleme: Erderwärmung, Biodiversitätsverlust, Antibiotikaresistenz – neuerdings zunehmend auch Plastikmüll im Meer – aufwirft, nachdem man sich anderen globalen Gefahren: Ozonabbau, Bleiverschmutzung, saurer Regen, in kollektiver Verantwortung gestellt hat.

ULRIK KAUTSKY

Werk

Ulrik Kautsky (*1959) **36** (Abb. 18), der jüngste der Söhne von Gunnar Kautsky **29**, wurde an der Universität Stockholm in systematischer Ökologie promoviert. Er ist seit 1996 Forschungskoordinator für das Biosphären-Programm des *„Svensk Kärnbränslehantering AB"* (SKB) (Schwedisches Kernbrennstoffmanagement AB) und verantwortlich für die Dosisbewertung in der Sicherheitsanalyse. Er entwickelt Ökosystem-Modelle und Instrumente für die Sicherheitsbewertung von radioaktiven Abfällen über lange Zeiträume. Während sein Bruder Fritz Kautsky jun. im *„Svensk Kärnkraftsinspektion (SKI)"* (Schwedische Kernaufsichtsbehörde; Swedish Nuclear Power Inspectorate) den Schwerpunkt der Forschung auf die geologischen, hydrologischen, thermischen und chemischen unmittelbaren Umgebungsbedingungen der sicheren Endlagerung radioaktiven Abfalls im tief gelegenen (Granit)gestein setzt und dies mit Modellrechnungen und gekoppelten Feldversuchen bearbeitet (siehe vorstehendes Kapitel Fritz Kautsky jun.), untersucht Ulrik Kautsky prognostisch die Einwirkung der aus solchen Endlagern im Laufe der kommenden Jahrtausende evt. doch freigesetzten, zahlreichen Radionuklide auf die pflanzlichen und tierischen Organismen und den Menschen. Es handelt sich dabei um ein äußerst komplexes System mit vielen Variablen. Zur Erfassung und Beschreibung der von ihm und seinen Koautoren in den letzten Jahren erbrachten Forschungsleistungen wurden drei seiner zugänglichen, umfangreichen Publikationen herangezogen, deren Titel allein schon für sich aussagekräftig sind (weitere Publikationen von Ulrik Kautsky sind in diesen Titeln zitiert):

2013: Humans and Ecosystems Over the Coming Millennia: Overview of a Biosphere Assessment of Radioactive Waste Disposal in Sweden *(„Menschen und Ökosysteme in den kommenden Millennien: Überblick über eine Biosphärenbewertung der radioaktiven Abfallentsorgung in Schweden")*[234]

2015: A Biosphere Assessment of High-Level Radioactive Waste Disposal in Sweden *(„Eine Biosphärenbewertung vom hohen Niveau der Entsorgung von radioaktivem Abfall in Schweden")*[235]

Abb. 120
Blick auf das Kernkraftwerk Forsmark/Schweden mit den angrenzenden Gewässern und Inseln

2017: Application of an ecosystem model to evaluate the importance of different processes and food web structure for transfer of 13 elements in a shallow lake *(„Anwendung eines Ökosystemmodells zur Bewertung der Bedeutung von verschiedenen Prozessen und der Nahrungsnetzstruktur für den Transfer von 13 Elementen in einem flachen See")*[236]

Ulrik Kautsky hat für seine biologisch-ökologischen Untersuchungen die Modellregion um das Kernkraftwerk Forsmark (Abb. 120) in der Gemeinde Osthammar/Schweden ausgewählt, weil dort zugleich gute Bedingungen für die Endlagerung des radioaktiven Abfalls in einem Granitblock gegeben sind, der sich unter einem kleinen, flachen See Eckarfjarden bei Forsmark befindet. Im Rahmen eines Forschungsprojekts der **SKB**, namens KBS 3 – das ist eine Abkürzung für „KärnBränsleSäkerhet" = nukleare Brennstoffsicherheit und bedeutet eine Technologie zur Entsorgung hochradioaktiver Abfälle, die in Schweden von *„Svensk Kärnbränslehantering AB"* (SKB) im Auftrag der staatlichen Strahlenschutzbehörde entwickelt wurde – wurden die Modalitäten für die Endlagerung abgebrannter Kernstäbe simuliert (Abb. 121).

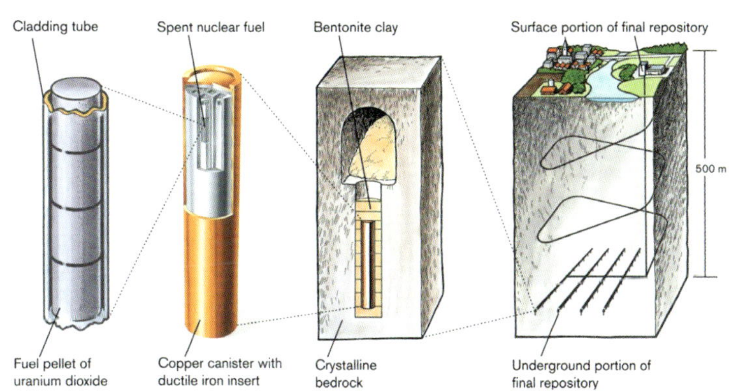

Abb. 121
Das KBS-3-Entsorgungssystem und seine Barrieren (Abdichtungen)

Kupferbehälter mit einem Gusseisen-Einsatz, nach Schätzungen ca. 6000 Kanister mit insgesamt 12 000 Tonnen verbrauchter Kernbrennstoffe, umgeben von verdichtetem Bentonit-Ton und bei etwa 500 m Tiefe in grundwassergesättigtem Granitfelsen, werden senkrecht gelagert (vgl. mit dem FEBEX-Projekt) und perspektivisch für sehr lange Zeiten isoliert. Der nicht völlig auszuschließende Eintritt von Radionukliden in den nächsten Jahrtausenden in das Ökosystem in den See bzw. das Meerwasser wurde von Ulrich Kautsky und Mitarbeitern in Quantität und Wirkung simuliert. Dazu wurden auch langfristige Naturereignisse, die in den vergangenen Jahrtausenden stattfanden, berücksichtigt, ebenso wie Veränderungen durch vorrückende Gletscher (glaciale Zyklen), die Änderung der Küstenregion oder perspektivisch die Erwärmung durch anthropogene Einflüsse. Es wurden die Aufnahme von zahlreichen Radionukliden verschiedener Elemente: Al, Ca, Cd, Cl, Cs, I, Ni, Nb, Pb, Se, Sr, Th und U durch benthische Organismen im Modell-See und ihre Weitergabe in der Nahrungskette (z. B. Weichtiere, Fische, Vögel) bis hin zum Menschen mittels ihrer stabilen Isotope erfasst, modelliert und ausgewertet.

Benthische Organismen sind Tiere und Pflanzen, die auf oder im Gewässerboden leben. Für aquatische Ökosysteme ist das Benthos von hoher Bedeutung, da es den Gewässerboden beeinflusst, anderen Tieren, wie z. B. Fischen und Vögeln, als Nahrungsquelle dient oder Habitate, wie z. B. biogene Riffe aus Miesmuscheln und Austern ausbildet. Darüber hinaus dienen benthische Organismen als Indikator zur Bewertung des ökologischen Zustandes eines Gewässers.

Um diese Transportprozesse annähernd messbar zu erfassen, wurde ein Transportmodell für Biomasse in [kgC] entwickelt und so der Transport von C und die daraus resultierende Verteilung innerhalb von 11 funktionellen,

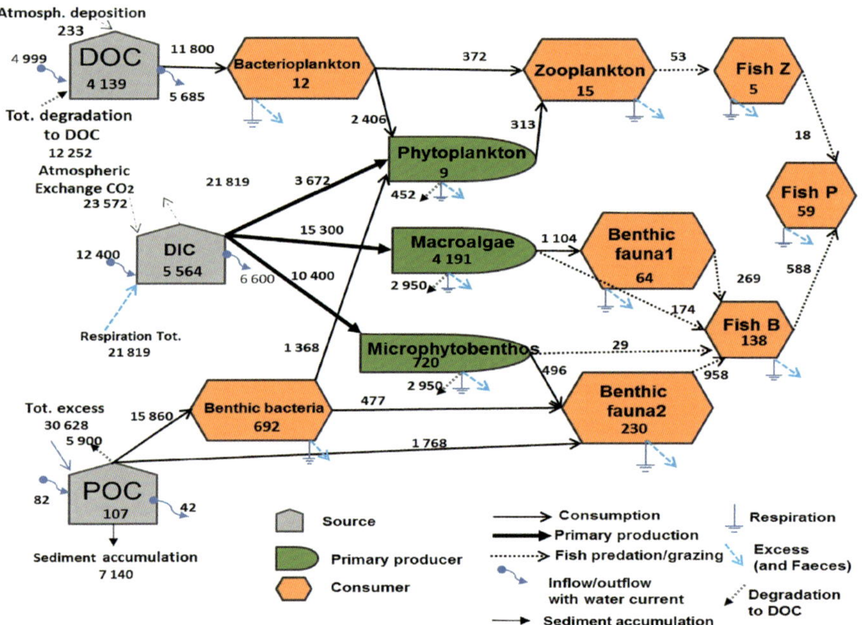

Abb. 122 Das Kohlenstoff-Budget des Sees Eckarfjärden bei Forsmark/Schweden und der Kohlenstofftransport in der Nahrungskette ($kgC \cdot Jahr^{-1}$) bezogen auf die Ausgangs- Biomasse (kgC). DOC = organisch gebundener C, gelöst; DIC = C anorganisch; POC = partieller organisch gebundener C, von Organismen ausgeschieden; Bacterioplankton= frei bewegliche Bakterienkomponenten des Planktons; Benthic bacteria = (siehe unter Benthos); Phytoplankton = photoautotropes Plankton (Algen, Kieselalgen, Grünalgen, Blaualgen,...); Macroalgae = Makroalgen; Mikrophytobenthos = einzellige Eukarioten-Algen; Cyanobakterien; Zooplankton = tierische Organismen, die im Wasser frei schwebend leben. Sie tragen neben dem Phytoplankton wesentlich zur Produktion von organischem Material im aquatischen Ökosystem bei. Dazu gehören Foraminiferen, Radiolarien, Medusen und Pteropoden (Flügelschnecken), Kleinkrebse und diverse, fossil nicht erhaltungsfähige skelettlose Gruppen.

Weitere Erläuterungen zur Abbildung: Source = Quelle; primary producer = Primärproduzent; Consumer = Verbraucher; Consumption = Verbrauch, Primary production = erste Erzeugung; Fish predation/grazing = ...; inflow/outflow with water current = Eintrag/Austrag mit der Wasserströmung; Sediment accumulation = Austrag in das/Anhäufung im Sediment; respiration = Atmung; Excess and faces = Austrag/mit Exkrementen; Degradation to DOC = Abbau zu DOC. Atmospheric deposition = Eintrag aus der Atmosphäre; Tot. Degradation to DOC = vollständiger Abbau zu DOC; Atmospheric Exchange CO_2 = Austausch von CO_2 zwischen Atmosphäre/Seewasser/Organismen

biotischen Gruppen (benthische und pelagische Organismen) als Basis für den Transport der Radionuclide im Ökosystem des untersuchten Sees modelliert (Abb. 122). Die Daten wurden in zahlreichen Feldversuchen ermittelt.

Aus diesen Ergebnissen lassen sich vorläufige Schätzungen vornehmen, welche Organismen in der Nahrungskette mehr Radionuklide ansammeln als andere und potenziell gefährdend sind. Sie sind auch nützlich, um Prozesse der Oberflächenadsorption und Elementanreicherung einzubeziehen. Die benthischen Biota-Kompartimente des Ökosystems, insbesondere benthische Bakterien, Microphytobenthos (einzellige Eukarioten-Algen, Cyanobakterien) und Makroalgen, wurden bedeutsamer als die pelagischen Kompartimente (Vertreter der uferfernen Freiwasserbereiche von Seen oberhalb der Bodenzone von der Seemitte zum Ufer hin bis zu den ersten wurzelnden Wasserpflanzen) für die Übertragung von stabilen Elementen oder Radionukliden aufgrund der Dominanz von diesen Komponenten im flachen See ermittelt.

Die wichtige Schlussfolgerung zur Sicherheitsbewertung ist, dass ein KBS-3-Endlager die langfristige Sicherheit vor radioaktiver Belastung der Umwelt erfüllt.

Publikationen von Ulrik Kautsky (Auswahl): Special issue: Humans and ecosystems over the coming millennia: A biosphere assessment of radioactive waste disposal in Sweden (2013)[237]. Humans and ecosystems over the coming millennia: overview of a biosphere assessment of radioactive waste disposal in Sweden (2013)[238]. Radionuclide transport and uptake in coastal aquatic ecosystems: A comparison of a 3D dynamic model and a compartment model (2013)[239]. Land use and food intake of future inhabitants: outlining a representative individual of the most exposed group for dose assessment (2013)[240]. Model of the long-term transport and accumulation of radionuclides in future landscapes (2013)[241]. Ecological stoichiometry and multielement transfer in a coastal ecosystem (2012)[242]. Radionuclide transfer in marine coastal ecosystems, a modelling study using metabolic processes and site data. (2014)[243]. An ecosystem model of the environmental transport and fate of C-14 in a bay of the Baltic Sea (2003)[244]. Transport and fate of radionuclides in aquatic environments e the use of ecosystem modelling for exposure assessments of nuclear facilities. (2006)[245]. Can ECOPATH with ECOSIM enhance models of radionuclide flows in food webs? – an example for 14C in a coastal food web in the Baltic Sea. (2007)[246].

MARITIME LEBENSRÄUME UND MEERESALGEN

Die beiden älteren Söhne von Gunnar Kautsky und Ehefrau Dora Kautsky, namens Hans „Hasse" Kautsky **38** (Abb. 16) und Nils Kautsky **39** (Abb. 14), sowie die Ehefrau von Nils, Lena Kautsky **40** (Abb. 15) befassen sich erfolgreich mit der Erforschung von Flora und Fauna der Meere (maritime Biologie), vorzugsweise der Ostsee, und der Ökologie der Systeme.

Die „schwedischen Kautskys" sind nicht nur familiär miteinander verbunden, sondern besonders auch in ihrer naturwissenschaftlichen Forschung und Lehre an der Stockholmer Universität. Das wird eindrucksvoll sichtbar am Inhalt der schon erwähnten, gemeinsam 1992 verfassten Widmungspublikation *„Studies on the Fucus vesiculosus community in the Baltic Sea"*[232], die sie ihrem Lehrer, dem Nestor der modernen schwedischen Phykologie (Algenkunde), Mats Waerns (1912–1998) (Abb. 123), anlässlich seines 80. Geburtstages widmeten. Sie erschien in der Festschrift (Hrsg. Sjögren, E., Wallentinus, I., Snoeijs, P.): *„Phykologische Studien der nordischen Küstengewässer"*[247].

Abb. 123
Mats Waern

Nils Kautsky und Hans Kautsky waren damals am Department of System Ecology der University Stockholm, Lena Kautsky am Department of Biology und Ulrik Kautsky am Department of Zoology der Universität Stockholm tätig. Hans „Hasse" Kautsky wurde 1988 mit der Dissertationsschrift *„Factors structuring phytobenthic communities in the Baltic Sea"* am Department of Zoology an der Universität Stockholm promoviert[248]. Er wirkte viele Jahre bis zu seiner Emeritierung als Professor am Asko Laboratorium des Marine-Ökologie-Instituts an der Universität Stockholm. Nils Kautsky wurde 1981 zum Thema *„On the role of blue mussel. Mytilus edulis L. in the Baltic ecosystem"* an der Universität Stockholm promoviert[249]. Lena und Nils Kautsky sind heute emeritierte Professoren am Department of Ecology, Environment and Plant Sciences der Universität Stockholm. Bevor die Forschungsgebiete der Protagonisten und ihre Verdienste berichtet werden, fügen wir eine kurze, allgemeine Einführung ein.

Benthos und Pelargos

Es wird in der Meeresbiologie unterschieden zwischen dem Lebensraum (Benthal) der bodenbewohnenden Lebewesen (Benthos) und dem Lebensraum des Wassers (Pelargial) selbst mit den sich darin bewegenden Lebewesen (Pelargos) (Abb. 124). Das Pleustal mit den an die Meeresoberfläche gespülten oder dort sich aufhaltenden Organismen ist ein weiterer Lebensraum, der gewöhnlich dem Pelargial zugeordnet wird. Das Benthos wird folgerichtig nach Zoobenthos (tierische Organismen) und Phytobenthos (pflanzliche Organismen) klassifiziert. Das Phytobenthos besteht aus dem Makrophytobentos (vielzellige Makroalgen und Seegräser) und dem Mikrophytobenthos (einzellige Algen, Diatomeen). Die Algenkunde in ihrer Gesamtheit wird als Phykologie bezeichnet. Der Aufenthaltsraum der Organismen und ihre Lebensfähigkeit sind abhängig von der Tiefe, gerechnet von der Wasseroberfläche (vertikale Gliederung), die in Zonen unterteilt wird, und dem mit der zunehmenden Tiefe abnehmenden Lichteinfall. Wesentliche Einflussfaktoren auf Wachstum, Existenz und Gefährdung der Flora und Fauna im Meer sind die Zusammensetzung und -beschaffenheit des Bodens im Falle der Benthos, der unterschiedliche Salzgehalt des Wassers und die anthropogen verursachten Umwelteinflüsse, besonders die Eutrophierung (Überdüngung). Die obere Meereszone, die in eine Tiefe bis etwa 200 m reicht, wird bzw. kann von Pflanzen wegen genügender oder noch genügender Bereitstellung von Licht besiedelt werden. Sie wird als Phytal oder euphotische Zone bezeichnet. Den Meeresboden selbst in dieser Zone nennt man Schelf oder Litoral (von lithos = Stein). Dieser wird vertikal von oben nach unten unterteilt in Supralitoral (Spitz- und Gichtwasser; Austrocknung) – Eulitoral (Gezeitenzone) – oberes Sublitoral (fast ständig unter Wasser) – mittleres Sublitoral (geschlossene Vegetation) – unteres Sublitoral (Lichtfaktor sehr gering)[250]. Eine detaillierte Übersicht zur Ostsee-Algenflora enthält [251], und farbige Abbildungen zu verbreiteten Grün-, Braun- und Rotalgen der Weltmeere findet man in [252]. Die Algenarten bevorzugen bestimmte Zonen. Die Lebensgemeinschaft „community" zwischen Meeresflora und -fauna ist ein weiterer wesentlicher Einflussfaktor, wenn es um die systematische Erforschung geht.

Meeresalgen gehören zu den Primärproduzenten, denn sie überführen Kohlendioxid mittels Photosynthese in organische Verbindungen, die ihrerseits Nahrungsquelle für tierische Organismen (Fische, Muscheln, Krebse, Seeigel u. a) im Meer sind. Auch setzen sie organische Stoffe in Lösung frei, die als Nahrungsquelle für Pilze, Bakterien und Protozoen dienen. Insoweit hat sich im Laufe der Zeit ein im Gleichgewicht befindliches Ökosystem herausgebildet, das durch anthropogene Einflüsse zunehmend gefährdet ist. Bestimmte Meeresalgen dienen insbesondere im pazifischen Raum mit etwa 300 000 Tonnen Jahresproduktion als bedeutende Nahrungsquelle (etwa 10% des jährlichen Nahrungsmittelverbrauchs) für den Menschen selbst. Die wirtschaftliche Nutzung der Algen in der Pharma- und Gesundheitsindustrie für Medikamente und Nahrungsergänzungsmittel, in der Nahrungsmittelindustrie, sowie in der Landwirtschaft zur Düngung und Tierernährung ist enorm[252, S. 27–29].

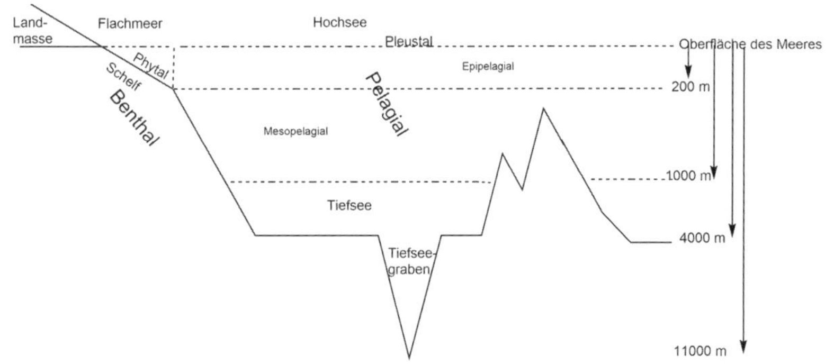

Abb. 124
Lebensräume im Meer

Blasentang

In der oben genannten Widmungspublikation für Mats Waerns[232] steht hier und vielfach schon vorher[253] und danach in den Arbeiten der Kautsky-Biologen die Braunalge *Fucus vesiculosus Linnaeus* (1753, „Blasentang") im Mittelpunkt biologischer und ökologischer Untersuchungen (Abb. 125, 126). Sie ist olivgrün-braun, wird zwischen 20 bis maximal 75 cm hoch, ist mit einer Haftplatte festwachsend auf Steinen und Muscheln im Litoral (s.o.) angesiedelt, im sogenannten „Thallus" (Vegetationskörper) gabelig verzweigt und enthält an den Mittelrippen paarweise angeordnete Blasen, die mit Gas (Sauerstoff, ...) gefüllt sind, mit der Funktion, die Alge im Wasser aufrecht zu halten. Die Blasen am oberen

Stielende dienen zur Vermehrung. Der Blasentang enthält bis 0,5% Iod, dazu Brom, Beta-Carotin, Alginsäure, Polyphenole mit antibiotischer Wirkung, Xanthophylle (Fucoxanthin), Polysaccharide und pektinartige Schleimstoffe, Mineralstoffe und Spurenelemente. Er reichert Arsen und Schwermetalle wie Blei und Cadmium an. Blasentang ist in der Ostsee besonders weit verbreitet. Die englischsprachige Zusammenfassung von [232] in deutscher Übersetzung enthält folgende Aussagen, Ergebnisse und Schlussfolgerungen, die sich auf ausgedehnte lokale Untersuchungen in den schwedischen Küstengewässern gründen:

„Fucus vesiculosus ist eine Schlüsselart der Algen in der Ostsee und bildet die Grundlage für sein artenreichstes Biotop. Diese Algenart besitzt große Bedeutung für die Struktur und Funktion besonders der Küstenzone der Ostsee. F. vesciculosus in der Ostsee ist an der durch fortgesetzte großflächige Verschmutzung mit toxischen Substanzen als auch durch eine allgemeine Eutrophierung der Ostsee bedroht. Änderungen der Umweltbedingungen, wie Salzgehalt und Wellenbelastung, beeinflussen das Wachstum und die Fortpflanzung der Braunalge. Sie verursachen Veränderungen in der Zusammensetzung der Pflanzengemeinschaft. Die lokale und regionale Eutrophierung der Ostsee verringern die Verteilung der Pflanzengemeinschaft in tiefere Regionen. Giftige Substanzen können das Wachstum und die Fortpflanzung von Pflanzen und Tieren der Fucus-Gemeinschaft hemmen. So wurde in abgetrennten Versuchsanlagen die Sensibilität von F. vesicolusus auf Tributylzinn (TBT) und Chlorat durch den veränderten Metabolismus nachgewiesen. Strukturelle Veränderungen des Phytobenthos wurden außerhalb von Zellstofffabriken entlang der schwedischen Ostseeküste beobachtet, und ihre Ausflüsse scheinen regionale Auswirkungen auf die Verbreitung von F. vesiculosus im Bottnischen Meerbusen zu haben. Das Verschwinden von F. vesiculosus über größere Flächen würde tiefgreifende Auswirkungen auf die Ökologie und Produktivität des Küstengebiets der Ostsee sowie auf die Fischproduktion und das Erholungsgebiet Ostsee haben."

The Baltic Marine Biologists

Ein wesentliches Verdienst der schwedischen Kautsky-Meeresbiologen betrifft die aktive Förderung und führende Mitwirkung in der internationalen Wissenschaftskooperation der Ostsee-Anrainerstaaten, die seit 1968 in der Vereinigung *„The Baltic Marine Biologists"* (BMB) existiert (Abb. 127). Im Rahmen dieser Kooperation existiert auch seit Jahren eine enge wissenschaftliche Zusammenarbeit der Professoren Hans Kautsky, Nils Kautsky und Lena Kautsky mit Professor Hendrik Schubert und seiner Forschungsgruppe an der Universität Rostock.

Das Ziel der internationalen, nichtstaatlichen wissenschaftlichen Organisation **The Baltic Marine Biologists** (BMB) besteht in der Förderung von Studien über die biologische Vielfalt, Struktur, Funktion und nachhaltige Bewirtschaftung der Meeresökosysteme des Ostseeraums (Ostsee, Öresund und Kattegat). Dies wird realisiert über die Förderung von Kontakten zwischen Meeresbiologen im Ostseeraum, die Einbeziehung junger Wissenschaftler in die wissenschaftliche Gesellschaft, die Förderung gemeinsamer internationaler Untersuchungen und die Verbreitung wissenschaftlicher Erkenntnisse über die Meeresbiologie des Ostseeraums. Das konkretisiert sich in der wissenschaftlichen Vernetzung im Bereich der Meeresbiologie, der Organisation von BMB-Symposien (siehe unten), in der Pflege und Verbreitung einer Liste von baltischen Meeresbiologen mit ihrem Fachgebiet, der Einrichtung von Arbeitsgruppen zu besonders bedeutsamen Themen der Meeresbiologie, der Veranstaltung von fortgeschrittenen Kursen, Workshops oder anderen Aktivitäten in Meeresbiologie sowie in der Zusammenarbeit mit anderen internationalen Organisationen, die im Ostseeraum arbeiten[254].

Über die Inhalte der BMB-Symposien werden Sammelbände mit Publikationen erstellt und publiziert. Die Abb. 128 zeigt beispielhaft das Cover des von Hans „Hasse" Kautsky und Pauli Snoeijs zum 17. BMB-Symposium (25.–29.11.2001) herausgegebenen Sammelbandes *„Biology of the Baltic Sea"*[254].

Abb. 125
Lena Kautsky hält *Fucus vesiculosus* (Blasentang) im Arm

Abb. 126
Fucus vesiculosus (Blasentang) auf steinigem Untergrund

Abb. 127
Logo der Vereinigung „The Baltic Marine Biologists", BMB

Abb. 128
Titelblatt des Buches „Developments of Hydrobiology. Biology of the Baltic Sea" (Hrsg. Hans Kautsky, Pauli Snoeijs), 2001/2004

HANS „HASSE" KAUTSKY

Abb. 129 Hans „Hasse" Kautsky auf Helgoland

Werk

Hans „Hasse" Kautsky **38** (Abb. 129) ist ein leidenschaftlicher „Freilandbiologe" wie ihn Hendrik Schubert, ordentlicher Professor für Meeresbiologie an der Universität Rostock, gegenüber dem Autor (LB) einmal bezeichnete. Er richtet den Fokus speziell auf den Phytobentos und ökologische Aspekte.

Im Jahre 2017 erschien im Springer-Verlag das repräsentative Buch *„Biological Oceanography of the Baltic Sea"*, herausgegeben von Pauline Snoeijs-Leijonmalm, Hendrik Schubert (Rostock) und Teresa Radziejewska[255], das als Kapitel 11 *„The phytobentic zone"* eine umfangreiche Publikation aus der Feder von Hans „Hasse" Kautsky enthält[256]. Sie fasst Forschungsergebnisse der letzten Jahre zusammen. In der Abb. 130 ist das allseitig untersuchte Gebiet der phytobentischen Zone (siehe auch Abb. 124) übersichtlich dargestellt. Hans „Hasse" Kautsky präsentiert sie anschaulich mit seinen selbst aufgenommenen, ästhetischen Unterwasser-Fotoaufnahmen (Abb. 131–135).

Die Titel einiger chronologisch geordneter, ausgewählter und zugänglicher Publikationen erhellen andeutungsweise den Umfang des Forschungsgebietes von Hans „Hasse" Kautsky: „Eutrophication and the Baltic Sea: Causes and consequences." (1985)[257]. „Distribution of flora and fauna in an area receiving pulp mill effluents in the Baltic Sea." (1988)[258]. „Multivariate approaches to the variation in benthic communities and environmental vectors in the Baltic Sea" (1990)[259]. „Influence of Eutrophication on the Distribution of Phytobenthic Plant and Animal Communities" (1991)[260]. „The impact of pulp mill effluents on phytobenthic communities of the Baltic Sea" (1992)[261]. „Quantitative distribution of sublittoral plant and animal communities in the Baltic Sea gradient" (1995)[262]. „Structure of phytobenthic and associated animal communities in the Gulf of Riga" (1999)[263]. „Phytobenthos techniques" (2013)[264]. „Climate change effects on the Baltic Sea borderland between land and sea" (2015)[265].

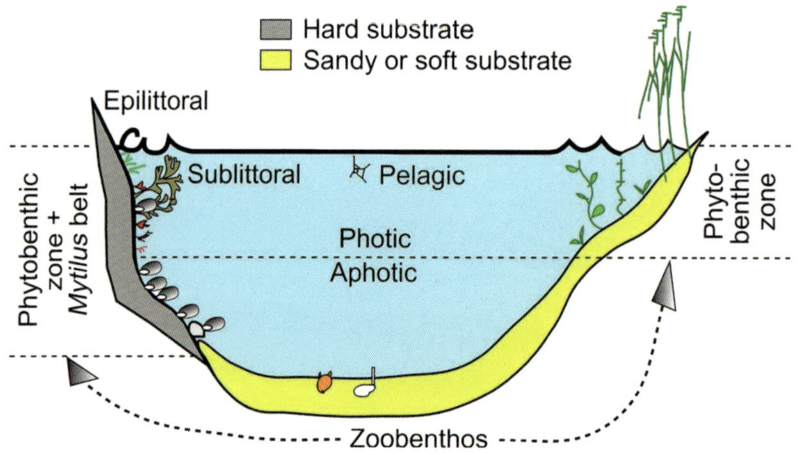

Abb. 130
Schematische Zusammenfassung der Habitatvariation in der phytobenthischen Zone. Die phytobenthische Zone umfasst diejenige, die Vegetation auf harten, sandigen und weichen Substraten enthält. Der Myfilus-Trossulus-Gürtel, der sich in der aphotischen Zone bis auf ca. 30 m Wassertiefe erstreckt, wird in der Regel in phytobenthische Studien im Ostseeraum einbezogen.

Abb. 131 *Furcellaria lumbricalis* (Hudson 1762; Lamour 1813) ist entlang der nordeuropäischen und kanadischen Meeresküste verbreitet, wo es 30 cm im Durchmesser sein kann. Es ist die größte Rotalge mit einer weiten Verbreitung in der Ostsee und bildet zusammen mit anderen Rotalgenarten ihren roten Algengürtel. *Furcellaria lumbricalis* besitzt eine wichtige strukturelle Rolle im Ökosystem auf harten Substraten oder in locker liegenden Algenansammlungen.

Abb. 132 An den Inseln von Holmöarna und im Norra-Kvarken-Gebiet kommen Süßwassergefäßpflanzen zusammen mit Meeresalgen an der nördlichen Verbreitungsgrenze vor: (1) *Fucellaria lumbricalis* mit verschränktem *Phyllophora truncata*, (2) (Pallas, 1776), *Ceramium tenuicorne*, (3) (Kütz, 1841; Waern 1952), *Battersia arctica* (Harvey, 1858)

Abb. 133 Anzeichen für eine Eutrophierung (Überdüngung) b) Überwucherung von mehrjährigen Algen durch filamentöse Algen

Abb. 134 Anzeichen für eine Eutrophierung (Überdüngung) c) Weiße Schwefelbakterien *(Beggiatoa alba)* am Meeresboden. Das sind stäbchenförmige Bakterien, die kreideweiße bis graue Überzüge auf faulenden organischen Stoffen in schwefelwasserstoffhaltigem Süß-und Salzwasser bilden, wobei Sulfid-Ionen oxidiert werden. Sie wurden nach dem Italiener Franzesco Secondo Beggiato (1806–1883) benannt.

Abb. 135 Ein Taucher mit einem „Kautsky-Rahmen". Das ist eine Sammelvorrichtung mit drei Metallseiten und einem Probenahme-Beutel an der vierten Seite (Kautsky 2013). Ein Schaber wird benutzt, um die phytobenthischen Communities vom Felsen in die Sammeltasche zu kratzen.

LENA KAUTSKY

Werk

Lena Kautsky **40** (Abb. 15, 125) beschreibt 2018 auf der Webseite des Departments of Ecology, Environment and Plant Sciences der Universität Stockholm selbst ihr Forschungsgebiet und ihre derzeitigen Aktivitäten als emeritierte Professorin unter dem Titel *„About me"* wie folgt[266]:

„My research focuses on studying various aspects of macroalgae and rooted aquatic plant ecology, their reproductive mechanisms, population dynamics and phenotypic plasticity, as well as goods and services produced in shallow coastal environments and algal-belts. The Baltic Sea with its sallinity gradient, makes it possible to study the evolutionary changes and adaptaion in many marine macroalgal species. The purpose of the Bonus program BALTGENE is to increase knowledge of biodiversity, its patterns and processes, coastal zone and develop tools for the management and authorities. Several other studies are underway that takes up presence and distribution patterns of the endemic species Narrow wrack (Fucus radicans) and

Abb. 136 Forschungsteam um Lena Kautsky (hinten sitzend)

Abb. 137 Kronprinzessin von Schweden, Victoria Ingrid Alice Desiree, und deren Tochter Estelle Silvia, Ewa Mary (*2012) zu Besuch im Askö-Laboratorium bei Lena Kautsky

its associated flora and fauna in the Baltic Sea. Other research projects are related to the impact on aquatic plants of eutrophication. Recently, the emphasis has been on studies of macroalgal species which produce halogenated toxic substances and what impact these substances can have on invertebrates. There are possibilities for minor student projects to be performed in the field e.g. at the Askö Laboratory."

Wie ihr Schwager Hans „Hasse Kautsky" liebt sie die Forschungsarbeit in der freien Natur (Abb. 136). Lena Kautsky genießt in der breiten Öffentlichkeit Schwedens und in der internationalen Meeresbiologen-Community hohes Ansehen als Naturforscherin und als jugendnahe Pädagogin, wie aus der Abb. 137 bildhaft ersichtlich wird.

Von ihren zahlreichen Arbeiten zu *„verschiedenen Aspekten von Makroalgen und bewurzelter Wasserpflanzenökologie, ihren Fortpflanzungsmechanismen, der Populationsdynamik"*[266], zur Verbreitung der Algen und der Auswirkung der Eutrophierung und toxischer Substanzen in Hinblick auf die Biodiversität lenken wir die Aufmerksamkeit auf die von ihr gemeinsam mit Lena Bergström im Jahre 2005 gemachte Entdeckung der *Fucus radicans*[267, 268] (Abb. 138, 139) und der Aufklärung des daran anschließend zusammen mit Kerstin Johannesson von der Universität Göteborg vorgenommenen, bedeutsamen genetischen Sachverhaltes.

Systematische Klassifizierung: *Fucus radicans* gehört in der Rangfolge in die Abteilung *Heteroconta* mit der Klasse *Phaeophyceae* (Braunalgen), der Ordnung *Fucales* und dieser untergeordneten Familie *Fucaceae*, darunter in die Gattung *Fucus* und schließlich heißt die Art *Fucus radicans*. Diese Art unterscheidet sich von der Art *Fucus vesiculosus* durch die weniger brei-

Abb. 138
Fucus radicans (vorn) neben *Fucus vesiculosus*

Abb. 139
Fucus radicans (links) neben *Fucus vesiculosus*

ten und kürzeren Lappen. Sie ist, wie in den Abb. 138 und Abb. 139 deutlich ersichtlich, zierlicher und feiner gebaut und besitzt weniger Blasen als Auftriebshilfe. Beide Arten kommen oft direkt nebeneinander vor. Der prinzipielle Unterschied zum gewöhnlichen Blasentang *(Fucus vesiculosus)* besteht in der Form der Fortpflanzung. Während sich *Fucus vesiculosus* über die Verbreitung der die Geschlechtszellen enthaltenden Gasblasen am oberen Stielende der Mittelrippe, deren Freisetzung in das Wasser und anschließende Befruchtung mit anderen führt (Abb. 140), erfolgt die Vermehrung von *Fucus radicans* über eine Klonierung aus abgerissenen Gewebefetzen, aus denen neuer *Fucus radicans* heranwächst. Die Ursache für dieses abweichende Verhalten der Vermehrung wird im relativ geringen Salzgehalt des Meerwassers (speziell im Bottnischen Meerbusen, in dem diese Art entdeckt wurde) gesehen. In einer solchen Umgebung sind die Geschlechtszellen weniger beweglich als im Meerwasser hohen Salzgehaltes, z. B. in der Nordsee.

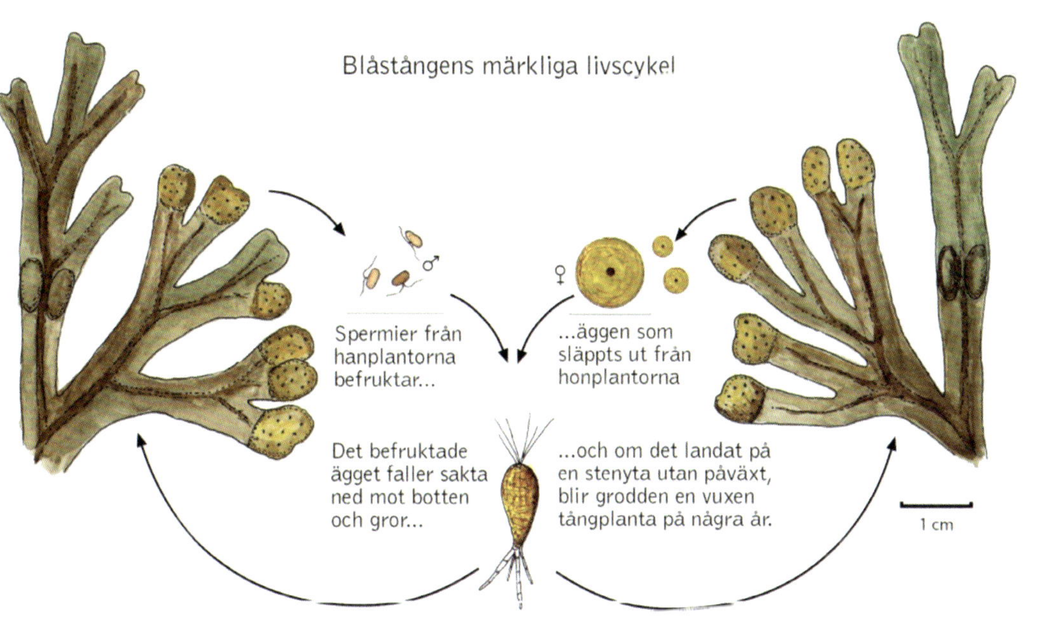

Abb. 140
Zeichnung von Lena Kautsky zur Vermehrung des *Fucus vesiculosus*

Fucus radicans

Die eigentliche biologische Sensation, wie Lena Kautsky, Lena Bergström und Kerstin Johannsson 2009 fanden[269], besteht im Ergebnis genetischer Untersuchungen, die ergaben, dass diese neue Art erst vor 400 Jahren entstanden ist. Das ist evolutionsbiologisch für die Entstehung einer neuen Art ein extrem kurzer Zeitraum, bedingt durch die extremen Bedingungen der Ostsee, speziell im Norden mit dem relativ geringen Salzgehalt und der relativen Abgeschlossenheit des Bottnischen Meerbusens. *Fucus radicans* weist eine beträchtliche klonale Reproduktion auf. Es ist das Beispiel für eine relativ schnelle Artenbildung in einem trotzdem offenen marinen Ökosystem und erweitert das Verständnis für die Artenbildung[269]. Oft sind *Fucus radicans* in größerer Tiefe fleckenartig am Meeresgrund angesiedelt, so dass sie sozusagen unter sich, in genetischer Distanz zu *Fucus vesiculosus* bleiben und sich dort auf die beschriebene Weise vermehren und stark ausbreiten. Die daraufhin an 13 verschiedenen Standorten in der Ostsee durchgeführten Studien von Lena Kautsky und Mitarbeiter/innen in den nachfolgenden Jahren zeigten, dass die Klonierung (ungeschlechtliche Vermehrung) auch bei wenigen *Fucus vesiculosus L.* auftritt, allerdings in beträchtlich geringerem Ausmaß als bei *Fucus radicans B.K.*[270] und dass sich einige *Fucus radicans* neben der bevorzugten Klonierung (>90%) auch sexuell vermehren können[271]. In weiteren Studien (2015) wurde das Fortpflanzungsverhalten von *Fucus radicans* noch weiter präzisiert[272, 273].

Makroalgen und Toxine

Ein weiterer Schwerpunkt der Forschungen von Lena Kautsky über Makroalgen und die Fauna der Ostsee bezieht sich auf deren Gefährdung durch Toxine, die meist anthropogen verursacht eingebracht werden. Sie reichern sich in den Organismen an, gefährden die Biodiversität und wirken sich speziell in der Nahrungskette bis hin zu Speisefischen aus. Es handelt sich bei ihren Untersuchungen dazu um die toxisch wirkenden Metalle (Quecksilber, Cadmium, Blei, Arsen)[274, 275] und besonders um polychlorierte (PCDDs) und polybromierte (PBDDs) Dioxinderivate. Ein Beispiel ist in Abb. 141 gezeigt.

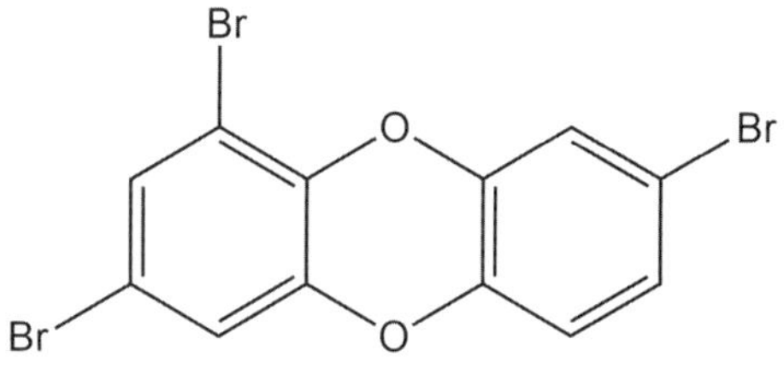

Br O Br Br O

1,3,8-tribromodibenzo[*b*,*e*][1,4]dioxine

Abb. 141 Formel für PBDD

Solche toxischen Verbindungen reichern sich in Algen, Muscheln (*Mytilus edulis*-Blaumuscheln) und Fischen an, wobei in [276], nachgewiesen wurde, dass sich PBDDs auch durch eine Biosynthese aus Polybromphenolen unter Einbeziehung der Bromperoxidase (BPO) bilden können. Das ist insofern bemerkenswert, weil die Zunahme solcher Stoffe durch globale Erwärmung und Eutrophierung gefördert wird. Dieser Thematik sind mehrere Publikationen gewidmet, zum Beispiel[277, 278]. Lena Kautsky ist eine produktive Meeresbiologin, wie sich an ihren zahlreichen Publikationen in den letzten Jahren beweist, die sie 2017 selbst ausgewählt[266] ins Netz gestellt hat. Außer schon zitierten Arbeiten nennt sie folgende: Framtagning av en ny Bedömningsgrund för grunda mjukbottensmiljöer i Östersjön- makrovegetation. (2005): [279]. Hydroxylated and Methoxylated Brominated Diphenyl Ethers in the Red Algae Ceramium Tenuicorne and Blue Mussels From the Baltic Sea (2015): [280]. Increased chemical resistance explains low herbivore colonization of introduced seaweed. (2006): [281]. Consumer affect prey biomass and diversity through resourse partitioning (2007): [282]. Grazer identity is crucial for facilitation growth of the perennial brown alga Fucus vesiculosus (2008): [283]. Distribution differences and active habitat choices on invertebrates between macrophytes of different morphological complexity (2011): [204].

NILS KAUTSKY

Der älteste der vier Söhne von Gunnar und Dora Kautsky, Nils Kautsky **39** (Abb. 14, 142) ist, wie seine Frau Lena Kautsky, ebenfalls Meeresbiologe und emeritierter Professor für Meeres-Ökotoxikologie am Department für Ökologie, Umwelt und Pflanzenwissenschaften an der Universität Stockholm[285].
Er arbeitet aktiv im *„The Beijer Institute of Ecological Economics"*, einem international führenden Institut für umwelt- und resourcenökonomische Forschung.

Das Beijer Institute of Ecological Economics

Dieses Institut mit Sitz in Stockholm wurde 1977 unter der Schirmherrschaft der Königlich-Schwedischen Akademie der Wissenschaften gegründet und 1991 umstrukturiert. Die Grundfinanzierung erfolgt über die *Kjell und Märta Beijer Stiftung*. Die wesentliche Aufgabe dieser Institution ist die Förderung der international betriebenen Forschung und der Kooperation zwischen Wissenschaftlern unterschiedlicher Fachdisziplinen, besonders Naturwissenschaften, Ökologie und Ökonomie, mit dem Ziel, die Beziehungen zwischen ökologischen Systemen und gesellschaftlichen und wirtschaftlichen Entwicklungen aufzudecken. Das wird realisiert durch internationale Forschungsprojekte, Lehrgänge, Symposien, wissenschaftliche Fachpublikationen und Vermittlung von Forschungsergebnissen für eine breite Öffentlichkeit. Folgende großen Forschungsprogramme werden bearbeitet: – Aquakultur und nachhaltige Fischproduktion; – globale Dynamik und Resilienz (Widerstandsfähigkeit, Krisenbewältigung); – komplexe Systeme; – urbane sozio-ökologische Systeme; – Verhaltensökonomie und Natur. Karine Nyborg ist Vorsitzende, und Carl Folke ist Direktor des Instituts[286].
Nils Kautsky ist ein international stark engagierter und anerkannter Wissenschaftler, der sich an speziellen, globalen Forschungsprojekten in Vietnam[287], Thailand[288], Kenia[289, 290, 291], Tansania[290, 291], Simbabwe[292, 293], Costa Rica[295], Nicaragua[294], im Baltikum[295, 296] und natürlich in seiner Heimat Schweden[297] erfolgreich führend beteiligt.
Schwerpunkte seiner Forschungs- und Öffentlichkeitsarbeit betreffen die Aquakultur und nachhaltige Fisch- (Lachs u. a.) und Garnelenzucht und -produktion mit weltweiten Aktivitäten zu globalen Ernährungsproblemen; Antibiotikaresistenzen bei Fischen und Hummern; Auswirkungen der Eutrophierung küstennaher Gebiete mit der Vermeidung von Nährstoffen aus der Aquakultur und die Anreicherung von toxischen Schwermetallen in Meerestieren und -pflanzen. Alle diese Themengebiete sind eng miteinander verflochten.
Vergleichsweise viele Forschungsergebnisse und allgemeine Schlussfolgerungen daraus, auch als Empfehlungen an die Weltgemeinschaft der Staaten, wurden zusammen mit anderen Meeresforschern, Sozialwissenschaftlern und Ökonomen in den führenden Zeitschriften *„Nature"*[298] (Übersichtsartikel) und *„Science"*[299-304] publiziert.

Abb. 142
Nils Kautsky

Aquakultur, Fischbestände und Eutrophierung

Ein globales Ernährungsproblem besteht in der Überfischung der Meere und dem daraus jetzt und perspektivisch folgenden Rückgang von Wildwasserfisch und Schalentieren (Muscheln, Garnelen, Hummern), oft zusammengefasst als „Fisch" bezeichnet. Seit wenigen Jahrzehnten wird deshalb die „Fisch"-Zucht, besonders auf Lachs und Garnelen fokussiert, zur Nahrungsmittelproduktion in unmittelbar am Meer gelegenen „Käfigen" in stark zunehmendem Maße in Form der *„Aquakultur"* betrieben. Diese findet schwerpunktmäßig in den asiatischen Ländern mit ca. 90% der weltweiten Gesamtproduktion (China, Vietnam, Indien u.a.) und ostafrikanischen Ländern am Pazifischen und Indischen Ozean, vergleichsweise wenig in Europa, statt. Die jährlichen! Zuwachsraten aus Erträgen der Aquakultur betrugen im Zeitraum 1979 bis 2008 ca. 8,4% und verzeichneten damit die größte Steigerung der Nahrungsmittelproduktion, noch weit vor Geflügel (5,0%). Allein 2010 wurden 60 Millionen Tonnen Fisch gezüchtet, dem 70,9 Millionen Tonnen gefangener Wildfisch und Meeresfrüchte im Jahre 2011 gegenüberstanden[305], mit Bezug auf[298]. Zur Ver-

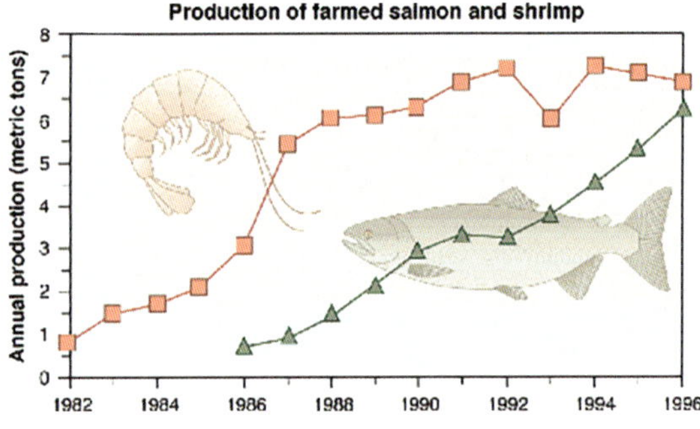

Abb. 143
Jährliche Produktion von Lachs und Garnelen aus Aquakulturen im Zeitraum 1982 bis 1996

anschaulichung stellten Nils Kautsky und Koautoren die Zunahme an Zucht-Lachs (schwarze Linie) und Zucht-Garnelen (rote Linie) in einer Grafik (Abb. 143) im Zeitraum von 1982 bis 1996 dar[304].

Nils Kautsky hat als Mitglied der zehnköpfigen internationalen Expertenkommission schon 2000 anhand von umfangreichen, mit seinen Mitarbeitern durchgeführten eigenen Untersuchungen[291, 297, 306–308], die wesentlichen Vorteile und Nachteile der Aquakultur analysiert und in einem Übersichtsartikel *„Auswirkungen der Aquakultur auf die weltweiten Fischbestände"* in *„Nature"*[298] (Abb. 144) berichtet.

Ein prinzipielles Problem oder Paradoxon besteht darin, dass die Fütterung der fleischfressenden Zuchttiere (Lachs, Meeresgarnelen) mit einer erheblichen Menge an Fischmehl und Fischöl aus Wildfischbeständen erfolgt (etwa 2-5mal mehr Fischprotein in Form von Fischmehl, als es vom Zucht"fisch"produkt geliefert wird), so dass diese dadurch weiterhin reduziert werden bzw. würden. Insgesamt und perspektivisch betrachtet wird der Rückgang der „Meeresernte" eher vergrößert und die Wiederherstellung (Resilienz) der Wildpopulationen erschwert, wenn keine Umorientierung der Futtermittel auf Mischfutter (Sojabohnen, Erdnussmehl. u. a.) erfolgt. Weil die Aquakulturen in großflächigen semioffenen „Käfigen" in unmittelbarer Küstennähe angelegt sind, kommt es zur Zerstörung von Lebensraum für die pflanzlichen und tierischen Meeresbewohner. Die Abfall- und Nährstoffentsorgung aus den Zuchtanlagen in das küstennahe Meer zusätzlich zu den anthropogen verursachten Umweltschäden, z. B. durch Invasion von Krankheitserregern, bewirkt eine Eutrophierung (Überdüngung) mit anormaler Entwicklung von Meeresflora und -fauna. Diesem Misstand versuchten Max Troell und Nils Kautsky[307] als Alternative erfolgreich zu begegnen, indem Meeresalgen *(Gracilaria chilensis)* in das Käfigsystem gezielt an den „Käfigwänden" integriert zur Reinigung der Abwässer mit eingesetzt wurden, wobei jahreszeitenabhängig zwischen 50% und 90% des freigesetzten Ammoniums von den Algen resorbiert wird. Solchen Wechselwirkungen und daraus resultierenden Schlussfolgerungen und Vorschlägen gehen Nils Kautsky und Mitarbeiter im Detail in ihren Forschungen nach[298 und zit.Literatur].

Abb. 144
Titelseite „Nature" (London) (2000), 405(6790)

Antibiotikaresistenzen und Schwermetallanreicherung

Damit eng im Zusammenhang ist das gravierende Problem der Anreicherung von Antibiotika im küstennahen Meerwasser und in den Meerestieren selbst. Dazu haben Nils Kautsky und Mitarbeiter (2018) über ihre Untersuchungen an vietnamesischen Fisch- und Hummer-Käfigfarmen und deren Auswirkungen auf Korallenriffe und die menschliche Gesundheit berichtet[287]. So werden Antibiotika bei der Zucht von Speisefischen und Langusten hauptsächlich für den einheimischen vietnamesischen Markt in erheblichem Ausmaß eingesetzt und direkt in die Umwelt freigegeben. Es handelt sich um ca. 3500 Seekäfig-Farmen, von denen 82% der Hummer-Bauern und 28% der

Fischzüchter 13 verschiedene Antibiotika (Ergebnis einer Studie mit Befragung und Analysen) verwenden (Abb. 145). Die Forscher um Nils Kautsky wiesen nach, dass Antibiotikaresistenzen (Bakterien Bacillus niabensis, 2007) gegen Tetracyclin, Vancomycin und Ripampicin in bis 660 m von den Käfigfarmen entfernt gelegenen Korallenriffen auftreten. Schon vorher (2000/2003)[288] hatten sie sich als eine der ersten diesem Problem der Verwendung von Antibiotika zur Vermeidung von Krankheiten in der Garnelenzucht an der thailändischen Küste gewidmet. Drei Viertel der befragten Garnelenbauern verwendeten solche Antibiotika unspezifisch, ohne über deren Wirkungen auf Mensch und Tier informiert zu sein.

Die Anreicherung von Schwermetallen, wie Quecksilber, Cadmium, Blei, Zinn, Mangan u. a. können, wenn sie in die Nahrungskette gelangen, erhebliche gesundheitliche Schäden bei Mensch und Tier verursachen. Nils Kautsky und Mitarbeiter[293] untersuchten z.B. im tropischen Lake Cariba in Simbabwe, der durch Erzbergbauabwässer belastet war, die differenzierte Verteilung und Aufnahme von Schwermetallionen in Komponenten des gesamten Ökosystems. Bevorzugt erfolgte die Anreicherung von Blei und Cadmium in Makrophyten und Fischen. Studien in der Nord- und Ostsee zur Belastung des Ökosystems mit Cadmium und Dieselöl im Zusammenhang mit dem unterschiedlichen Salzgehalt des Wassers erbrachten Hinweise auf die Ursachen der unterschiedlichen toxischen Wirkung[309].

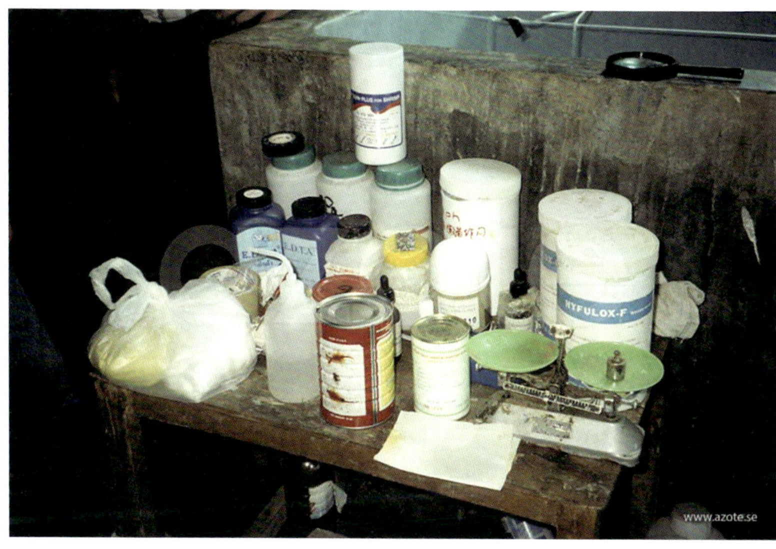

Abb. 145
Verwendete Biozide und Antibiotika in der Garnelenzucht-Farm in Thailand. Das Abwasser aus der Garnelenzucht-Farm enthält beträchtliche Mengen an chemischen Düngemitteln, Pestiziden (benutzt zum Desinfizieren) und Antibiotika, die eine beträchtliche Umweltbelastung sind.

Die Ökologie der Ostsee mit Bottnischem See und Bottnischem Meerbusen

Trotz der umfänglichen, weltweit angesiedelten Untersuchungsareale sind die Ostsee mit ihren Küsten und der Meeresflora und -fauna zentrale Wirkungsbereiche von Nils Kautsky, seiner Frau Lena und seinen Brüdern Hans und Ulrik. Einen Gesamtüberblick zur ökologischen Situation der Ostsee im Milleniumsjahr 2000 veröffentlichte das Ehepaar Lena und Nils Kautsky unter dem Titel *„The Baltic Sea, including Bothnian Sea and Bothnian Bay"* im Kapitel 8 der Monographie: *„Seas at The Millenium: An Environmental Evaluation"* (Hrsg. C. R. C. Sheppard)[310]. Es enthält die Abschnitte: Umweltfaktoren, die die Biotica beeinflussen – Küsten- und Meereshabitate – Biodiversität der Ostsee: Hartbodengemeinschaften; Weichbodengemeinschaften; pelagische Gemeinschaften – Fisch und Fischerei, einschließlich Eindringen nicht heimischer Arten – Umweltbelastungsempfindlichkeit des Ökosystems der Ostsee – Auswirkungen der Umweltverschmutzung: Eutrophierung; Zellstoffindustrie; Organische Schadstoffe; Schwermetalle – Schutzmaßnahmen.

Mit zahlreichen Zitaten, einschließlich eigener Arbeiten, wird ein umfassender Situationsbericht gegeben. Nils Kautsky hat, neben Algen und Seegras in der Ostsee, seit seiner Dissertation *„On the role of blue mussel. Mytilus edulis L. in the Baltic ecosystem"* im Jahre 1981 der **essbaren, blauen Miesmuschel**, *Mytilus edulis L.* (Abb. 146), über die Jahre hinweg seine besondere Aufmerksamkeit gewidmet[249, 295, 311–313]. Sie wurde 1758 von Nils Kautskys Landsmann, Carl von Linné (1707 bis 1778), erstmals beschrieben. Die Miesmuschel ist eine wichtige Meeresfrucht, die auch in Aquakulturen gezogen wird und in der Lage ist, im erhöhten Maße polychlorierte Biphenylene zu akkumulieren[314].

Abb. 146
Miesmuscheln, Ostsee

Literaturverzeichnis

1 https://de.wiktionary.org/wiki/Kautsky (Abruf am 11.11.2017).

2 Sturm, Herbert (Hg.), im Auftrag des Collegium Carolinum: Biographisches Lexikon zur Geschichte der böhmischen Länder, Band II, Lieferung 1, I-Ka. R. Oldenbourg Verlag München, Wien, 1979, S. 123.

3 Behrends, Rainer; Beyer, Lothar; Schwieger, Matthias; Bilder aus sechs Jahrzehnten. Dr. Hans Kautsky: Fotografien von Landschaft und Vegetation Ausstellung. 22. Juli bis 14. August 2005 im Botanischen Garten der Universität Leipzig. Pressemitteilung der Universität Leipzig Nr. 250/2005 vom 20.07.2005.

4 Behrends, Rainer; Beyer, Lothar; Blecher, Jens: Kautsky – Traditionen einer Familie zwischen Kunst und Wissenschaft. Ausstellung, gemeinsam mit Fakultät für Chemie und Mineralogie. 5. Februar – 4. April 2008 im Universitätsarchiv Leipzig.

5 Beyer, Lothar; Behrends, Rainer: De artes chemiae. Chemiker und Chemie an der Alma mater Lipsiensis. Kunstschätze, Buchbestände und Archivdokumente der Universität Leipzig und anderer Sammlungen. Passage-Verlag Leipzig, 2003.

6 Behrends, Rainer; Beyer, Lothar; Blecher, Jens: Franz Hein sen. (1863–1927) Maler. Franz Hein jun. (1892–1976) Chemiker. Eine Familiengeschichte. Ausstellung, gemeinsam mit Fakultät für Chemie und Mineralogie. 9. März bis 9. Mai 2012 im Universitätsarchiv Leipzig.

7 Behrends, Rainer; Beyer, Lothar: Eine Familiengeschichte zwischen bildender Kunst und Naturwissenschaft. Franz Hein sen. (1863–1927) Maler. Franz Hein jun. (1892–1976) Chemiker. Passage-Verlag Leipzig 2013.

8 a) https://de.wikisource.org /wiki/BLKÖ: Herold._Eduard (abgerufen am 12.08.2021).
b) Campacci, M.A., Kautsky, Roberto Anselmo: O gênero Maxillaria no Espírito Santo. Uma nova espécie. Orquidário 7 (1993) Nr. 4, S. 136–137.

HANS KAUTSKY SEN.

9 Fritz, Gerhard: Das Portrait: Hans Kautsky (1891–1966) Chemie in unserer Zeit 15 (1981) Nr. 6, S. 197–200.

10 Jaenicke, Lothar: Hans Kautsky (1891 1966). Frscheinungsbild und Bilderscheinung. Schönheitssinn, Schichtenphasen und Singlett-Sauerstoff – ein Lichtblick im Spezialistendschungel. Biospektrum, 10. Jg., S. 532–535 (Sonderausgabe).

11 Beyer, Lothar; Hoyer, Eberhard: Franz Hein, Arthur Schleede, Hans Kautsky und die Anorganische Chemie in Leipzig. Nachrichten aus der Chemie 48 (2000), S. 1493–1497.

12 Beyer, Lothar: Hans Kautsky (1891–1966). In: Sächsische Lebensbilder (Hrsg. Gerald Wiemers) Sächsische Akademie der Wissenschaften zu Leipzig, Franz Steiner Verlag Stuttgart 2009, Band 6, Teilband 1, S. 395–408.

13 Auerbach, J.: Hans Kautsky. Catalogus professorum academiae Marburgensis: Band 2 (1911–1971), 1979, S. 837.

14 Poggendorff VI (1939): Kautsky, Hans, S. 1292. Poggendorff VIIa (1958): Kautsky, Hans, S. 708–709.

15 Adam, Waldemar; Fritz, Gerhard, The Discovery of Singlet Oxygen: Hans Kautsky, 1891–1966. EPA Newsletter 1982, S. 8–24.

16 Beyer, Lothar; Hoyer, Eberhard: Chemische Wegzeichen aus Leipzigs Universitätslaboratorien, Passage-Verlag Leipzig, 2008.

17 Offermanns, Heribert; Reichardt, Christian: Die vielseitigen Kautskys – Eine Familie zwischen Politik, Kunst und Wissenschaft. Naturwissenschaftliche Rundschau 71 (2018) Heft 2, S. 66–71.

18 Archiv/Historische Sammlung der Fakultät für Chemie und Mineralogie der Universität Leipzig, Nachlass Hans Kautsky. (Separatabdrucke themenspezifisch gebunden) 19 Universitätsarchiv Leipzig, UAL, PA 80 (Kautsky).

20 UAL, Leipziger Universitätswochen 1938, Plakat.

21 Faraday Society „Luminescence-A General Discussion", Guerney and Jackson, 1938, S. 216–219.

22 Kautsky H. jun., zitiert in „Chemie an der Universität Leipzig. Von den Anfängen bis zur Gegenwart, Passage-Verlag Leipzig, 2009, S. 51, Zitat 84.

23 Archiv/Historische Sammlung der Fakultät für Chemie und Mineralogie der Universität Leipzig, Prüfungsbuch 1936–1945.

24 https://de.wikipedia.org/wiki/Leitz_(Optik) (Abruf: 01.10.2023).

Siloxen und seine Derivate

25 Kautsky, Hans: Über einige ungesättigte Siliciumverbindungen. Zeitschrift für anorganische und allgemeine Chemie 117 (1921) S. 209–242.

26 Kautsky, H.; Herzberg, G.: Über die Konstitution des Siloxens. Berichte der Deutschen Chemischen Gesellschaft (1924), Nr. 9, S. 1665–1670.

27 Kautsky, H.; Herzberg, G.: Über das Siloxen und seine Derivate. Zeitschrift für anorganische und allgemeine Chemie139 (1924) S. 135–160.

28 Kautsky, H.; Thiele, H.: Umsetzungen des Siloxens mit Halogenverbindungen und ihre Auslösung durch Licht und chemische Reaktionen. Zeitschrift für anorganische und allgemeine Chemie 144 (1925) S. 197–217.

29 Kautsky, H.; Herzberg, G.: Permutoid-Strukturen. Zeitschrift für anorganische und allgemeine Chemie 147 (1925) Nr. 1–3, S. 81–90.

30 Kautsky, H.; Thiele, H.: Die Herstellung von völlig sauerstoffreiem Stickstoff. Zeitschrift für anorganische und allgemeine Chemie 125 (1926) S. 342–346.

31 Kautsky, H.; Hirsch, A.: Di- und tetrasubstituierte Siloxene, Zeitschrift für anorganische und allgemeine Chemie. 170 (1928) S. 1–17.

32 Kautsky, H.; Thiele, H.: Oxysiloxene. Zeitschrift für anorganische und allgemeine Chemie. 173 (1928) S. 115–124.

33 Kautsky, H.; Blinoff, G.: Siloxen als Adsorbens. Zeitschrift für physikalische Chemie 139 Abt. A. Haber-Band (1928) S. 497–515.

34 Kautsky, H.; Gaubatz, E.: Zur Chemie der adsorptiven Bindung. I. Zeitschrift für anorganische und allgemeine Chemie 191(1930) Nr. 4, S. 382–413.

35 Kautsky, H.; Greiff, F.: Zur Chemie der adsorptiven Bin-

dung II. Zeitschrift für anorganische und allgemeine Chemie 236(1938) S. 124–137.

36 Kautsky, H.: Vom Wesen einiger sechsgliedriger Siliciumverbindungen. Zeitschrift für Elektrochemie (1926), Nr. 7, S. 349–354.

37 Kautsky, H.: Permutoide. Kolloid-Zeitschrift 102 (1943) S. 1–14.

38 Kautsky, H.; Michel R.: Oxydationsprodukte des Siloxens und ihre Charakterisierung durch Fluoreszenzindikatoren. Zeitschrift für Naturforschung 7b (1952) Nr. 7, S. 414.

39 Fritz, G.; Kautsky, H.: Bildung siliciumorganischer Verbindungen aus Si-H und Si-Si enthaltenden Siliciumverbindungen und Kohlenwasserstoffen. Zeitschrift für Naturforschung 5b (1950) Nr. 7, S. 395–396.

40 Kautsky, H.: Probleme der Siliciumchemie. Zweidimensionale Kristallstrukturen. Zeitschrift für Naturforschung 7b (1952) Nr. 3, S. 174–183.

41 Kautsky, H.; Siebel, H.-P.: Alkylamino- und Alkoxy-Siloxene. Zeitschrift für anorganische und allgemeine Chemie 273 (1953) S. 113–121.

42 Kautsky, H.; Haase, L.: Ein Versuch, das $CaSi_2$-Gitter zu freien, zweidimensionalen Siliciumnetzen abzubauen. Chemische Berichte 86 (1953) Nr. 9, S. 1226–1234.

43 Kautsky, H.; Keck, H.; Kunze, H.: Die Reduktion von Aldehyden und Ketonen durch Siloxen. Zeitschrift für Naturforschung 9b (1954) Nr. 2, S. 165–166.

44 Kautsky, H.; Fritz, G. ; Richter, H.: Lithiumhaltige Siloxenderivate. Zeitschrift für Naturforschung 9b (1954) Nr. 3, S. 236–237.

45 Kautsky, H.; Bartocha, B.: Umwandlung anorganischer Siloxane in Organosiloxane mittels Grignard-Verbindungen. Zeitschrift für Naturforschung 10b (1955) Nr. 7, S. 422–423.

46 Kautsky, H.; Vogell, W.; Oeters, F.: Die Bedeutung elektronenmikroskopischer Untersuchungen für die Konstitutions- und Strukturaufklärung des Siloxens. Zeitschrift für Naturforschung 10b (1955) S. 597–598.

47 Kautsky, H.; Michel, R.: Metallkatalyse des Elektronenübergangs vom Siloxen auf reduzierbare Stoffe. Zeitschrift für Naturforschung 11b (1956) S. 301–302.

48 Kautsky, H.; Richter, T.: Acidosiloxene als selbständige Oberflächen-Verbindungen. Zeitschrift für Naturforschung 11b (1956) S. 365–366.

49 Kautsky, H.; Fritz, G.; Siebel, H.-P.; Siebel, D.: Eine quantitative Methode zur Bestimmung flüchtiger und gasförmiger siliciumorganischer Verbindungen. Zeitschrift für analytische Chemie 147 (1955) Nr. 5, S. 331–338.

50 Kautsky, H.: Bemerkung zu der Notiz „Fadenstrukturen in Siliciumkristallen", Zeitschrift für Naturforschung 8b (1953) S. 46.

51 Kautsky, H.; Haase, L.: Darstellung einer neuartigen, besonders reaktionsfähigen Form des Siliciums. Zeitschrift für Naturforschung 8b (1953) S. 45–46.

Chemilumineszenz

52 Kautsky, H.; Neitzke, O.: Spektren emissionsfähiger Stoffe bei Erregung durch Licht und durch chemische Reaktionen. Zeitschrift für Physik 31 (1925) S. 60–71.

53 Kautsky, H.: Über Reaktionsleuchten. Zeitschrift für physikalische Chemie 120 (1926) S. 230–233.

54 Kautsky, H.; Zocher, H.: Über das Wesen der Chemilumineszenz. Zeitschrift für Elektrochemie 39 (1923) S. 308–312.

55 Kautsky, H.; Zocher, H.: Über die Beziehung zwischen Chemie- und Photolumineszenz bei ungesättigten Siliciumverbindungen. Zeitschrift für Physik 9 (1922) S. 267–284.

56 Zocher, H.; Kautsky, H.: Über Lumineszenz bei chemischen Reaktionen. Die Naturwissenschaften (1923) Nr. 11, S. 194–199.

57 Kautsky, H.; Kaiser, H. K.: Über den Mechanismus der Chemilumineszenz des 3-Aminophthalsäurehydrazids. Die Naturwissenschaften 30 (1942) Nr. 9/10, S. 148.

58 Kautsky, H.; Kaiser, K. H.: Emission des Methylacridonspektrums bei der Oxydation der Dimethyldiacryldilithiumsalze. Die Naturwissenschaften 31 (1943) Nr. 43/44, S. 505–506.

Energie-Umwandlungen an Grenzflächen

59 Kautsky, H.; Hirsch, A.: I. Carbonsäure-Reduktion durch induzierte, intramolekulare Umlagerung von Siloxen-Säurederivaten. Berichte der Deutschen Chemischen Gesellschaft 64 B (1931) S. 1610–1622.

60 Kautsky, H.; Hirsch, A.; Baumeister, W.: II. Photolumineszenz fluoresceierender Farbstoffe an Grenzflächen. Berichte der Deutschen Chemischen Gesellschaft 64 B (1931) S. 2053–2059.

61 Kautsky, H.; Baumeister, W.: III. Der Einfluß der polaren Adsorption auf die Hydrierungsgeschwindigkeit von Farbstoffen. Berichte der Deutschen Chemischen Gesellschaft 64 B (1931) Nr. 9, S. 2446–2457.

62 Kautsky, H.; Hirsch, A.: IV. Wechselwirkung zwischen angeregten Farbstoff-Molekülen und Sauerstoff. Berichte der Deutschen Chemischen Gesellschaft 64 B (1931) S. 2677–2683.

63 Kautsky, H.; Hirsch, A.: Phosphoreszenz adsorbierter fluoresceierender Farbstoffe und ihre Beziehung zu reversiblen und irreversiblen Strukturänderungen der Gele. Berichte der Deutschen Chemischen Gesellschaft 65 B (1932) S. 401–406.

64 Kautsky, H.; Hirsch, A.; Davidshöfer, F.: VI. Kohlensäure-Assimilation (1.) Berichte der Deutschen Chemischen Gesellschaft 65 B (1932) S. 1762–1770.

65 Kautsky, H.; de Bruijn, H.; Neuwirth, R.; Baumeister, W.: VII. Photo-sensibilisierte Oxydation als Wirkung eines aktiven, metastabilen Zustandes des Sauerstoff-Moleküls. Berichte der Deutschen Chemischen Gesellschaft 66 (1933) S. 1588–1600.

66 Kautsky, H.; Hirsch, A.; Flesch, W.: VIII. Die Bedeutung metastabiler Zustände für sensibilisierte Photooxydationen. Berichte der Deutschen Chemischen Gesellschaft 68 (1935) S. 152–162.

67 Kautsky, H.: IX. Energieumwandlung an Grenzflächen. Kolloid-Zeitschrift 75 (1936) Nr. 2, S. 164–169.

68 Kautsky, H.; de Bruijn, H.: Die Aufklärung der Photolumineszenztilgung fluorescierender Systeme durch Sauerstoff: Die Bildung aktiver, diffusionsfähiger Sauer-

stoffmoleküle durch Sensibilisierung. Die Naturwissenschaften 19 (1931) Nr. 52, S. 1043.
69 Kautsky, H.; Merkel, H.: Phosphoreszenz, Selbstauslöschung und Sensibilisatorwirkung organischer Stoffe. Die Naturwissenschaften 27 (1939) Nr. 12, S. 195.
70 Kautsky, H.: Müller, G.: Phosphoreszenzumwandlung durch Sauerstoff. Die Naturwissenschaften 29 (1941) Nr. 10, S. 150.
71 Kautsky, H.; Müller, G. O.: Lumineszenzumwandlung durch Sauerstoff. Nachweis geringster Sauerstoffmengen. Zeitschrift für Naturforschung 2a (1947) Nr. 3, S. 167–172.
72 Kautsky, H.; Hirsch A.: Nachweis geringster Sauerstoffmengen durch Phosphoreszenztilgung. Zeitschrift für anorganische und allgemeine Chemie 222 (1935) Nr. 2, S. 126–134.
73 Kautsky, H.: Die Wechselwirkung zwischen Sensibilisatoren und Sauerstoff im Licht. Zeitschrift für anorganische und allgemeine Chemie (1937) S. 271–284.
74 Kautsky, H.: Quenching of Luminescence by oxygen. Transaction of the Faraday Society 35 (1939) Nr. 213, S. 1–4.
75 Kautsky, H.: Energieumwandlungen in phosphoreceierenden Adsorbaten organischer Verbindungen. (1943) S. 195–203

Chlorophyllfluoreszenz und Kohlensäureassimilation

76 Kautsky, H.; Hirsch, A.: I. Das Fluoreszenzverhalten grüner Pflanzen. Biochemische Zeitschrift 274 (1934) S. 423–434.
77 Kautsky, H.; Spohn H.: II. 1. Apparatur zur vergleichenden Messung der Fluoreszenzänderungen lebender Blätter. 2. Der Einfluß der Temperatur auf die Fluoreszenzkurve. Biochemische Zeitschrift 274 (1934) S. 435–451.
78 Kautsky, H.; Hirsch, A.: III. Der Einfluß der Kohlensäure auf das Fluoreszenzverhalten lebender Blätter. Biochemische Zeitschrift 277 (1935) S. 250–260.
79 Kautsky, H.; Hirsch, A.: IV. Der Einfluß des Sauerstoffs auf das Fluoreszenzverhalten lebender Blätter. Biochemische Zeitschrift 278 (1935) S. 373–385.
80 Kautsky, H.: Flesch, W.: V. Beziehungen zwischen Blattfluoreszenz und Sauerstoffkonzentration. Biochemische Zeitschrift 284 (1936) S. 412–436.
81 Kautsky, H.; Marx, A.: VI. Photographische Registrierung und Auswertung der Fluoreszenzintensität-Zeitkurven grüner Blätter. Biochemische Zeitschrift 290 (1937) S. 248–260.
82 Kautsky, H.; Hormuth, R.: VII. Die Abhängigkeit des Verlaufs der Fluoreszenzkurven grüner Blätter vom Sauerstoffdruck. Biochemische Zeitschrift 291 (1937) S. 285–311.
83 Kautsky, H.; Eberlein, R.: VIII. Apparatur zur photographischen Registrierung von zeitlichen Fluoreszenzintensitätsänderungen. Biochemische Zeitschrift 302 (1939) S. 137–166.
84 Kautsky, H.; Franck, U.: IX. Apparatur zur Messung rascher Lumineszenzänderungen geringer Intensität. Biochemische Zeitschrift 315 (1943), S. 139–155.
85 Kautsky, H.; Franck, U.: X. Die Chlorophyllfluoreszenz von Ulva lactuca und ihre Abhängigkeit von Temperatur und Lichtintensität. Biochemische Zeitschrift 315 (1943) S. 156–175.
86 Kautsky, H.; Franck, U.: XI. Die Chlorophyllfluoreszenz von Ulva lactuca und ihre Abhängigkeit von Narkotica, Sauerstoff und Kohlendioxyd. Biochemische Zeitschrift 315 (1943) S. 176–206.
87 Kautsky, H.; Franck, U.: XII. Zusammenfassung der bisherigen Ergebnisse und ihre Bedeutung für die Kohlensäureassimilation. Biochemische Zeitschrift 315 (1943) S. 207–232.
88 Kautsky, H.: Die Wechselwirkung zwischen Sensibilisatoren und Sauerstoff im Licht. Biochemische Zeitschrift 291 (1937) S. 271–284.
89 Kautsky, A.: Hirsch, A.: Neue Versuche zur Kohlensäureassimilation. Die Naturwissenschaften 19 (1931) Nr. 48, S. 964.
90 Kautsky, H.: Zu J. Franck's Mitteilungen in dieser Zeitschrift, 23, 1935, S. 226 u. 229. Die Naturwissenschaften 23 (1935) Nr. 24, S. 389.
91 Kautsky, H.; Hormuth, R.: Messungen der Fluoreszenzkurven lebender Blätter. Die Naturwissenschaften 24 (1936) Nr. 41, S. 650.
92 Kautsky, H.; Eberlein, R.: Neue Messungen der Fluoreszenz-Intensitäts-Änderungen grüner Pflanzen. Die Naturwissenschaften 26 (1938) Nr. 35, S. 576.
93 Kautsky, H.: Zur Frage der photochemischen Sauerstoffentwicklung aus Chlorophyllkörpern. Die Naturwissenschaften 26 (1938) Nr. 1, S. 14.
94 Kautsky, H.; Zedlitz, W.: Fluoreszenzkurven von Chloroplasten-Grana. Die Naturwissenschaften 29 (1941) Nr. 7, S. 101.
95 Kautsky, H.; Franck, U.: Fluoreszenzanalyse des Lichtenergiewechsels der grünen Pflanze. Die Naturwissenschaften 35 (1948) S. 43–51.
96 Kautsky, H.; Franck, U.: Fluoreszenzanalyse des Energiewechsels der grünen Pflanze. Die Naturwissenschaften 35 (1948) S. 74–80.
97 Kautsky, H.: Beziehungen zwischen Ergebnissen der Fluoreszenzanalyse und der neuesten manometrischen Messungen der Kohlensäureassimilation von D. Burk und O. Warburg. Zeitschrift für Naturforschung 6b (1951) Nr. 6, S. 292–205.
98 Kautsky, H.; Kaiser, K. H.: Lumineszenzanalyse chemilumineszierender Lösungen.1. Zeitschrift für Naturforschung 5b (1950), Nr. 7, S. 353–361.
99 Kautsky, H.: Einige neuere Ergebnisse der Fluoreszenzmessungen an Pflanzen. Zeitschrift für Naturforschung 11b (1956) Nr. 2, S. 116–117.
100 Kautsky, H.; Appel, W.; Amann, H.: XIII. Die Fluoreszenz und die Photochemie von Pflanzen. Biochemische Zeitschrift 332 (1960) S. 277–292.
101 Kautsky, H.: Chlorophyll-Fluoreszenz und Kohlensäure-Assimilation. Klinische Wochenschrift 26 (1948) S. 383.

Lepidoide

102 Kautsky, H.; Irnich, Rudolf: I. Das Netz der Kieselsäure $H_2Si_2O_5$ als Basis lepidoider Silicate. Zeitschrift für anorganische und allgemeine Chemie 295 (1958) S. 193–205.

103 Kautsky, H.; Pfleger, H.: II. Oberflächenbestimmungen von Lepidoidstrukturen durch Adsorption von Gasen. Zeitschrift für anorganische und allgemeine Chemie 295 (1958) S. 206–217.
104 Kautsky, H.; Michel R.: III. Metallkatalysierte Übertragung von Elektronen nichtmetallischer Reduktionsmittel. Zeitschrift für Elektrochemie und Angewandte Physikalische Chemie 62 (1958) S. 288–295.
105 Kautsky, H.; Saukel, H.: IV. Farbstoffadsorption und Bildung definierter lepidoider Farbstoffsilicate. Zeitschrift für Elektrochemie und Angewandte Physikalische Chemie 63 (1959) S. 355–360.
106 Pfleger, H.; Kautsky, H.: V. Lepidoide. Kolloid-Zeitschrift 169 (1960) S. 11–18.
107 Bonitz, Eckhard: Lepidoide VI. Ein neuer Weg zur Herstellung von aktivem Silicium oder Siliciummonochlorid. Chemische Berichte 94 (1961) Nr. 1, S. 220–225.
108 Kautsky, H.; Pfleger, H.; Reise, R.; Vogell, W.: VII Lösungsgleichgewicht, Lösungsvorgang und Kolloidstruktur der Kieselsäure. Zeitschrift für Naturforschung 17 b (1962) S. 491–499.
109 Kautsky, H.; Otto, W.; Pfleger, H.: VII. Kolloidstruktur der Kieselsäure und anderer lepidoider Polysiloxan-Verbindungen. Zeitschrift für Naturforschung 19b (1964) Nr. 2, S. 102–109.
110 Kautsky, H.; Reise, R.: IX Probleme der Bildungs- und Bauprinzipien lepidoider (SiO_4)-Tetraeder-Netze. Zeitschrift für Naturforschung 20b (1965) Nr. 2, S. 93–103.

Patentschriften

111 Kautsky, H.: Alkyl and arylpolysiloxanes. DE 1028794 (24.04.1958).
112 Kautsky, H.; Bartocha, B.: Organosilicon compounds. US 2886583 (12.05.1959).
113 Kautsky, H.; Haase, L.: Finely divided silicon. DE 1003196 (28.02.1957).
114 Fritz, G.; Kautsky, H.: Organosiloxanes. DE 1006857 (25.04.1957).
115 Kautsky, H.; Fritz, G.: Organosilico compounds. US 2886582 (12.05.1959).
116 Fritz, G.; Kautsky, H.: Organosilicon compounds. DE 1004180 (14.03.1957).
117 Fritz, G.; Kautsky, H.: Organic silicon compounds. DE 964859 (30.05.1957).
118 Kautsky, H.; Siebel, D.: Substituted silanes. DE 959909 (14.03.1957).
119 Fritz, G.; Kautsky, H.: Organosilicon compounds. GB 780036 (31.10.1956).
120 Kautsky, H.; Siebel, D.: Substituted silanes. US 2762825 (11.09.1956).
121 Fritz, G.; Kautsky, H.: Organic silicon compounds. GB 730379 (25.05.1955).
122 Kautsky, H.; Pfannenstiel, A.: Catalyst suitable for use in hydrogenation reactions. US 1814493 (14.07.1931).

Verschiedenes

123 Kautsky, H.; Warner, F. Ch.; Vogell, W.: Strukturprobleme der aus Siloxen dargestellten Kieselsäuren. Zeitschrift für Naturforschung 21b (1966) Nr. 7, S. 705.
124 Kautsky, H.: Die elektrische Zerstäubung von Silicium in Aceton. Kolloid-Zeitschrift 153 (1957) S. 109–127.
125 Kautsky, H.; Wesslau, H.: Darstellung von Ionenaustauschern durch Oberflächenumladungen an Silicagel. Zeitschrift für Naturforschung 9b (1954) Nr. 8, S. 569–570.
126 Kautsky, H.; Daubach, E.: Umsetzungen des Siloxens in alkalischem Medium, Reaktionen der Si-Si, Si-H- und Si-O-Si-Bindung. Zeitschrift für Naturforschung 5b (1950) Nr. 8, S. 443.
127 Kautsky, H.: Quenching of luminescens by oxygen. Transaction of the Faraday Society 35 (1939) S. 216–219.
128 Kautsky, H.; Marx, A.: Der Verlauf des Fluoreszenzanstieges lebender Blätter. Die Naturwissenschaften 24 (1936) S. 317.
129 Kautsky, H.: Zu J. Franck's Mitteilungen in dieser Zeitschrift 23 (1935) S. 226 u. 229. Die Naturwissenschaften 23 (1935) S. 389.
130 Kautsky, H.: Chemiluminescene. Transaction of the Faraday Society 1925.
131 Kautsky, H.: Zur Reduktion der Kohlensäure. Die Naturwissenschaften 16 (1928) S. 204.
132 Wöhler, Friedrich: Ueber Verbindungen des Siliciums mit Sauerstoff und Wasserstoff, Annalen der Chemie und Pharmacie, 127 (1863) S. 257–274 (S. 264).
133 Vogg, Günther; Brandt, Martin S.; Stutzmann, Martin; Albrecht, Martin: From $CaSi_2$ to siloxene: epitaxial silicide and sheet polymer films on silicon, Journal of Crystal Growth 203 (1999) S. 570–581.
134 Hengge, Edwin: Darstellung eines Siloxens für optische Untersuchungen, Chemische Berichte 95 (1962) S. 645–647.
135 Kumaev, Ernst; Shamin, Sergej; Ederer, David; Detlaff-Weglikowska, U.; Weber, Jörg: Local and Electronic Structure of Siloxene. Journal Material Research 14 (1999) Nr. 4, S. 1235–1237.
136 Gallo, Marco P.: Zur Chemie von Siloxenen. Zur Darstellung von Polysilinen und nanodimensionalen Siliciumteilchen, Dissertation Universität Bielefeld, 2004.
137 Schott, Günther: Über die Farbe von Polysilanen, Zeitschrift für Chemie 3 (1963) Heft 2, S. 41–47.
138 Hengge, Edwin: Fluoreszenz und Farbe des Siloxens und seiner Derivate, Chemische Berichte 95 (1962) S. 648–657.
139 Hengge, Edwin; Scheffler, G.: Über den Farbcharakter neuer polymerer Schichtverbindungen des Typs $(SiX)_n$, Zeitschrift für Chemie 3 (1963) Heft 6, S. 239.
140 Hengge, Edwin; Pretzer, Klaus: Über das Bindungssystem des Siloxens, Chemische Berichte 96 (1963) S. 470–477.
141 Richter, T.: ..., Dissertation, Universität Marburg, 1956.
142 Wiberg, Egon; Kruerke, U.: Notizen. Über die Spaltung der Silicium-Sauerstoff-Bindung durch Borhalogenide. III. Einwirkung von Borhalogeniden auf Siloxane. Zeitschrift für Naturforschung 8b (1953) S. 610–611.
143 Hengge, Edwin: Spektroskopische Untersuchungen an Bindungssystemen cyclischer Siliciumverbindungen, Zeitschrift Chemie 3 (1963) Heft 11, S. 441.
144 Kautsky, Hans; Müller, Gerhard O.: Chemilumineszenz adsorbierter Farbstoffe, Naturwissenschaften 30 (1942) S. 315.
145 Hengge, Edwin: Fluoreszenz und Farbe des Siloxens und seiner Derivate, Chemische Berichte 95 (1962) S. 648–657.

146 Grobe, Joseph: Nachruf, Nachrichten aus der Chemie 50 (2002) S. 1149.

147 Fuchs, H. D.; Stutzmann, M.; Brandt, M. S.; Rosenbauer, M.; Weber, J.; Breitschwerdt, A.; Deak, F.; Cardona, M.: Porous silicon and siloxene: vibrational and structural properties, Physical Review B. Condensed Matter and Materials Physics 48 (1993) 11, S. 8172–8189.

148 Hoenle, Wolfgang; Dettlaff-Weglikowska, Finkbeiner, S.; Molassioti-Dohms, A.; Weber, J. (Ed. by Cornu, R., Jutzi, P.: Siloxenes: what do we know about the structures? (Lecture presented at the workshop on Tailo-Made Silicon-Oxygen Compounds. From Molecules to Materials, Bielefeld, Sept. 3-5 1995 (1996) S. 99–115.

149 Molassioti-Dohms, A.; Dettlaff-Weglikowska, U.; Finkbeiner, S.; Hoenle, Wolfgang; Weber, J.: Photo- and chemiluminecence from Wöhlers siloxene, Journal of the Electrochemical Society 143 (1996) Nr. 8, S. 2674–2677.

150 Kurmaev, E. Z.; Shamin, S. N.; Ederer, D. L. Dettlaff-Weglikowska, U; Weber, J.: Local and electronic structure of siloxene, Journal of Materials Research 14 (1999) 4, S. 1235–1237.

151 Stüger, Harald; Kautsky, Hans: Siloxene Analogous Monomers and Oligomers. In: Silicon Chemistry – from the atom to extended systems (edit. Jutzi, Peter; Schubert, Ulrich) Wiley VCH 2003, S. 214–225.

152 Nakano Hideyuki; Ishii Masahiko, Nakamura Hiroshi: Preparation and structure of novel siloxene nanosheets, Chemical Communications 2005, Nr. 23, S. 2945–2947.

153 Sugyiama Yusuke; Okamoto Hirotaka; Nagano Hideyuki: Synthesis of siloxene derivatives with organic groups, Chemistry Letters 39 (2010) 9, S. 938–939.

154 Tachibana Hiroaki; Mizuno Toya, Ishibe Satoko: Optical properties of siloxene films prepared by high-temperature heat treatment from thin films of polysilane containing anthryl groups, Japanes Journal of Applied Physics 50 (2011) 4, S. 50.

155 Itahara Hiroshi; Nakano Hideyuki: Synthesis and optical properties of two-dimensional nanosilicon compounds, Japanes Journal of Applied Physics, 56 (2017) 5, S. 1.

156 Imagawa Haruo; Itahara Hiroshi: Stabilized lithium-ion battery anode performance by calcium-bridging of two dimensional siloxene layers, Dalton Transactions 46 (2017) Nr. 11, S. 3655–3660.

157 Fu Rusheng; Zhang Keli; Remo Proietti; Huangheran; Xia Yonggao; Liu Zhaoping: Two-dimensional silicon suboxides nanostructures with Si nanodomains confined in amorphous SiO_2 derived from siloxene as high performance anode for Li-ion batteries, Nano Energy 39 (2017) S. 546–553.

158 Li Shuang; Wang Hui;Li Dandan; Zhang Xiaodong; Wang Yufeng; Xie Junfeng; Wang Jingyao; Tian Yupung; Ni Wenxiu; Xie Yi: Siloxene nanosheets: a metal free semiconductor for water splitting, Journal of Material Chemistry A; Materials for Energy and Sustainability 4 (2016) Nr. 41, S. 15841–15844.

159 Wang Yanli; Ding Yi: Structural stability and the electronic properties of $(SiH)_2O$-formed siloxene sheet: a computational study, Physical Chemistry Chemical Physics 19 (2017) Nr. 27, S. 18030–18035.

160 Gaffron, H.: The mechanism of Oxygen Activation by illuminated Dyes. II. Photooxidation in the Near Infrared, Chemische Berichte 68 B (1935), S. 1409–1411.

161 Mulliken, R. S.: Interpretation of the Atmosheric Bands of Oxygen. Physical Reviews 32 (1928) S. 880–887.

162 Mulliken, R. S.: Nature 122 (1928) S. 505.

163 Hückel, Erich: Zur Quantentheorie der Doppelbindung. Zeitschrift für Physik 60 (1930) S. 423–456.

164 Schenck, G. O.: Aufgaben und Möglichkeiten der präparativen Strahlenchemie, Angewandte Chemie 69 (1957), 18/19, S. 579–599.

165 Greenwood N. N.; Earnshaw A.: Chemie der Elemente. Pergamon Press, Oxford, 1984 (reprinted 1989).

166 Greenwood N. N.; Earnshaw A.: Chemie der Elemente, VCH Chemie, Weinheim, 1988, S. 795–796.

167 Jensen, F.; Ogilby, P. R.: Christopher S. Foote (1935–2005): Singulettsauerstoff, Angewandte Chemie 117 (2005), S. 6424.

168 Foote, C. S.; Wexler, S.: Olefin Oxidation with Excited Singlet Molecular Oxygen, Journal of American Chemical Society 86 (1964), S. 3879–3880.

169 Foote, C. S.; Wexler, S.: Singlet Oxygen. A Probable Intermediate in Photosensitized Autoxydations, Journal of American Chemical Society 86 (1964), S. 3880–3881.

170 Greer, Alexander: Christopher Foote's Discovery of the Role of Singlet Oxygen [$^1O_2(^1\Delta g)$] in Photosensitized Oxidation Reactions, Account of Chemical Research 39 (2006) Nr. 11, S. 797–804.

171 Ohloff, G.; Klein, E.; Schenk, G. O.: Herstellung von Rosenoxyden und anderen Hydropyran-Derivaten über Photohydroperoxyde. Angew. Chem. 73 (1961) S. 578.

172 Lichtenthaler, Hartmut, K.: The Kautsky-effect: 60 years of Chlorophyll fluorescence induction kinetics, Photosynthetica 27 (1992) 1–2, S. 45–55.

173 Büchel,C.; Wilhelm, Christian: In vivo Analysis of slow Chlorophyll Fluorescence Induction Kinetics in Algae: Progress, Problems and Perspectives, Photochemistry and Photobiology 58 (1993) S. 137–148.

174 Sci-Finder®: Stichwort „kautsky effect“ (Abruf: 14.06.2018)

175 Wilhelm, Christian; Böhme, K.; Jacob, T: Neue experimentelle Möglichkeiten für den Biologieunterricht am Beispiel der Photosynthese. Der mathematische und naturwissenschaftliche Unterricht (MNU) 52 (1999) 7, S. 422–426.

176 Bonfig, K. F.; Roitsch, T.: Chlorophyll-Fluoreszenz-Bildgebung, GIT Labor-Fachzeitschrift (2006) Nr. 9, S. 765–767.

177 De Ell, J. R.; Toivonen, P. M. A.: Practical Applications of Chlorophyll Fluorescence in Plant Biology, Kluwer Academic Publishers, Boston/ Dordrecht / London, 2003.

HANS KAUTSKY JUN.

178 Kautsky, Hans jun., Diplomarbeit, Universität Marburg, 1950. Originalexemplar: Fakultätsarchiv Chemie/Mineralogie, Universität Leipzig, Akte Kautsky.

179 Kautsky, Hans; Kautsky, Hans jun.: Apparatur zur Erzielung stationärer Bedingungen bei der Kultur von Mikroorganismen, Zeitschrift für Naturforschung 6 b (1951) S. 190–199.

180 Mohr, Karl Friedrich: Lehrbuch der chemisch-analytischen Titrirmethode, 1855; 3. Aufl. Vieweg Braunschweig, 1870.
181 Kautsky, Hans jun.: Anwendung von Hochspannungsfunken unter Flüssigkeiten zur chemischen Synthese, Dissertation Universität Marburg, 1955, Sign. DNB Leipzig Di 1956 B 1606.
182 The Svedberg: Methode zur Herstellung kolloider Lösungen anorganischer Stoffe, Verlag Th. Steinkopf, 1922.
183 Kautsky, Hans; Kautsky, Hans jun.: Anwendung der Svedbergschen Kolloidzerstäubungsmethode zur chemischen Synthese, Zeitschrift für Naturforschung 9b (1954) S. 235-236.
184 Kautsky, Hans; Kautsky, Hans jun.: Die Anwendung von Hochspannungskurzschlussfunken zur chemischen Synthese, Chemische Berichte 89 (1956) Heft 2, S. 571-581.
185 Kautsky, Hans jun.: Die elektrische Zerstäubung von Silicium in Aceton, Kolloid-Zeitschrift 153 (1957) S. 109-127.
186 Kautsky, Hans; Kautsky, Hans jun.: Chemische Reaktionen durch Funkenentladung, DE 927266 19550502.
187 Kautsky, Hans jun.: In: DFG/ DHI: Forschungsschiff Meteor 1964-1985, S. 1-274.
188 Murray, C. N.; Kautsky, Hans jun.; Hoppenheit, M.; Domian, M.: Actinide activities in water entering the northern North Sea, Nature 276 (1978) S. 225-230.
189 Murray, C. N.; Kautsky, Hans jun.; Eicke, C. F.: Transfer of actinides from the English Chanell into the southern North Sea, Nature 278 (1979) S. 617-619.
190 Kautsky, Hans jun.: Deutsche Hydrographische Zeitschrift 26 (1973) S. 242-246.
191 Deutsches Hydrographisches Institut/Deutscher Forschungsgemeinschaft: 50 Fahrten des Forschungsschiffs „Meteor", Haraldt Boldt Verlag, Boppard, 1978.
192 Wedekind, Ch.; Gabriel, H.; Goroncy, I.; Fraemcke, G.; Kautsky, H.: The distribución of artificial radionucides in the waters of the Norwegian-Greenland Sea in 1985. Journal of Environmental Radioactivity 35 (1997) Nr. 2, S. 173-201.
193 Kautsky, H.: Disposal of spezial radioactive wastes in the deep sea. Spreading processes in the sea. Berichte Kernforschungsanlage Jülich (Conf.): Juel-Conf-40: Versenkung spezieller radioaktiver Abfälle in der Tiefsee, 1980.
194 Kautsky, H.: Distribution of radioactive fallout products in the water of the North Atlantic and the Barents sea during the year 1972. Isot. Mar. Chem., 1980, S. 9-23.
195 Kautsky, H.: Instruments for continuously monitoring the radioactivity of surface sea water. Atompraxis 16 (1970) Nr. 5, S. 316-320.
196 Walden, H.; Weichart, G.: Kautsky, H.: Oceanographic science. New physical-, chemical- and radiological-oceanographic studies. Naturwissenschaften 59 (1972) Nr. 1, S. 12-22.
197 Kautsky, H.; Schmitt, Dieter E.: Bestimmungsmethode für die radioaktiven Isotope 55Fe und 59Fe im Seewasser. Deutsche Hydrographische Zeitschrift 15 (1962) S. 199-204.
198 Kautsky, H.: Problems of the determination of radioactive contaminants in sea water. Kerntechnik 5 (1963) S. 110-113.
199 Schmitt, Dieter H.; Kautsky, H.: Bestimmungsmethode für Cs137 im Seewasser. Deutsche Hydrographische Zeitschrift 14 (1961) Nr. 5, S. 194-197.
200 Kautsky, H.: Orign, diffusion, and methods of tracing artificial radioactive material in the sea. Deutsche Hydrographische Zeitschrift 14 (1961) S. 121-135.

FRITZ KAUTSKY, GUNNAR KAUTSKY

201 Waldmann, L.: Fritz Kautsky. Mitteilungen der Geologischen Gesellschaft in Wien 58 (1965) S. 251-262.
202 Grip, Erland: Fritz Kautsky. Paläontologe-Erzprospektor 5/3 1890 - 3/12 1963. Geologika Föreningen Stockholm Förhandlingen 87 (1965) Heft 3, S. 408-415.
203 Kautsky, Fritz: Phylogenetische Studien an fossilen Invertebraten. Sver. Geol. Undersökn. Stockholm, Ser. C, Arsbok 55/1961, Nr. 5 (Abhandlung Nr. 581, 226 Seiten)
204 Lehmann, Ulrich; Hillmer, Gero: Wirbellose Tiere der Vorzeit – Leitfaden der systematischen Paläontologie der Invertebraten, Ferdinand Enke-Verlag Stuttgart, 2. Aufl., 1988.
205 https://mineralienatlas.de/lexikon/Index.php/Invertebraten? lang=de. (Abruf: 01.10.2023)
206 http://de.wikipedia.org/wiki/Tertiär- (Abruf: 01.10.2023)
207 Kautsky, Fritz: Das Miocän von Hemmoor und Basbeck-Osten, Hg: Preußisch-Geologische Landesanstalt Berlin, Berlin 1925, UB Leipzig, Sign. Geol. 327-pb 96/99-
208 Kautsky, Fritz: Die boreale und mediterrane Provinz des europäischen Miocaens, in: Mitteil. der Geolog. Gesellschaft in Wien, Band 18, Wien.
209 Die biostratigraphische Bedeutung der Pectiniden des niederösterreichischen Miocäns, Annalen Naturhistor. Museum Wien, Bd 42, S. 245.
210 Ein neues Veneridengenus „Gomphomarcia" aus dem europäischen Miocaen nebst Bemerkungen über die systematische Stellung von Tapes gregarius Partsch und Tapes senescens Dod.-Annalen d. Naturhist. Mus. in Wien, Bd. 43 (1929) S. 380.
211 Biologische Studien über den Schlossapparat von Tapes Palaeobiologica Bd. 2 (1929) S. 202 Wien.
212 Die Bivalven des niederösterreichischen Miocaen – Verh. Geol. Bundesanst. 9/10, (1932) Wien.
213 Die Veneriden u. Petricoliden des niederösterreichischen Miocaen-Bohrtechnikerzeitung, (1936), Wien.
214 Die Erycinen des niederösterreichischen Miocaen- Annalen des Naturhist. Museums in Wien. Bd. 50. (1939).
215 Die unterkambrische Fauna vom Aistjakk in Lappland – Geol. För. i Stockholms förh., Bd. 67 (1945).
216 Kautsky, Fritz: Die Erdbeben der östlichen Teile der Ostalpen, ihre Beziehungen zur Tektonik und zu deren Schwereanomalien, Mitteilungen der Erdbebenkommission, Neue Folge Nr. 58, Wien 1924. UB Leipzig Sign. Geol & Min 696sp.
217 Kautsky, Fritz: Die jüngeren Verbiegungen in den Ostalpen und ihr Ausdruck im Schwerebild, Mitteilungen der Erdbebenkommission, Neue Folge Nr. 58, Wien, Abt. 1, Band 133.
218 Kautsky, Fritz: Das Fenster von Gautojaure im Kirchspiele Arjeplog, Lappland, Geologika Föreningen Stockholm Förhandlingen, Band 62, Stockholm.
219 Kautsky, Fritz: Neue Erzschürfmethoden in Schweden, Mitteilungen der Geologischen Gesellschaft in Wien, 36.-38. Band, 1943-1945, S. 255-256, Wien.

220 Kautsky, Fritz; Tegengren, F. R.: Die Geologie der Umgebung des Tuoddarjaure am Südrande des Sjangelifensters, Geologika Föreningen Stockholm Förhandlingen Bd. 74 (1952) S. 455.

221 Kautsky, Fritz: Der Bau des Westrandes der svionischen Leptitzone im Gebiet der Zinkgrube von Ammeberg, Geologika Föreningen Stockholm Förhandlingen, Band 77 (1955) S. 161–184.

222 Sundblad, Krister: Gunnar Kautsky (27th January 1921 – 14th October 2002). IAGOD Newsletter 2003, S. 2–4. www.iagod.org/sites/default/files/u1/gunnar-kautsky-tribote.pdf (Abruf am 10.04.2017).

FRITZ KAUTSKY JUN.

223 Tsang, Chin-Fu; Stephansson, Ove; Jing, Lanru; Kautsky, Fritz jun.: DECOVALEX Project 1992-2007, Environment Geology 57 (2009) S. 1221–1237.

224 Jing, Lanru; Tsang, Chin-Fu; Stephansson, Ove; Kautsky, Fritz jun.: Validation of Mathematical Models Against Experiments for Radioactive Wast Repositories – DECOVALEX Experience, In: Stephansson, Ove; Jing, Lanru; Tsang, Chin-Fu: Coupled Thermo-Hydro-Mechanical Processes of Fractured Media, Developments in Geotechnical Engineering, Vol. 79 (1996), Elsevier Science B.V.

225 Jing Lanru; Stephansson, O.; Tsang, C.-F.; Kautsky, F.: DECOVALEX – mathematical models of coupled T-H-M processes for nuclear waste repositories – executive summary of phase I, II and III. Swedish Nuclear Power Inspectorate SKI technical report 96, (1996) Stockholm, S. 58.

226 Jing, L.; Stephansson, O.; Tsang, C.-F.; Knight, J. L.; Kautsky, F.: DECOVALEX II project – executive summary. Swedish Nuclear Power Inspectorate SKI report 99, (1999) Stockholm, S. 24.

227 Jing, L.; Tsang, C.-F.; Mayor, J.-C., Stephansson, O.; Kautzky, F.: DECOVALEX III project: mathematical models of coupled thermal-hydro-mechanical processes for nuclear waste repositories, executive summary. Swedish Nuclear Power Inspectorate SKI Report 2005 (2005) Stockholm, S. 19.

228 Jing, L., Kautsky, F.; Stephansson, O.; Tsang C.: DECOVALEX THMC project, executive summary. Swedish Nuclear Power Inspectorate, F (2008) Stockholm.

229 Tsang, C.-F.; Stephansson, O.; Kautsky, F.; Jing, L.: Coupled THM processes in geological systems and the DECOVALEX project, In: Stephansson, O.; Hudson J. A.; Jing, L. (Hrsg.) Coupled thermo-hydro-mechanical-chemical processes un geo-systems: Fundamentals, modelling, experiments and application, (2004) Elsevier, Oxford , S. 3–16.

230 Alonso, E. E.; Alcoverro J.; Jussila, P.: The FEBEX benchmark test: case definition and comparison of modelling approaches, International Journal Rock Mechanics & Mining Science 42 (2005) S. 611–638.

231 Torres, Elena; Turrero, Maria J.; Moreno, Daniel; Sanchez, Lorenzo; Garralon, Antonio: FEBEX In-situ Test. Preliminares Results of the Geochemical Characterization of the Metal/Bentonite Interface. Procedia Earth and Planetary Science 17 (2017) S. 802–805

232 Kautsky, Hans; Kautsky, Lena; Kautsky, Nils; Kautsky, Ulrik; Lindblad, Cecilia: Studies on the Fucus vesiculosus community in the Baltic Sea. Acta Phytogeographica Suecia 78 (1992) 1, S. 33–48.

233 Nyborg, Karine (and 21 authors): Social norms as solutions. Science. 354 (2016), Heft 6308, S. 42–43. DOI: 10.1126/science.aaf8317

ULRIK KAUTSKY

234 Kautsky, Ulrik; Lindborg, Tobias; Valentin, Jack: Humans and Ecosystems Over the Coming Millennia: Overview of a Biosphere Assessment of Radioactive Waste Disposal in Sweden, AMBIO 42 (2013) S. 383–392.

235 Kautsky, Ulrik, Lindborg, Tobias; Valentin, Jack: A bioshere assesment of high-level radioactive waste disposal in Sweden. Radiation Protection Dosimetry 164 (2015) No. 1–2, S. 103–107. Doi: 10.1093/rpd/ncu 336.

236 Konovalenko L., Bradshaw C. Andersson, E., Kautsky, U.: Application of an ecosystem model to evaluate the importance of different processes and food web structure for transfer of 13 elements in a shallow lake, Journal of Environmental Radioactivity 169–170 (2017) S. 85–97.

237 Valentin, J., Kautsky, U., Lindborg, T. (Eds): Special issue: humans and ecosystems over the coming millennia: A biosphere assessment of radioactive waste disposal in Sweden. AMBIO 42(2013) No. 4.

238 Kautsky, U., Lindborg, T. and Valentin, J.: Humans and ecosystems over the coming millennia: overview of a biosphere assessment of radioactive waste disposal in Sweden. AMBIO 42 (2013) S. 383–392.

239 Erichsen, A. C.; Konovalenko, L.; Møhlenberg, F.; Closter, R. M.; Bradshaw, C.; Aquilonius, K. and Kautsky, U. Radionuclide transport and uptake in coastal aquatic ecosystems: A comparison of a 3D dynamic model and a compartment model. AMBIO 42, 464–475 (2013).

240 Saetre, P.; Valentin, J.; Lageraes, P.; Avila, R.; Kautsky, U.: Land use and food intake of future inhabitants: outlining a representative individual of the most exposed group for dose assessment. AMBIO 42 (2013) S. 488–496.

241 Avila, R.; Kautsky, U.; Ekström, P.-A.; Åstrand, P.-G.,; Saetre, P.: Model of the long-term transport and accumulation of radionuclides in future landscapes. AMBIO 42 (2013) 4, S. 497–505.

242 Bradshaw, C.; Kautsky, U.; Kumblad, L.: Ecological stoichiometry and multielement transfer in a coastal ecosystem. Ecosystems 15 (2012) S. 591–603.

243 Konovalenko, L.; Bradshaw, C.; Kautsky, U.; Kumblad, L.: Radionuclide transfer in marine coastal ecosystems, a modelling study using metabolic processes and site data. J. Environ. Radioact. 133 (2014) S. 48–59.

244 Kumblad, L.; Gilek, M.; Næslund, B.; Kautsky, U.: An ecosystem model of the environmental transport and fate of C-14 in a bay of the Baltic Sea, Sweden. Ecol. Model. 166 (2003) S. 193–210.

245 Kumblad, L.; Kautsky, U.; Næslund, B.: Transport and fate of radionuclides in aquatic environments e the use of

ecosystem modelling for exposure assessments of nuclear facilities. J. Environ. Radioact. 87 (2006) S. 107–129.
246 Sandberg, J.; Kumblad, L.; Kautsky, U.: Can ECOPATH with ECOSIM enhance models of radionuclide flows in food webs? - an example for 14C in a coastal food web in the Baltic Sea. J. Environ. Radioact. 92 (2007), S. 96–111.
247 Sjögren, E.; Wallentinus, I.; Snoeijs, Pauli (Hrsg.): Phycological studies of Nordic coastal waters. A Festschrift dedicated to Prof. Mats Waern on his 80th birthday, ISBN 91-7210-078-8.
248 Kautsky, Hans, „Hasse": Factors structuring phytobenthic communities in the Baltic Sea.-Dissertation, University Stockholm 1988, 29 Seiten + 5 Publikationen.
249 Kautsky, Nils: On the role of blue mussel Mytilus edulis L. in the Baltic ecosystem. - Doctoral Dissertation, 1981, Stockholm University, Sweden.
250 Lüning, Klaus: Meeresbotanik. Verbreitung, Ökophysiologie und Nutzung der marinen Makroalgen, Georg Thieme Verlag Stuttgart-New York, 1985.
251 Pankow, Helmut: Ostsee-Algenflora, Gustav Fischer Verlag Jena, 1990.
252 Braune, Wolfram: Meeresalgen. Ein Farbbildführer zu verbreiteten Grün-, Braun- und Rotalgen der Weltmeere. A.R.G. Gantner Verlag K.G. FL-Ruggell, 2008.
253 Kautsky, Nils; Kautsky, Hans; Kautsky, Ulrik; Waern, Mats: Decreased depth penetration of Fucus vesiculosus (L.) since the 1940's indicates eutrophication of the Baltic Sea. Mar. Ecol. Prog. Ser., 28 (1986) S. 1–8.

HANS „HASSE" KAUTSKY

254 Kautsky, Hans; Snoeijs, Pauli: Baltic Marine Biology (BMB). In: Kautsky, Hans; Snoeijs, Pauli (Hrsg): Biology of the Baltic Sea. Developments of Hydrobiology. Proceedings of the 17th BMB-Symposium 2001; Springer-Dordrecht. Part of the Developments in Hydrobiology book series (DIHY, volume 176).
255 Snoeijs-Leijonmalm; Pauline, Schubert, Hendrik; Radziejewska, Teresa (Hrsg): Biological Oceanography of the Baltic Sea, Springer-Verlag Heidelberg 2017.
256 Kautsky, Hans „Hasse"; Martin, Georg; Snoeijs-Leijonmalm; Pauline: The phytobentic zone, Kapitel 11, S. 387–456. In: siehe 254. In Kautsky, Hans; Snoejis, Pauli (Hrsg.)
257 Kautsky, Hans; Larsson, U.; Elmgren, R.; F. Wul, F.: Eutrophication and the Baltic Sea: Causes and consequences. Ambio 14 (1985) S. 9–14.
258 Kautsky, Hans; Kautsky, Ulrik; Nellbring, S.: Distribution of flora and fauna in an area receiving pulp mill effluents in the Baltic Sea.-Ophelia 28 (1988) S. 139–155.
259 Kautsky, Hans; Van der Maarel, E.: Multivariate approaches to the variation in benthic communities and environmental vectors in the Baltic Sea. Mar. Ecol. hog. Ser. 1990.
260 Kautsky, Hans: Influence of Eutrophication on the Distribution of Phytobenthic Plant and Animal Communities. International Revue ges. Hydrobiology 16 (1991) 3, S. 423–432.
261 Kautsky, Hans: The impact of pulp mill effluents on phytobenthic communities of the Baltic Sea. Ambio 21 (1992) S. 308–313.
262 Kautsky, Hans: Quantitative distribution of sublittoral plant and animal communities in the Baltic Sea gradient. In: Eleftheriou A, Ansell AA, Smith CJ (eds) Biology and ecology of shallow coastal waters. Olsen & Olsen, Fredensborg, 1995, S. 23–30.
263 Kautsky, Hans; Martin, G.; Mäkinen, A.; Borgiel, M.; Vahteri, P.; Rissanen, J. Structure of phytobenthic and associated animal communities in the Gulf of Riga. Hydrobiologia 393 (1999) S. 191–200.
264 Kautsky, Hans: Phytobenthos techniques. In: Eleftheriou A (ed.) Methods for the study of marine benthos, Fourth edition. John Wiley & Sons, Hoboken, NJ, (2013) S. 427–465.
265 Strandmark, Alma; Bring, Arvid; Cousins, Sara A. O.; Destouni, Georgia; Kautsky, Hans; Kolb, Gundula; de la Torre-Castro, Maricela; Hambäck, Peter A.: Climate change effects on the Baltic Sea borderland between land and sea. Ambio 44 (suppl.) (2015) S. 28–38.

LENA KAUTSKY

266 https://www.su.se/profiles/lkaut-1.182142 (Abruf: 01.101.2023)
267 Bergström, L.; Tatarenkov, A.; Johannesson, K.; Jonsson, R. B.; Kautsky, Lena: Genetic and morphological identification of Fucus radicans sp. nov. (Fucales, Phaeophyceae) in the brackish Baltic Sea. Journal of Phycology 41 (2005) 1025–1038.
268 Tatarenkov, A.; Bergström, L.; Jonsson, R. B.; Serrao, E. A.; Kautsky, L.; Johannesson, K.: Intriguing asexual life in marginal populations of the brown seaweed Fucus vesiculosus, Molecular ecology 14 (2005) Nr. 2, S. 647–651.
269 Pereyra Ricardo, T.: Bergström, Lena; Kautsky, Lena; Johannesson, Kerstin: Rapid speciation in a newly opened postglacial environment, the Baltic Sea, BMC evolutionary biology, 2009, S. 970.
270 Johannesson, Kerstin; Johannsson, Daniel; Larsson, Karl H.; Hünchunir, Cecicilia J.; Perus, Jens; Forslund, Helena; Kautsky, Lena; Pereyra, Ricardo T.: Frequent Clonality in Fucoids (Fucus radicans and Fucus vesiculosus; Fugales Phaeophycae) in the Baltic Sea (1); Journal of Phycology 47 (2011) 5, S. 990–998.
271 Johannesson, Kerstin; Forslund, Helena; Capetillo, Nastassja Astrand; Kautsky, Lena, Johansson, Daniel; Pereyra, ricardo T.; Raberg, Sonja: Phenotypic variation ins sexually and asexually recruited individuals of the Baltic Sea endemic macroalga Fucus radicans: in the fiekld and after growth in a common-garden. MBC ecology 2012, S. 122
272 Ardehad, Angelica; Johansson, Daniel; Schagerstrom, Ellen; Kautsky, Lena; Johannesson, Kerstin: Complex spatial clonal structure in the macroalgae Fucus radicans with both sexual and asexual recruitment, Ecology and evolution 5 (2015) Nr. 19, S. 4233–4245.
273 Ardehed, Angelica; Johansson, Daniel; Sundquist, Lis; Schagerstroem, Ellen; Zagrodzka, Zuzanna; Kovaltschouk, Nikolai J.; Bergström, Lena; Kautsky, Lena; Rafajlovic, Marina; Pereyra, Ricardo T.: Divergene within

and among seaweed siblings (Fucus vesiculosus an Fucus radicans) in the Baltic sea. PLoSOne 11(2016) 8, e016126671-e0161266/16.

274 Fritioff, A.; Kautsky, Lena; Greger, M.: Influence of temperature and salinity on heavy metal uptake by submersed plants. Environmental Pollution 133 (2004) Nr. 2, S. 265–274.

275 Eklund Britta T.; Kautsky, Lena: Review on toxicity testing with marine amcroalgae and the need for method standardization-exemplified with copper and phenol. Marine Pollution Bulletin 46 (2003) Nr. 2, S. 171–181.

276 Haglund, Peter; Malmvaern, Anna; Bergek, Sture; Bignert, Anders; Kautsky, Lena; Nakano, Takeshi; Wiberg, Karin; Asplund, Lillemor: Brominated Dibeno-p-Dioxins: A New Class of Marine Toxins? Environment Science & Technology 41(2007) 9, S. 3069–3074.

277 Malmvaern, Anna; Zebuhr, Yngve; Kautsky, Lena; Bergmann, Ake; Nakano, Takeshi, Asplund, Lillemor: Hydroxylated- and methoxlated polybrominated diphenyl ethers and polybrominated dibenzo-p-dioxins in red alga from the Baltic Sea. Organohalogen Compounds 68 (2006) S. 1004–1007.

278 Malmvaern, Anna; Zebuhr, Yngve; Kautsky, Lena; Bergmann, Ake; Asplund, Lillemor: Hydroxylated- and methoxlated polybrominated diphenyl ethers and polybrominated dibenzo-p-dioxins in red alga and cyanobacteria living in the Baltic Sea. Chemosphere 72 (2008) Nr. 6, S. 910–916.

279 Kautsky, L.; Loch C. Andersson (Wibjörn). 2005. Framtagning av en ny Bedömningsgrund för grunda mjukbottensmiljöer i Östersjön- makrovegetation. Rapport till Naturvårdsverket, reviderad 2005-06-19, sid 1–37.

280 Malmvärn, A.; Marsh, G.; Kautsky, L.; Athanasiadou, M.; Bergman, Å.; Asplund, L.. Hydroxylated and Methoxylated Brominated Diphenyl Ethers in the Red Algae Ceramium Tenuicorne and Blue Mussels From the Baltic Sea, Environ. Sci. Technol. 39 (2005) S. 2990–2997.

281 Wikström, S.A., Steinarsdóttir, M.B., Kautsky, L. & Pavia, H.: Increased chemical resistance explains low herbivore colonization of introduced seaweed. Oecol. 148: (2006) S. 593–601.

282 Råberg S. & Kautsky, Lena: Consumer affect prey biomass and diversity through resourse partitioning. Ecology 88 (2007) S. 2468–2473.

283 Råberg S. & Kautsky, Lena: Grazer identity is crucial for facilitation growth of the perennial brown alga Fucus vesiculosus. MEPS 361 (2008) S. 111–118.

284 Hansen, J. P.; Wikström, S. A.; Axemar, H. and Kautsky, Lena: Distribution differences and active habitat choices on invertebrates between macrophytes of different morphological complexity. Aquatic Ecology 45 (2011) S. 11–22.

NILS KAUTSKY

285 https://www.su.se/deep/english/ (Abruf: 1.10.2023)

286 https://beijer.kva.se/ (Abruf: 1.10.2023)

287 Hedberg, N.; Stenson, I.; Nitz Pettersson, M.; Warshan, D.; Nguyen-Kim, H.; Tedengren, M.; Kautsky, N.: Antibiotic use in Vietnamese fish and lobster sea cage farms; implications for coral reefs and human health. Aquaculture (2018), 495, S. 366–375.

288 Holmstrom, Katrin; Graslund, Sara; Wahlstrom, Ann; Poungshompoo, Somlak; Bengtsson, Bengt-Erik; Kautsky, Nils: Antibiotic use in shrimp farming and implications for environmental impacts and human health. International Journal of Food Science and Technology (2003), 38 (3), S. 255–266.

289 Moerk, Erik; Sjoeoe, Gustaf Lillieskoeld; Kautsky, Nils; McClanahan, Tim R.: Top-down and bottom-up regulation of macroalgal community structure on a Kenyan reef From Estuarine, Coastal and Shelf Science (2009), 84 (3), S. 331–336.

290 Gullstrom Martin; de la Torre Castro Maricela; Bandeira Salomao; Bjork Mats; Dahlberg Mattis; Kautsky Nils; Ronnback Patrik; Ohman Marcus C.: Seagrass ecosystems in the Western Indian Ocean. Ambio (2002), 31 (7–8), S. 588–596.

291 Ronnback Patrik; Bryceson Ian; Kautsky Nils: Coastal aquaculture development in eastern Africa and the Western Indian Ocean: prospects and problems for food security and local economies. Ambio (2002), 31 (7–8), S. 537–542.

292 Kiibus, Martina; Kautsky, Nils: Respiration, nutrient excretion and filtration rate of tropical freshwater mussels and their contribution to production and energy flow in Lake Kariba, Zimbabwe. Hydrobiologia (1996), 331 (1–3), S. 25–32.

293 Berg, Haakan; Kiibus, Martina; Kautsky, Nils: Heavy metals in tropical Lake Kariba, Zimbabwe. Water, Air, and Soil Pollution (1995), 83 (3–4), S. 237–252.

294 Hogstedt C; Ahlbom A; Aragon A; Castillo L; Kautsky N; Liden C; Lundberg I; Sundin P; Tedengren M; Thorn A; et al: Experiences from long-term research cooperation between Costa Rican, Nicaraguan, and Swedish Institutions. International journal of occupational and environmental health (2001), 7 (2), S. 130–135.

295 Bjork, Mikael; Gilek, Michael; Kautsky, Nils; Naf, Carina: In situ determination of PCB biodeposition by Mytilus edulis in a Baltic coastal ecosystem. Marine Ecology: Progress Series (2000), 194, S. 193–201.

296 Wikstroem, Sofia A.; Hedberg, Nils; Kautsky, Nils; Kumblad, Linda; Ehrnsten, Gustafsson; Bo; Humborg, Christoph; Norkko, Alf; Stadmark, Johanna: Letter to Editor regarding Kotta et al. 2020: Cleaning up seas using blue growth initiatives; Mussel farming for eutrophication control in the Baltic Sea. Science of the Total Environment (2020), 727, 138665. DOI:10.1016/j.scitotenv.2020.138665.

297 Ronnback Patrik; Kautsky Nils; Pihl Leif; Troell Max; Soderqvist Tore; Wennhage Hakan: Ecosystem goods and services from Swedish coastal habitats: identification, valuation, and implications of. Ambio (2007), 36 (7), S. 534–544.

298 Naylor, Rosamond L.; Goldburg, Rebecca J.; Primavera, Jurgenne H.; Kautsky, Nils; Folke, Carl; Lubchenco, Jane; Mooney, Harold; Troell, Max: Effect of aquaculture on world fish supplies. Nature (London) (2000), 405 (6790), S. 1017–1024.

299 Nyborg, Karine; Anderies, John M.; Dannenberg, Astrid; Lindahl, Therese; Schill, Caroline; Schlueter, Maja; Adger, W. Neil; Arrow, Kenneth J.; Barrett, Scott; Carpenter, Stephen; et al: Social norms as solutions. Science (2016), 354 (6308), S. 42–43.
300 Walker, Brian; Barrett, Scott; Polasky, Stephen; Galaz, Victor; Folke, Carl; Engstrom, Gustav; Ackerman, Frank; Arrow, Ken; Carpener, Stephen; Chopra, Kanchan; et al: Looming global-scale failures and missing institutions. Science (2009), 325 (5946), S. 1345–1346.
301 Daily, Gretchen; Dasgupta, Partha; Bolin, Bert; Crosson, Pierre; Du Guerny, Jacques; Ehrlich, Paul; Folke, Carl; Jansson, Ann Mari; Jansson, Bengt-Owe; Kautsky, Nils; et al: Food production, population growth, and the environment. Science (1998), 281 (5381), S. 1291–1292.
392 Primavera, Jurgenne; Clay, Jason; Kautsky, Nils; Naylor, Rosamond; Folke, Carl; Beveridge, Malcolm; Goldburg, Rebecca; Lubchenco, Jane; Mooney, Harold; Williams, Meryl: Shrimp and salmon farming. Science (1999), 283 (5402), S. 639–640.
303 Beveridge, Malcolm; Goldburg, Rebecca; Naylor, Rosamond; Williams, Meryl; Clay, Jason; Folke, Carl; Kautsky, Nils; Lubchenco, Jane; Mooney, Harold; Primavera, Jurgenne: Shrimp and salmon farming. Response. Science (1999), 283 (5402), S. 639–640.
304 Naylor, Rosamond L.; Goldburg, Rebecca J.; Mooney, Harold; Beveridge, Malcolm; Clay, Jason; Folke, Carl; Kautsky, Nils; Lubchenco, Jane; Primavera, Jurgenne; Williams, Meryl: Policy forum: ecology. Nature's subsidies to shrimp and salmon farming. Science (1998), 282 (5390), S. 883–884.
305 Schröter, Tim (Hrsg): The future of fish- the fisheries of the Future,. Aquakultur-Proteinlieferant für die Welt, WOR2, Kap. 4/2013.
306 Troell, Max; Naylor, Rosamond L.; Metian, Marc; Beveridge, Malcolm; Tyedmers, Peter H.; Folke, Carl; Arrow, Kenneth J.; Barrett, Scott; Crepin, Anne-Sophie; Ehrlich, Paul R.; et al: Does aquaculture add resilience to the global food system? Proceedings of the National Academy of Sciences of the United States of America (2014), 111 (37), S. 13257–13263.
307 Troell, M.; Ronnback, P.; Halling, C.; Kautsky, Nils; Buschmann, A.: Ecological engineering in aquaculture: use of seaweeds for removing nutrients from intensive mariculture. Journal of Applied Phycology (1999) 11 (1), 89–97.
308 Buschmann, Alejandro H.; Troell, Max; Kautsky, Nils; Kautsky, Lena: Integrated tank cultivation of salmonids and Gracilaria chilensis (Gracilariales, Rhodophyta). Hydrobiologia (1996), 326/327, S. 75–82.
309 Tedengren, Michael; Arner, Marie; Kautsky, Nils: Ecophysiology and stress response of marine and brackish water Gammarus species (Crustacea, Amphipoda) to changes in salinity and exposure to cadmium and diesel oil. Marine Ecology: Progress Series (1988), 47 (2), S. 107–16.
310 Kautsky, Nils; Kautsky, Lena: The Baltic Sea, including Bothnian Sea and Bothnian Bay. Chapter 8. In: Charles Sheppard (Hrsg): Seas at The Millenium: An Environmental Evaluation, Elsevier Science Ltd., Volume I, 2000.
311 Kautsky, Nils; Wallentinus, I.: Nutrient release from a Baltic Mytilus – red algal community and ist role in benthic and pelagic productivity. Ophelia (Suppl. 1) 1980, S. 17–30.
312 Kautsky, Nils: On the tropic role of the blue mussel (Mytilus edulis) in a Baltic coastal ecosystem and the fate of the organic matter produced by the mussels. Kieler Meeresforschungen, Sonderheft 5 (1981), 454–461.
313 Kautsky, Nils: Growth and size structure in a Baltic Mytilus edulis L. population. Marine Biology 68 (1982) S. 117–133.
314 Gilek, Michael; Bjoerk, Mikael; Broman, Dag; Kautsky, Nils; Naef, Carina: Enhanced accumulation of PCB congeners by Baltic Sea blue mussels, Mytilus edulis, with increased algae enrichment. Environmental Toxicology and Chemistry (1996), 15 (9), S. 1597–1605.

Abbildungsverzeichnis

Abb. 127 https://www.google.com/search?q=The+Baltic+Marine+Biologists (Ausschnitt, Abruf: 09.09.2018)

Abb. 128 https://www.google.com/search?q=Biology+of+the+Balticsea (Abruf : 09.09.2018)

Abb. 129, 136 Foto privat: Prof. Dr. Hendrik Schubert, Rostock.

Abb. 130, 131, 132, 133, 134, 135 © Hans „Hasse" Kautsky.

Abb. 137 170929 KRPR PRE Askölaboratoriet 01 foto Kungahuset.se.jpg (Abruf: 09.09.2018).

Abb. 138 https://en.wikipedia.org/wiki/Fucus_radicans. © Lena Bergstrom, Swedish Board of Fisheries.

Abb. 139 https://www.google.com/search?q=Lena+Kautsky © Lena Kautsky.

Abb. 140 www.azote.se/image/fucus-vesiculosus/fucus vesiculosus/2809/61?lang=en (Abruf: 10.09.2018).

Abb. 141 gezeichnet: L. Beyer.

Abb. 142 https://www.su.se/deep/english/ (Abruf: 27.09.2018).

Abb. 143 Science (1998), 282 (5390), S. 883.

Abb. 144 www.imr.no/filarkiv/kopi_av_filarkiv/.../Kautsky.../e

Abb. 145 Foto: Nils Kautsky.

Abb. 146 https://www.google.com/search?q=Miesmuschel+Ostsee&client=firefo. Summerfeeling.de

TEIL 2

Rainer Behrends

Die bildenden Künstler der Familie Kautsky

JOHANN BAPTIST WENZEL KAUTSKY

(Jan Baptista Vaclav Kautsky, *1827 in Prag; †1896 in St. Gilgen)

Herkunft und Entwicklung von Johann Baptist Wenzel Kautsky

Die Zahlen, die in diesem Beitrag hinter den Namen stehen, beziehen sich auf die Zuordnung der Personen im Stammbaum auf S. 10

Johann Baptist Wenzel Kautsky **3** (fortan Johann Kautsky) kam am 14. September 1827 auf der Kleinseite in Prag im Haus Nummer 325 im Kirchensprengel von St. Nikolaus auf die Welt[1]. Er ist der Sohn des Schneidermeisters Wenzel Kautsky (geb. 1793, Sterbejahr unbekannt) und der Josepha Samler, verwitwete Jauris (geb. 1787, gest. 1863). Johann Kautsky hatte aus der ersten Ehe seiner Mutter zwei ältere Schwestern, Johanna (*1821) und Karoline (*1823). Seine Großeltern waren Georg Kautsky (Maurer in Krjnetz) und Katharina, geborene Hartmann, Tochter des k. k. „Gubernialthürstehers" Johann Sammler und seiner Ehefrau Ewa, geborene Rosenzak. Der Vater Wenzel Kautsky kam als Arbeit suchender Schneidergeselle auf der Wanderschaft nach Prag und fand Anstellung bei der verwitweten Schneiderin Jauris, heiratete diese später und übernahm Haus und Werkstatt. 1827 wurde der gemeinsame Sohn Johann Baptist Wenzel geboren. Die Ehe der Eltern war nicht glücklich. Sie trennten sich, konnten allerdings, da katholisch getraut, nicht geschieden werden.[2] Die Mutter blieb mit dem Sohn in Prag und behielt das Haus, der Vater zog aufs Land, erwarb ein Grundstück und bewirtschaftete es mit einer Magd. Auf seinem Anwesen befand sich ein Kalksteinbruch. Das gewonnene Material wurde zu Kalk (Calciumoxid) gebrannt, dieser zu Löschkalk (Calciumhydroxid) verarbeitet und daraus Kalkmörtel hergestellt. Jener war seinerzeit ein wichtiger Grundstoff für das Bauen und wurde dringend benötigt. So war die Kalkbrennerei für Wenzel Kautsky ein sehr einträgliches Geschäft und er wurde vermögend. Für seinen Sohn plante er, dass dieser das Gymnasium besuchen und eine höhere Bildung erhalten sollte. Der Vater wünschte für ihn eine gesicherte Zukunft als k. u. k. Beamter. Johann Kautsky war jedoch ein schlechter Schüler und nicht besonders strebsam. Dafür liebte er die Natur, beobachtete und skizzierte unablässig Entdeckungen am Wegesrand und am Himmel. Eines Tages zeigte seine Mutter, welche das künstlerische Talent erkannte, die Zeichnungen dem Landschaftsmaler Maximilian Haushofer, der 1844 aus Wien nach Prag an die Kunstakademie berufen worden war. Dieser wiederum gab sie an seinen Schwager, den Historienmaler und Direktor der Kunstakademie Prag, Christian Ruben weiter und schlug vor, den 17-jährigen Johann Kautsky an der Kunstakademie als Student aufzunehmen. Tatsächlich wurde er 1844 immatrikuliert. Nach mehreren Studienjahren in Prag ging er 1847 oder 1848 nach Düsseldorf an die Kunstakademie. Spätestens 1852 kehrte er von dort in seine Heimatstadt Prag zurück. Ab dann wurde sein Interesse für das Theater sichtbar. Er versuchte sich als Schauspieler am „Nikolaustheater", einem privaten Laientheater in der Prager Altstadt. Hauptsächlich aber war er gemeinsam mit dem Theatermaler und Beleuchtungsinspektor am „Ständetheater" Anton Peter Jaich[3] **1** (1804–1875) und dem Landschaftsmaler Eduard Herold (1820–1895)[4] für die Ausstattung von Theaterstücken tätig.

Abb. 1
Johann Baptist Wenzel Kautsky Fotografie, o. J. Familienalbum, Repro Felix Clemens Kautsky

Abb. 2
Minna Kautsky
Fotografie, o. J.
Familienalbum, Repro
Felix Clemens Kautsky

Die Ehefrau Minna Kautsky[5]

Die 1837 in Graz geborene Wilhelmina Eleonore Anna **4**, genannt Minna, war Schauspielerin. Sie trat schon als Vierzehnjährige (ohne Wissen ihrer Eltern) am Niklaustheater und am Ständetheater in Prag in Knabenrollen und als „junge Liebhaberin" auf. Die Familie war mehrfach umgezogen und erst seit 1844 in Prag ansässig. Zuvor hatte Minna nur ein Jahr eine Schule besucht. Sie las aber viel, sprach Italienisch, Französisch und Englisch fließend, Tschechisch hingegen nur mangelhaft. Johann Kautsky traf die junge Schauspielerin am Theater, sie verliebten sich und heirateten am 18. Januar 1854 gegen den Willen seiner Eltern, die das Paar weder finanziell noch sonst unterstützten. Minna Kautsky war damals in Olmütz engagiert, aber kurz vor der Geburt des ersten Sohnes, Karl **10** (*16.10.1854), wurde ihr dort gekündigt. Neben dem Erstgeborenen brachte sie noch zwei weitere gemeinsame Söhne und eine Tochter zur Welt. Zwischen 1859 und 1861 ist sie an den Hoftheatern von Sondershausen, Mecklenburg-Strelitz und Güstrow engagiert. Ihren Erfolg belegt auch das Engagement im Dezember 1861, als sie im Nationaltheater Prag in einer tschechischen Aufführung von Goethes „Faust" auftrat. An Tuberkulose erkrankt, musste Minna Kautsky 1862 ihren Beruf aufgeben und von der Bühne abgehen. Zur selben Zeit ist Johann Kautsky wesentlich an den Innenarbeiten für das Interimstheater beteiligt, das in Vorbereitung für das künftige Nationaltheater in Prag errichtet wurde. Er plante und entwarf den Grundbestand an Bühnendekorationen und hoffte, zum „tschechischen Landestheatermaler" ernannt zu werden. Die Ausschreibung für diese Anstellung wurde jedoch um zwei Jahre auf 1864 verschoben. So nahm er 1862 das Angebot vom Intendanten des Wiener Hofburgtheaters Heinrich Laube an, als „Hoftheatermaler" mit einer Jahresgage von 2000 Gulden und Möglichkeiten für Nebenverdienste zu arbeiten und zog mit der Familie von Prag nach Wien.[6]

Hoftheatermaler und privater Unternehmer Johann Baptist Wenzel Kautsky

Minna Kautsky schrieb über diese Zeit in ihrer autobiographischen Skizze: „Sein Talent hatte sich Bahn gebrochen"[7] und ihr Sohn Karl erinnert sich: „Damit wurde über Nacht mein Vater aus einem armen Schlucker zu einem Hoftheatermaler. Eine neue Lebensbasis war gefunden... und sie stiegen auf in den Bereich eines soliden bürgerlichen Wohlstands."[8] Bereits zwei Jahre nach seiner Ankunft in Wien wurde Johann Kautsky 1864 auf Einladung des Wiener Hoftheatermalers Carlo Brioschi (1826–1895) Partner an dessen Privatatelier. Mit dem Bühnenbild- und Hoftheatermaler Hermann Burghart (1834–1901) kam (wahrscheinlich 1866) ein dritter Teilhaber dazu, nachdem dieser kurz zuvor an der Hofoper angestellt worden war. Als „Brioschi, Burghart und Kautsky k. k. Hoftheatermaler in Wien" war das „Consortium" in nahezu vier Jahrzehnten äußerst erfolgreich. Stetig erweiterte es sich um zahlreiche Mitarbeiter, wie Künstler, Kunsthandwerker, Handwerker vieler Spezialgebiete, Dekorateure und andere. Zudem bildete das „Consortium" Mitarbeiter und Künstler aus, darunter auch den später berühmten Jugendstilkünstler Alfons Mucha. Johann Kautsky übernahm mit der Zeit die Abwickelung der Geschäftstätigkeit. Er schränkte seine eigene gestalterische Arbeit für Bühne und Theatergebäude ein, wurde Geschäftsführer des „Consortiums", war ein Unternehmer geworden. Ein Jahr nach der Katastrophe des Ringtheaterbrandes, einer der größten Brandkatastrophen des 19. Jahrhunderts in Österreich-Ungarn, gründete er 1882 mit dem Architekten Franz Roth und dem Ingenieur Robert Gwinner die „ASPHALEIA", eine Gesellschaft zur Verbesserung der Sicherheit im Theater.

In seinem 61. Lebensjahr, 1888, konnte er die für ihn erbaute Villa „Kotzian" in St. Gilgen, einem beliebten Ferienort am Wolfgangsee im Salzburgerland beziehen, den bereits seit vielen Jahren seine Frau Minna bevorzugte. 1892 beendete Johann Kautsky seine Tätigkeit für das „Consortium". Er zahlte die Teilhaber aus, löste die Firma auf, ging in den Ruhestand und übergab alles als Familieneigentum seinen Söhnen Hans und Fritz. Diese gründeten mit dem Maler Francesco Angelo Rottonara (1848-1938) das Unternehmen „Kautskys Söhne und Rottonara". Am 2. September 1896 starb Johann Kautsky in der österreichischen Gemeinde St. Gilgen.

In der „Salzburger Chronik für Stadt und Land" wurde am Freitag, den 4. September 1896 berichtet: „Mittwoch um 8 Uhr abends verschied nach kurzem Leiden im 69. Lebensjahr Hr. Johann Kautsky, k. k. Hoftheater-Maler. Die Beisetzung fand heute Freitag um 5 Uhr Nachmittages in St. Gilgen durch Straßer's Leichenbestattungs-Anstalt statt."[9]

Minna Kautsky gibt in ihrem Namen wie im Namen ihrer Kinder schmerzerfüllt Nachricht von dem Ableben ihres innigstgeliebten, unvergesslichen Gatten, resp. Vaters, Schwiegervaters und Grossvaters, des Herrn

Johann Kautsky

Hoftheatermalers,

welcher Mittwoch den 2. d. M. um 8 Uhr Abends im 69. Lebensjahre nach kurzem Leiden sanft und ruhig entschlafen ist.

Die Beisetzung des theuren Todten findet in St. Gilgen am 4. d. M. um 5 Uhr Nachmittags statt.

ST. GILGEN, am 3. September 1896.

Abb. 3 Todesanzeige für Johann Kautsky, Salzburger Chronik, 3. September 1896

Die Karriere von Minna Kautsky

Die Familie von Johann Kautsky zog im Frühjahr 1863 nach Wien um. Hier erhielten die Kinder fortan einen Hauslehrer. Die Mutter fand einen Arzt, der aktuelle Methoden zur Behandlung der Tuberkulose einsetzte. Dieser verordnete Minna Kautsky Liegekuren bei frischer Luft, ausreichende und gesunde Ernährung, vor allem aber unbedingte Schonung. Die Genesung wurde zwar 1864 durch die Geburt des dritten Sohnes Hans Josef Wilhelm **8** verzögert, doch sie erholte sich langsam. Dazu trugen auch die Sommermonate bei, die sie in waldreicher Gegend verbringen konnte. Minna Kautsky nutzte die Zeit mit Lesen und autodidaktischen philosophischen Studien. Allerdings fehlten ihr gesellschaftliche Kontakte. Als 1873 ihre Tochter Maria Wilhelmine (1856–1949) heiratete, schloss sich Minna immer enger ihrem ältesten Sohn Karl an. Beide widmeten sich dem Studium des damals hochaktuellen Darwinismus, lasen die Schriften von Charles Darwin und Ernst Haeckel. Karl Kautsky trat der Sozialdemokratischen Arbeiterpartei (SDAP) bei und widmete sich begeistert den sozialistischen Ideen von Karl Marx. Minna Kautsky begann zu schreiben, zuerst Zeitungsartikel, später Erzählungen, Romane und Theaterstücke, stets über soziale Themen und zu Frauenfragen der Arbeiterschaft. Ihre Romane waren kolportagehaft und ähnelten in Stil und Charakter den seinerzeit viel gelesenen Werken von E. Marlitt (= F. H. Chr. Eugenie John, 1825–1887), weshalb sie von der zeitgenössischen Kritik als „Rote Marlitt" tituliert wurde. 1885 trat sie dem Wiener Schriftsteller- und Künstlerverein bei und war kurzzeitig dessen Präsidentin. Zu ihren Werken gehören „Herrschen und Dienen" (1882) und „Die Alten und die Neuen" (1894). Gemeinsam mit Sohn Karl schrieb sie ein Drama, welches mit einer Ausstattung von Johann Kautsky aufgeführt wurde. Nachdem die Familie nach St. Gilgen umgezogen war, schuf sie sich in der Villa „Kotzian" ein Zentrum eines geselligen Kreises, zu dem unter anderen auch die Dichterin Marie von Ebner-Eschenbach gehörte.

Über ihren Sohn Karl war Minna Kautsky mit den führenden Sozialdemokraten Wilhelm Liebknecht, Rosa Luxemburg und Franz Mehring befreundet. Sie besuchte 1885 Friedrich Engels in London. Karl Kautsky war mit diesem und Karl Marx bekannt, wurde Chefredakteur der Zeitschrift der II. Internationalen, der „Neue Zeit" und verfolgte eine politische Karriere, die ihn über Deutschland, Wien bis nach Amsterdam führte, wo er 1938 starb. 1904, acht Jahre nach dem Tod ihres Ehemannes, war Minna Kautsky zu ihrem Sohn Karl nach Berlin gezogen, später dort in eine eigene Wohnung. Sie verstarb am 20. Dezember 1912. Die Schauspielerin und Schriftstellerin hinterließ zahlreiche Werke, welche Anerkennung erlangten. Seit 1997 verleiht das Frauenreferat der Stadt Graz ihr zu Ehren den „Minna Kautsky Literaturpreis".

Abb. 4
Minna Kautsky, vor 1893, Fotografie, Ludwig (1827–1879) oder Victor Angerer (1839–1894), Wien

Johann Kautsky, Landschaftsmaler – Studium, Lehrer und Kollegen

1844 oder wahrscheinlicher 1845 wurde Johann Kautsky an der Akademie Prag unter dem Rektorat des Historienmalers Christian Ruben (1805–1875)[10] in dessen Klasse für figürliche Studien in Zeichnen und Komposition aufgenommen. Er wechselte 1847 in die Klasse für Landschaftsmalerei von Maximilian (Max) Haushofer (1811–1866)[11]. Drei Jahre später, nach Absolvierung der Kunstakademie Prag, ging Johann Kautsky nach Düsseldorf an die Kunstakademie, um dort in der Klasse von Johann Wilhelm Schirmer (1807–1863)[12] weiter zu studieren. Von allen Lehrerpersönlichkeiten war Max Haushofer sicher der prägendste, nicht nur für Johann Kautsky.

Max Haushofer besuchte 1828 ein erstes Mal die Fraueninsel im Chiemsee, die früher Frauenwörth genannt wurde. Er war bezaubert von der unberührt scheinenden Landschaft und begann direkt „vor Ort" zu zeichnen und zu malen, begeisterte damit in München andere Maler. 1829 pilgerten erste von ihnen auf die Insel und gründeten etwa zeitgleich mit der sog. „Schule von Barbizon" die „Künstlerkolonie Chiemsee" mit dem Ziel, in der Freiheit der Natur zu arbeiten. Sie nannten sich „Pleinairisten", Freilichtmaler, angezogen von den besonderen Lichtstimmungen auf der Insel und dem Chiemsee. Seine Schüler führte Max Haushofer regelmäßig zu Ferienexkursionen auf die bald international bekannte Insel und in die Künstlerkolonie. Er regte sie zu intensiven Natur- und Himmelsbeobachtungen in Zeichnung oder Aquarell an, auch zu Ölstudien für Gemälde, die dann im Atelier vollendet wurden. Es ist unbekannt, ob Gemälde direkt im Freilicht vollendet wurden. Max Haushofers Gemälde zeigen hohe klare Himmel mit hellen Wolkenformationen vor den Bergen der Voralpen und des Hochgebirges. Sie sind getragen von einem unaufgeregt ruhigen Lebensgefühl.

Fast alle bekannten böhmischen Landschaftsmaler der damaligen Zeit waren in den zwanzig Jahren seiner Lehrtätigkeit in Prag Schüler von Max Haushofer. So auch Adolf Kosárek (1830–1859)[13], der unter ihnen der bedeutendste ist. In seinen Gemälden vollzog er den Übergang von einer romantischen, symbolisch geprägten zur realistischen Landschaft, die er unmittelbar wiedergeben wollte. Seine Schaffensweise unterscheidet sich grundlegend von der anderer Haushofer-Schüler. Ihn interessierten vor allem Landschaften vor und nach Gewittern, bei Regen und Sturm oder bei Anbruch der Nacht. Er schuf keine Skizzen von Naturbeobachtungen oder Naturerlebnissen, seine Gemälde entstanden rein aus der Erinnerung und sind zumeist von monumentalen, oft barock zu nennendem Charakter.

Abb. 5
Max Haushofer
Sommerlandschaft am Chiemsee, um 1858
Öl auf Leinwand
Prag, Nationalgalerie

Abb. 6
Johann Wilhelm Schirmer
Felswand mit Bäumen und Gestrüpp, o. J.
Staatliche Kunsthalle Karlsruhe

Abb. 7
Johann Kautsky
Blick auf den Hradschin am Morgen, o. J.
Öl auf Leinwand
42 x 57 cm
Nationalgalerie Prag

Abb. 8
Johann Kautsky
Hrad Zvikov (Burg Klingenberg), o. J.

Johann Kautsky – Ein führender tschechischer Maler

Johann Kautsky hat sich bereits als Student in der Landschaftsklasse von Max Haushofer ab 1847 mit eigenen Arbeiten an öffentlichen Ausstellungen beteiligt und wahrscheinlich bis 1894 kontinuierlich in Prag und in Wien ausgestellt. In Prag beschickte er die regelmäßig stattfindenden „Krasoumna jetnota" („Schöne Einheit")[14], ebenso die „Ausstellungen der Gesellschaft patriotischer Kunstfreunde"[15], später in Wien die Ausstellungen des österreichischen Kunstvereins (ab 1854) und die des Künstlerhauses in den Jahren 1872, 1888, 1890, 1892 und 1894. Über Ausstellungskataloge, Berichte und Kritiken sind eine große Anzahl von Werkbezeichnungen und ihre Entstehungszeiten bekannt. Da aber in den überlieferten Publikationen keine Abbildungen veröffentlicht wurden, ist eine Zuordnung der erhaltenen Originale nicht möglich. Nur für wenige Bilder kann eine Übereinstimmung von Ausstellungstitel und erhaltenem Gemälde als wahrscheinlich angenommen werden. So identifiziert beispielsweise der Theaterhistoriker Borivoj Srba (1931–2014) für die fünfziger Jahre des 19. Jahrhunderts eine Reihe von Titeln aus Böhmen und dem Mittelgebirge – darunter eine „Abendlandschaft" (1858) und eine „Mittelgebirgslandschaft nach dem Gewitter" (1858). Oft handelt es sich dabei um Ortsansichten, wie „Partie aus Reichstadt in Böhmen" (1863), um veduten artige Bilder, so „Dorflandschaft aus dem nördlichen Böhmen" (1863) oder um landschaftliche Stimmungen, wie „Landschaft im Morgennebel" (1857) und „Partie bei Budweis, mittags" (1858). Manchmal erlauben Abbildungen konkreter Objekte eine Bestimmung, etwa die „Hütte bei Mürzzuschlag" (1874) und der „Verfallene Kreuzgang in der Burg Klingenberg" (1872). Aber auch ohne Zuordnung der Bildtitel, ist der Wert der Gemälde von Johann Kautsky bedeutend und bisher zu wenig erforscht.

„Dank seinen attraktiven Motiven... [und ihrer malerischen Qualität, R. B.] fanden sie [die Gemälde] guten Absatz und wurden zur Zierde vieler... Privatsammlungen... Zu Beginn der sechziger Jahre [des 19. Jahrhunderts] galt Kautsky als einer der führenden tschechischen Maler" urteilt etwa Borivoj Srba[16].

Zum Œuvre

Beeindruckend sind auch die Gemälde, welche Prager Motive wiedergeben, so „Hrad Zvikov" (Abb. 8), welches wahrscheinlich als das in der Wiener Jahresausstellung 1872 gezeigte Bild „Verfallener Kreuzgang in der Burg Klingenberg" bezeichnet werden kann[17]. Auch eine Zeichnung im Skizzenbuch Nr. 4, Blatt 21 steht vermutlich damit in Verbindung. Das Gemälde „Pohled na Hradčny za jitra" (Blick zum Hradschin am Morgen, Abb. 7) überzeugt als ein Panoramabild in der Definition des Begriffes als „Bild mit besonders erweitertem Betrachtungswinkel in der Horizontalen" und ist eine stimmungsvolle Landschaft im Lichte eines frühen Morgens. Den Blicken der beiden Personen, die von einer Baumgruppe eingerahmt werden, zeigt sich das genau gegenüberliegende Gebäudeensemble des Hradschin in nachgerade barocker Grundhaltung und einer Gliederung vom Vordergrund in detailreicher Nahsicht über Mittel- bis zum morgendlich aufleuchtenden Hintergrund.[18] Hochgebirgslandschaften, Felsformationen und Gesteinsbrocken, Waldmotive mit Durchblicken aus dem dämmerigem Dunkel dichten Forstes oder das streifig lichtdurchflutete Waldesinneres im Frühling, oft als Teil einer Bilderzählung mit Staffagefiguren, auch märchenhaften Charakters, sind wiederkehrende Elemente in Gemälden Johann Kautskys. Vielfach kombiniert er diese mit Baumgruppen bei stets bewegten Himmeln.

In seiner „Landschaft mit Wasserfall" (Abb. 9) beschreibt Johann Kautsky stimmungsvoll das gewaltige Bergmassiv und die bedeutende Höhe der Felswand, über die das Wasser frei herabstürzt, um dann in tieferer Lage auf den Fels zu treffen und als lebhafter Bach weiter zu Tal zu fließen. Die beiden winzig erscheinenden Menschen, Mann und Frau, beim ersten Blick auf das Gemälde kaum wahrnehmbar, lassen den Betrachter die Großartigkeit und Gewalt des Bergmassivs erahnen und die Verlorenheit und Gefährdung der Menschen nachempfinden. In der klassizistischen Landschaftsmalerei von Josef Anton Koch bis Ludwig Richter ein wiederkehrendes Motiv.

Abb. 9
Johann Kautsky
Landschaft mit Wasserfall, 1857
Öl auf Leinwand
100 x 141 cm

Abb. 10
Johann Kautsky
Gebirgslandschaft nach dem Gewitter mit Regenbogen, o. J.
Öl auf Leinwand
88 x 125 cm

Abb. 11
Johann Kautsky
Aulandschaft mit Storch, 1852
Öl auf Leinwand
121 x 142 cm

Abb. 12
Johann Kautsky
Feierliche Prozession, o. J.
Öl auf Leinwand
75,5 x 109 cm

Abb. 13
Johann Kautsky
Sommer, heimkehrende Mägde mit Heufuder, o. J.
Öl auf Leinwand

Abb. 14
Johann Kautsky
Rast beim Schloss, 1860er Jahre
Öl auf Leinwand
61,5 x 52,5 cm

Abb. 15
Johann Kautsky
Ein Sommertag, o. J.
Öl auf Holz
36,5 x 47,5 cm

Abb. 16
Johann Kautsky
Sommerabend, 1856
Öl auf Leinwand
64 x 84 cm

Abb. 17
Johann Kautsky
Idylle am Stadtgraben, 1864
Öl auf Karton
24 x 32,5 cm
rückseits Widmung und eigenhändig betitelt

Abb. 18
Johann Kautsky,
Waschende Mägde am Brunnen vor der Stadt, o. J.
Öl auf Leinwand
63 x 75 cm

Die „Gebirgslandschaft nach dem Gewitter mit Regenbogen" (Abb. 10) zeigt eine Landschaft, nachdem ein Gewitter vorübergezogen ist. Dunkle Wolkenfetzen künden noch davon, den Himmel beherrschen gewaltige Wolkenformationen, von rechts bricht erstes Sonnenlicht ins Bild und lässt die zweifarbige Felsformation golden aufleuchten. Tänzerskulpturen gleich stehen einzelne Bäume hoch oben darauf. Felsbrocken im Halblicht grenzen die Darstellung nach vorn ab und lenken die Blicke der Betrachter in die Tiefe der Landschaft zu einem See, an dessen Ufer vereinzelte Häuser und Bäume stehen. Silhouettenartig schließt eine Gebirgskette die Szenerie nach hinten ab. Am rechten Bildrand im streifigen Licht ist ein weiterer Gebirgsstock zu sehen. Dramatische Momente und Ruhe nach dem Gewitter sind die Pole des Bildes.
Lichtstimmungen des Tages – volles Licht am Mittag, tiefer stehende Sonne am späten Nachmittag, verhangenes Licht bei dichter werdender Bewölkung – bestimmen den friedvollen, harmonischen Charakter der Gemälde von Johann Kautsky. Er schildert in ihnen ein unbeschwertes naturverbundenes Leben in ländlicher Umgebung, abseits der Stadt. Obwohl die malerische Ausführung oft vermuten lässt, es handele sich um Freilichtmalereien, sind die Gemälde im Atelier ausgeführt. Johann Kautsky verdankt sein Können der eingehenden Beobachtung von Motiven im Lichte der Natur, die er unter anderem als Schüler von Max Haushofer trainierte.
Gemälde von Johann Kautsky haben gelegentlich märchenhafte Züge, wie die „Rast beim Schloss" (Abb. 14). Sie sind biedermeierlich anmutende Schilderungen eines selbstgenügsam stillen und bescheidenen Lebens in geruhsamer Zurückgezogenheit, weit abseits von Problemen der Zeit und des Alltags. Sie sind Idyllen. Beispiele geben „Ein Sommertag" (Abb. 15), der „Sommerabend" (Abb. 16) und „Idylle am Stadtgraben" (Abb. 17). Ruhe und Frieden herrschen allseits, die Arbeit bleibt Mägden überlassen, Burschen kehren von der Wanderschaft nach der heimatlichen Stadt zurück.
Zahlreiche Gemälde werden durch Staffagefiguren oder -gruppen belebt. Diese gehören zwar ursächlich nicht zum Gegenstand der Bilder, sind aber auch keine bedeutungslose Dekoration, sondern erzählerische und schmückende Elemente. Dargestellt werden Dienstmägde in folkloristischer Kleidung bei hauswirtschaftlichen Arbeiten. Es werden Jünglinge, vielleicht Knechte, auf der Rückkehr von der Feldarbeit oder der Heimkehr von der Wanderschaft in die Kompositionen eingebaut oder auch ältere, bürgerliche Paare in ruhiger, gemütlicher Sonntagsstimmung.
Johann Kautsky zeigte fünfzig Jahre lang (1844–1894) kontinuierlich seine Werke in Kunstausstellungen. Dabei lässt sich anhand von Datierungen feststellen, dass die Mehrzahl heute bekannter Gemälde bis 1863 entstanden, das heißt in jenen Jahren, in denen er freischaffend tätig war und angewiesen auf den Verkauf seiner Werke zur Ernährung der Familie. Mit seiner Anstellung als Hoftheatermaler in Wien änderten und verbesserten sich die finanziellen Umstände. Zwischen 1864 und 1889 führte sein Wirken im „Consortium" zur Konzentration auf die Bühnenarbeit, besonders seit er es übernahm, die Arbeiten und Aufträge zu koordinieren. Nach der allmählichen Auflösung der Werkstattgemeinschaft, welche offiziell 1889 ihre Tätigkeit beendete, scheint es so, als habe sich Johann Kautsky erneut der Malerei zugewandt. Leider war es nicht möglich, Originalarbeiten aus dieser Zeit nachzuweisen. Eine Abbildung in der Zeitschrift „Die Gartenlaube", in der Kunstbeilage im Heft 6 von 1899, zeigt ein Gemälde mit dem Titel „Osterfrieden" (Abb. 20).
Es ist ein Gartengrundstück links und rechts einer Straße dargestellt, belebt von einer Hühnerschar. Die Straße endet an den zwar umzäunten, doch leicht verwilderten Flächen. Die Entstehung des Gemäldes kann zwischen 1860 und 1885 angenommen werden. Es gibt eine Fotografie von Johann Kautsky (Abb. 19), aufgenommen vom Wiener Hoffotografen Ludwig Grillich, vermutlich im Atelier des Künstlers im Wiener Bezirk IV, Schönburgstraße 14. Sie zeigt den alten Kautsky sitzend in einem Ambiente, das mit seinem dekorativen Inventar, den zahlreichen Studien und dem großen Gemälde auf der Staffelei mit einer ähnlichen Thematik wie das Bild „Osterfrieden", eher zu einem Atelier, als zu einem Wohnraum passt.
Das malerische Œuvre von Johann Kautsky ist bisher nicht vollständig erschlossen, besonders das Teilgebiet der Architekturdarstellung. Beispiele hierfür sind die Gemälde „Trient" (Städel Museum Frankfurt a. M.) und „Schloss Trauttmansdorff bei Meran" (vielleicht nach einer Fotografie geschaffen, Abb. 21), ebenso „Hrad Zviko" (Burg Klingenberg, Abb. 8). In Aquarellblättern sind häufiger Bauwerke zeichnerisch genau dargestellt und mit Staffagefiguren versehen worden, so „Hof in Eger" (Abb. 22), „Haus in Arco am Gardasee" (Abb. 60) oder „Der Corte del Teatro in Venedig". Hingegen sind Historienbilder, Porträts oder reine Figurenstücke bisher nur als Entwürfe in den Skizzenbüchern zu finden.

Abb. 19
Johann Kautsky im Studio, Fotografie, um 1880 (?) mit eigenhändiger Unterschrift, Atelier Hoffotograf Ludwig Grillich, Wien

Abb. 20
Johann Kautsky Osterfrieden, o. J. Zeitschrift „Gartenlaube", 1899, Heft 6, Kunstbeilage

Abb. 21
Johann Kautsky
Schloss Trauttmansdorff bei Meran, o. J.
Öl auf Leinwand
22 x 27 cm

Abb. 22
Johann Kautsky
Hof in Eger, o. J.
Aquarell
34,5 x 26 cm
ehem. Hamburg, Familie Kautsky

Abb. 23
Johann Kautsky
Niederländische Landschaft, o. J.
Öl auf Leinwand

Eine Merkwürdigkeit im Schaffen von Johann Kautsky ist ein mittelgroßes Gemälde mit einer Landschaft in Art eines Prospektes oder Panorama, das sich thematisch deutlich von den anderen Landschaftsbildern des Künstlers unterscheidet. Zeigen diese überwiegend Motive aus Böhmen mit Wiesen, Feldern und Wäldern, so wird hier die Ansicht einer Meeresgegend gezeigt. Diese ist bühnenartig komponiert, mit zwei Seitenteilen: links unter Bäumen ein Liegeplatz von Segelschiffen mit einem Fischerkahn ganz im Vordergrund. Rechts, ebenfalls unter Bäumen, ein zweigeschossiges Wohngebäude, das unter dem Satteldach einen von außen angebrachten hölzernen Balkon besitzt, über dessen Rand bunte Wäschestücke hängen. Dazwischen schweift der Blick über ein Hafenbecken mit ankernden Segelschiffen. In der Ferne wird die Silhouette einer Stadt sichtbar, dominiert von einem mächtigen, blockartigen Gebäude mit einem turmähnlichen Aufsatz, welcher ein Leuchtturm sein könnte. Um das Hafenbecken herum flanieren Spaziergänger. Das Ganze unter einem hellen Himmel mit streifenartiger Wolkenbildung. Es ist eine phantasievolle Kombination einzelner Motive, aber keine Landschaftsaufnahme nach der Natur. Die durchgängig helle und fleckartige Farbigkeit der nicht zeichnerisch basierten Malerei steht im Gegensatz zu den ansonst kompakten und dunkel tonigen Farben der Mehrzahl seiner Bilder. Rechts unten ist das Gemälde mit „J. Kautsky" signiert.

Meeresmotive von der Nordseeküste Flanderns finden sich vereinzelt unter Zeichnungen Johann Kautskys, so im Leipziger Skizzenbuch Nr. 8. Die Blätter sind bezeichnet als „Anvers" und „Ostende" und geben Eindrücke einer Reise wieder, die mutmaßlich zwischen 1860 und 1870 stattgefunden hat. Bemerkenswert ist der andersartige und neue Charakter der malerischen Auffassung, verglichen mit Gemälden der 1850er Jahre mit deren kompakter Farbigkeit und satten, dunkleren Tönen sowie kräftigen Hell-Dunkel-Kontrasten, wie sie die „Niederländische Landschaft" zeigt (Abb. 23). Wie viele der Gemälde von Johann Kautsky wurde auch dieses in den letzten Jahren, meist über Kunstauktionshäuser in Tschechien und Österreich, entdeckt und in private Hände verkauft.

Skizzen- und Arbeitsbücher von Johann Kautsky

Im Besitz der Historischen Sammlung und Archiv der Fakultät für Chemie und Mineralogie der Universität Leipzig befinden sich sieben sogenannte Skizzenbücher Johann Kautskys. Sie kamen als Stiftung von Prof. Dr. Hans Kautsky jun., einem Enkelsohn von Johann Kautsky, in die Sammlung und sind bezeichnet mit den Nummern 2 bis 8. Das Konvolut umfasst insgesamt 140 Blätter. Als eigentliches Skizzenbuch, fest eingebunden und als Reisebegleiter für Zeichnungen vor Ort gebraucht, ist nur der Band mit der Nr. 8 zu bezeichnen. Heute fehlt ihm der feste Einband, welcher wahrscheinlich ein Pappband mit Goldschnitt war. Darin erhalten sind 23 Blätter, eine unbestimmte Anzahl fehlt allerdings. Einzelne Blätter benennen Reiseorte in Belgien, wie Blatt 1 „Anvers" (Antwerpen, Abb. 24) oder Blatt 3 „Ostende" (Abb. 25), zudem Orte in Böhmen, wie Reichstadt und anderswo.

Mit „Reichstadt" (Abb. 26) und „aus Reichstadt" (Abb. 27) sind die Blätter 8 und 14 bezeichnet und zeigen Häuser- und Straßenansichten. Datiert ist keine der Zeichnungen. Allerdings beschickte Johann Kautsky wiederholt die sogenannten Monatsausstellungen des Österreichischen Kunstvereins mit Gemälden aus Reichstadt, etwa im Dezember 1854 mit „Gegend bei Reichstadt in Böhmen" oder im August 1857 mit „Partie aus Reichstadt in Böhmen". Es kann angenommen werden, dass die Skizzenbuchzeichnungen in Verbindung zu den genannten Gemälden stehen und zwischen 1850 und 1860 entstanden sind.

Nur im Skizzenbuch Nr. 2 finden sich Datierungen: 1849 und 1853. Erstere steht neben der Signatur „KAUTSKY" auf Blatt 22, welches eine gezeichnete Illustration eines Bierliedes: „Piwo, Piwo,..." zeigt (Abb. 28). Der Liedtext in alter tschechischer Sprache wird bogenartig links umschlossen von einer Ranke, auf deren Mitte ein Zecher in historischer Kleidung volltrunken und singend auf der lockeren Ranke aus der Schänke taumelt, dem Grabe entgegen. In medaillonartigen Abschnitten werden Lebenssituationen der Trinker „von der Wiege bis zur Bahre" gezeigt. Rechts führen Stufen in den Bierkeller hinab, aus dem ein Bierfass noch oben getragen wird. Die Umrahmung des Liedtextes wurde von einem bedeutenden Kunstwerk des 16. Jahrhunderts, den 1515 entstandenen Zeichnungen Albrecht Dürers angeregt.

Abb. 24
Johann Kautsky
Skizzenbuch Nr. 8,
Blatt 1 „Anvers“
Bleistift
Blattgröße 16 x 25,5 cm

Abb. 25
Johann Kautsky
Skizzenbuch Nr. 8,
Blatt 3 „Ostende“
Bleistift
Blattgröße 16 x 25,5 cm

Abb. 26
Johann Kautsky
Skizzenbuch Nr. 8,
Blatt 8 aus „Reichstadt“
Bleistift
Blattgröße 16 x 25,5 cm

Abb. 27
Johann Kautsky
Skizzenbuch Nr. 8,
Blatt 14 „aus Reichstadt“
Bleistift
Blattgröße 16 x 25,5 cm

Abb. 28
Johann Kautsky
Skizzenbuch Nr. 2,
Blatt 22 „Piwo, Piwo“,
1849
Federzeichnung,
Sepiatusche
Blattgröße 21 x 30,5 cm

Dank der lithografischen Reproduktionen von Johann Nepomuk Strixner (1782–1855) wurden 1809 diese und andere von bedeutenden Zeichnern aus dem „Gebetbuch Kaiser Maximilians I." bekannt und erfuhren große Aufmerksamkeit. Auch Johann Wolfgang von Goethe bewunderte sie. Allerdings vorbildhafte Wirkung für Illustrationen boten erst die „Randzeichnungen zu Goethe's Balladen und Romanzen" von Eugen Neureuther (1806–1882), erschienen als Lithographien 1829. Sie beeinflussten zahlreiche Illustratoren bis zum Ende des 19. Jahrhunderts. Die Zeichnung „Piwo, Piwo" hingegen ist wahrscheinlich der einzige Illustrationsversuch Johann Kautskys, entstanden am Ende seiner Studienzeit in Prag, vielleicht als Studienaufgabe oder gedacht für eine erhoffte Veröffentlichung in einer Kunstzeitschrift. Der Frühzeit seines Schaffens gehören auch Entwürfe für seine Signatur an (Abb. 29). Sagen oder Märchen könnten wiederholt Quellen für Gemälde gewesen sein. Die lavierte Figurengruppe „Ein Kavalier küsst einem Hoffräulein die Hand" (Abb. 30) hat eine märchenhafte Anmutung. Inmitten eines Waldes kniet der feine Herr vor dem Fräulein, im Hintergrund taucht als Andeutung eine Burg oder ein Schloss auf, vermutlich das Zuhause der Dame. Die Zeichnung könnte als Detail der Staffage eines geplanten Landschaftsbildes gedacht gewesen sein. Das Gemälde „Rast beim Schloss" (Abb. 14) bietet sich zum Sujet des Vergleichs an.

Selten finden sich in den Skizzenbüchern Zeichnungen, die klar zu bestimmende Bauwerke oder Ortsansichten

Abb. 29
Johann Kautsky
Skizzenbuch Nr. 3,
Blatt 6, Signaturen
Bleistift
Blattgröße 15 x 24 cm

Abb. 30
Johann Kautsky
Skizzenbuch Nr. 2,
Blatt 10 „Ein Kavalier küsst einem Hoffräulein die Hand"
Bleistiftzeichnung, die Figuren in Braun laviert
Blattgröße 21 x 30,5 cm

abbilden. So zeigt das Blatt 4 im Skizzenbuch Nr. 7 eine zeichnerisch präzise, blattgroße Darstellung einer spätgotischen Hallenkirche, dominierend mitten unter Häusern einer ländlich geprägten Stadt aufragend. Der Ort jedoch ist bisher unbestimmt (Abb. 31). Die Andeutung einer Rasterteilung lässt die Zeichnung als Vorbereitung eines Gemäldes annehmen. Das trifft ebenso auf den mehr andeutenden, denn präzise und sachlich durchgeführten „Blick auf Hradschin und Veitsdom mit Schwarzenberg-Palais und anderen Bauwerken" zu (Abb. 32). Mit einer romanischen Rundkapelle aus dem 11. Jahrhundert zeigt das Blatt 10 aus dem Skizzenbuch Nr. 7 ein Alt-Prager Motiv. (Abb. 33). Vielleicht handelt es sich bei der Zeichnung um eine Ansicht der Rotunde des Heiligen Kreuzes.

Bemerkenswert sind vor allem Naturstudien von zerklüfteten Felsbrocken mit Bewuchs von Bäumen und Gestrüpp, teils zeichnerisch durchgeführt, teils nur angedeutet, wie in den Abbildungen 34 und 35. Auch das Blatt „Geröll und Bewuchs am Straßenrand" (Abb. 36) überzeugt in der zeichnerischen Wiedergabe. Zahlreichen Wald- und Parkmotiven liegen keine Naturstudien zugrunde, sie sind frei erfundene Motive des Landschaftsmalers Johann Kautsky. Für die Zeichnung von Blatt 16 im Skizzenbuch Nr. 5 „Wald zwischen Bäumen in hügeligem Gelände" (Abb. 37) hat er andeutungsweise auch den zugehörigen Rahmen entworfen. Möglicherweise zur Probe oder als Orientierung für einen später möglichen Besteller.

Von besonderem Interesse ist der Entwurf für ein Gemälde „Badende am Parksee" (Abb. 38), ein Sujet der romantischen Malerei. Die Zeichnung deutet das Motiv an. Den Künstler interessierte die Verteilung von Licht und Schatten, auch die Stimmung der Badenden unter dem Dunkel mächtiger Bäume, die Umgebung wird angedeutet. Die weiblichen Hauptfiguren, ein sitzender und ein stehender Akt, auch Nebenfiguren sind anschaulich am Blattrand gezeigt. Die teils flott, auch nur skizzenhaft ausgeführte Zeichnung ist eindeutig durch das Quadratnetz für eine Rastervergrößerung als Bildentwurf bestimmt. Unbekannt ist, ob Johann Kautsky ein solches Gemälde geschaffen hat. Ungeachtet dessen zeigt die Zeichnung die Verbindung der Landschaftsmalerei Johann Kautskys mit der deutschen Romantik von Carl Blechen (1798–1840)[19] bis zu Ludwig Richter (1803–1884).

Knechte und Mägde bilden als Staffagefiguren wichtige Motive des Künstlers. Zeichnerisch hat er wiederholt in den Skizzenblättern derartige Figuren entworfen (Abb. 39) und auch farbig erprobt (Abb. 40, hier auch farbig aquarelliert). Tiere – Pferde, Kühe und Hunde, sowie Störche sind ebenfalls in den Skizzenbüchern vertreten.

Von der Verbindung mit der Theaterszene in Prag vor der Erbauung des Nationaltheaters (Eröffnung 1881), als er für kleinere Bühnen und insbesondere für das Interimstheater planerisch und künstlerisch praktisch für Details des Bauwerkes und die Bühnenausstattung tätig war, zeugen einige Blätter in den Skizzenbüchern. Sie zeigen u. a. den Entwurf für eine Bühnenmaske und den Teil eines Zuschauerraumes mit mehreren Logenrängen (Abb. 41). Das Blatt 16 aus dem Skizzenbuch Nr. 6 zeigt für rechte und linke Seitenteile Entwürfe mit Bäumen für die Kulissenbühne. Diese werden in Führungsschienen eingeschoben und sind zweiseitig gestaltet (Abb. 42). Auf dem Blatt 15 aus dem Skizzenbuch Nr. 5 ist der aquarellierte Entwurf für die dreiteilige Bühnenrückwand eines Raumes im Stil des Neo-Rokoko zu sehen (Abb. 43). Theaterhaft wirkt auch der Blick auf eine Ballettszene bei geöffnetem Vorhang. Vielleicht ist dies auch ein Entwurf für eine solche (Abb. 44).

Einige Blätter mit höfischen Szenen in spanischen Kostümen aus der Zeit um 1600 oder des 17. Jahrhunderts, die an Bühnenszenen erinnern, sind hingegen mutmaßlich Entwürfe für Historiengemälde, etwa für ein Bild „Vorstellung bei Hofe" (Abb. 45), was für den Schüler eines Historienmalers[20] als wahrscheinlich anzunehmen ist. Allerdings sind Gemälde von Johann Kautsky mit historischer Thematik unbekannt und werden auch in Ausstellungsberichten nicht erwähnt.

Die Bedeutung der Skizzenbücher für das Schaffen von Johann Kautsky ist nicht nur als bedeutsam anzunehmen, sondern auch an einem Beispiel nachzuweisen: Im Skizzenbuch Nr. 2 zeigt das Blatt 40 (Abb. 46) eine Bleistiftzeichnung mit dem Motiv einer Flusslandschaft im bergigen Gelände, bewaldet und von einer Kirche bekrönt, partiell in Aquarelltechnik farbig ausgeführt. Nach vorn zum Betrachter hin wird die Szene von Gesteinsbrocken begrenzt. Links ist eine Bootswerft für Kähne mit flachen Böden zu sehen, von denen drei bereits fertig sind, an einem vierten Kahn wird gearbeitet. Diese Zeichnung diente dem Gemälde „Partie an der Moldau bei Prag" (Abb. 47) als Vorlage. Dieses wurde auf der linken Seite landschaftlich weitergeführt und durch einen Reiter, der zwei Pferde heimführt, sowie einem mit Heu beladenen Kahn, der von drei Personen mittels langer Stangen gesteuert

Abb. 31
Johann Kautsky
Skizzenbuch Nr. 7,
Blatt 4, Spätgotische
Hallenkirche umgeben von Häusern
und Gehöften
Bleistift
Blattgröße 26 x 35 cm

Abb. 32
Johann Kautsky
Skizzenbuch Nr. 2,
Blatt 20, Hradschin
mit Veitsdom,
Schwarzenberg-Palais
und anderen Bauwerken
Bleistift
Blattgröße 21 x 30,5 cm

Abb. 33
Johann Kautsky
Skizzenbuch Nr. 7, Blatt 10, Waldteich / Prager Rundkapelle, vielleicht Rotunde des hl. Kreuzes in der Altstadt oder Rotunde des hl. Martin in Vyšehrad
Bleistift
Blattgröße 36 x 35 cm

Abb. 34
Johann Kautsky
Skizzenbuch Nr. 4, Blatt 30, Naturstudie: Felsen mit Buschwerk
Bleistift
Blattgröße 26 x 39 cm

Abb. 35
Johann Kautsky
Skizzenbuch Nr. 7,
Blatt 3, Naturstudie:
Felsen mit Baumbewuchs
Bleistift
Blattgröße 26 x 35 cm

Abb. 36
Johann Kautsky
Skizzenbuch Nr. 3,
Blatt 27, Naturstudie: Geröll und
Bewuchs am
Straßenrand
Bleistift
Blattgröße 15 x 24 cm

Abb. 37
Johann Kautsky,
Skizzenbuch Nr. 5,
Blatt 13, Waldweg
zwischen Bäumen in
hügeligem Gelände,
angedeuteter Ge-
mälderahmen und
Randeinfälle
Bleistift
Blattgröße 21 x 27 cm

Abb. 38
Johann Kautsky,
Skizzenbuch Nr. 5,
Blatt 20, Badende
am Parksee, einzelne
Figuren rechts außen
separat gezeichnet
Bleistift
Blattgröße 21 x 27 cm
Zur Vergrößerung als
Gemälde mit einem
Rasternetz überzogen

Abb. 39
Johann Kautsky
Skizzenbuch Nr. 5,
Blatt 3, Staffage-
figuren Knecht,
grüßend mit geschul-
tertem Rechen und
Mägde
Bleistift
Blattgröße 21 x 27 cm

Abb. 40
Johann Kautsky
Skizzenbuch Nr. 2,
Blatt 3, Staffagefigu-
ren Mägdegruppe
und Hund
Aquarell
Blattgröße 21 x 30,5 cm

Abb. 41
Johann Kautsky
Skizzenbuch Nr. 6,
Blatt 21, Theatersaal
mit 3 Rängen,
Schrägsicht zur
Bühnenfront
Bleistift
Blattgröße 27 x 37 cm

Abb. 42
Johann Kautsky
Skizzenbuch Nr. 6,
Blatt 16, Kulissenentwürfe für Seitenteile mit Bäumen
(für Kulissenbühne)
Bleistift
Blattgröße 27 x 27 cm

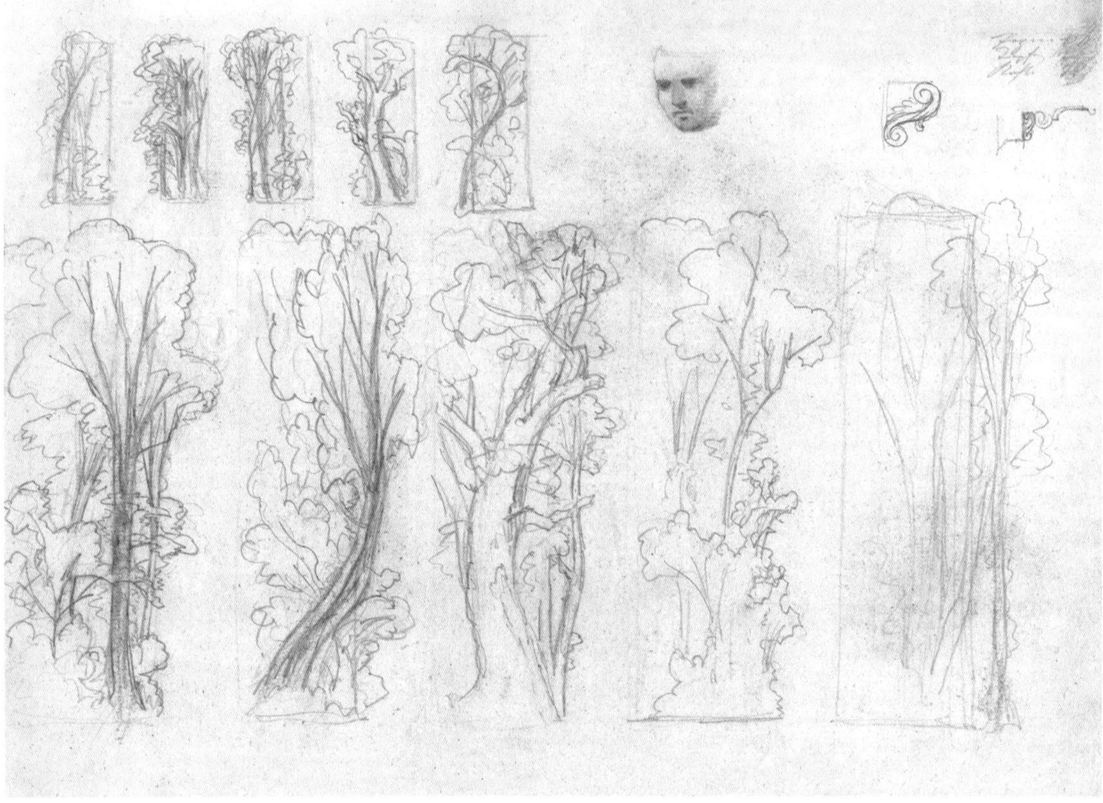

Abb. 43
Johann Kautsky
Skizzenbuch Nr. 5,
Blatt 15, Entwurf für
eine Zimmerrück-
wand im Neo-
Rokoko-Charakter
(Rückprospekt)
Bleistift, aquarelliert
Blattgröße 21 x 27 cm

Abb. 44
Johann Kautsky
Skizzenbuch Nr. 6,
Blatt 1, Bühne mit
Ballettszene bei
gerafftem Vorhang
Bleistift
Blattgröße 27 x 27 cm

Abb. 45
Johann Kautsky
Skizzenbuch Nr. 5, Blatt 26, Vorstellung bei Hofe (Entwurf für ein Historiengemälde?)
Bleistift
Blattgröße 21 x 27 cm

Abb. 46
Johann Kautsky
Skizzenbuch Nr. 2, Blatt 40, Moldau bei Prag mit Werkplatz für Kähne
Bleistift, teils leicht aquarelliert
Blattgröße 21 x 30 cm

Abb. 47
Johann Kautsky
Partie an der Moldau bei Prag mit Heuschiff, 1849
Öl auf Leinwand
44,5 x 54,7 cm
signiert
Moravská Galerie / Mährische Galerie Brno

wird, während ein vierter Mann im Heufuder ruht, als Staffage bereichert. Das Bild ist signiert und mit 1849 datiert. Entstanden ist es also am Ende der Studienzeit von Johann Kautsky bei Max Haushofer in Prag, noch ganz in dessen künstlerischen Art.

Theaterarbeit in Wien ab 1863[21]

In der ersten Hälfte des 19. Jahrhunderts wurden nach 1815 zahlreiche neue Theater gegründet, wenige davon als Hoftheater, die Mehrzahl als Stadttheater. Viele kannten nur einen temporären Spielbetrieb ohne eigene Ensembles, vor allem aber ohne eigene Theaterwerkstätten. Die benötigten Dekorationen, Kostüme etc. wurden bei auswärtigen Anbietern bestellt als Erwerb preisgünstiger Kopien der Ausstattung von Hoftheaterateliers, angepasst auf die Maße der Bühnen, für die sie bezogen wurden. Beschreibungen und Preislisten konnten Rezensionen und Katalogen, auch speziellen Nachrichtenblättern entnommen werden. So erschien beispielsweise aller 14 Tage in Berlin „Der Regisseur" mit Premierendaten, Bühnengrundrissen und Nennung der ausführenden Ateliers, jedoch ohne Abbildungen von Bühnenbildern. Die Bezahlung der bestellten Dekorationen erfolgte nach der Fläche bemalter Leinwand und nach Gruppen wie etwa „Landschaft", „Architektur" und „Innenraum". Preiswert waren Landschaften und einfache Architekturen. Reicher dargestellte Bauwerke, Draperien und besonders kunstvolle Vorhänge mussten teurer bezahlt werden. „Nach vorrätigen Modellen und Entwürfen ließen große und kleine... Theater... ihren gesamten Dekorationsfundus ...anfertigen... So kam es, dass z. B. der zweite Akt ‚Lohengrin' oder der dritte Akt ‚Tannhäuser' im Stadttheater zu Osnabrück genau so aussah wie am Stadttheater in Nürnberg oder am Hof- und Nationaltheater in Mannheim."[22] Diese Situation fand auch Johann Kautsky vor, als er 1863 als k. und k. Hoftheatermaler in Wien angestellt wurde. Für ihn war neben dem Titel vor allem von Bedeutung, dass das fixe Jahresgehalt erstmals pekuniäre Sicherheit für die Familie brachte. Es betrug 1.560 Gulden[23]. Gefordert war die tägliche Anwesenheit im Atelier. Als Mitarbeiter standen Johann Kautsky ein durch ihn ausgewählter Malergehilfe sowie drei „Malerei-Diener" (Farbenreiber, Vergolder und Ausschneider) zur Verfügung,

Abb. 48
Großatelier für Dekorationen der Firma J. Kautskys Söhne & Rottonara, Heugasse 32, Wien IV. Bezirk
Fotografie, 1891
Wien - Museum

dazu die Benutzung des Malsaales in der Operngasse. Er war zur Fertigung neuer Dekorationen, die „vielseitig verwendet" werden können, ebenso verpflichtet wie für Retuschearbeiten an vorhandenen und zur Restaurierung alter Dekorationen.[24] Für Retuschearbeiten und Reparaturen an vorhandenen Dekorationen standen dem Hoftheateratelier jährlich 1560 Gulden zur Verfügung. Langlebigkeit war eine Forderung an die Bühnenausstattungen. Deshalb standen Inszenierungen jahrzehntelang im Repertoir der Hofoper und mit ihnen die Bühnenbilder, von Arbeiten des „Consortiums" mit Johann Kautsky z. B. für Gounods „Faust" von 1870 bis 1928 in 325 Aufführungen, von 1878 bis 1908 war R. Wagners „Siegfried" in 104 Aufführungen von 1878 bis 1908 zu sehen, von 1872 bis 1892 Mozarts „Entführung aus dem Serail". Die Dekorationen zu Verdis „Aida" waren sogar von 1874 bis 1931 in 457 Vorstellungen im Einsatz.

Auch im 20. Jahrhundert wurden Bühnenausstattungen von Robert Kautsky über Jahrzehnte verwendet. Für neue wurden ihm 48.000 Quadratfuß Leinwand bewilligt.[25] Bezahlt wurde nach Quadratfuß bemalter Leinwand: für Landschaften sowie einfache Architekturen 1,20 Gulden, für komplizierte und reicher ausgestattete Bauwerke 1,50 Gulden.[26] Historische und lokale Treue wurde für die Dekorationen gefordert und dass sie dem aktuellen Stand der Dekorationsmalerei entsprachen. Für das Hoftheater wurden die Aufträge durch die Hoftheater-Intendanz vergeben, Zunächst waren Skizzen anhand der literarischen Vorlage bzw. des Librettos anzufertigen und vorzulegen. Von den bevorzugten Skizzen entstanden zeichnerische und farbig angelegte Entwürfe, wovon schließlich einer angenommen und als Gemälde groß ausgeführt wurde. Kopien danach werden an die Mitarbeiter des Ateliers als Arbeitsunterlage verteilt. Entsprechend deren Spezialisierungen erfolgte die Realisierung.

Der Maler Franz Angelo Rottonara beschrieb den Herstellungsvorgang: „zunächst [wird] eine Skizze in den Maßen eines mittleren Wandbildes angefertigt. Diese habe ich dem Theaterdirektor vorgelegt. Nach dieser Skizze wurden dann auf einer kleinen Modellbühne der Prospekt und die Seitenkulissen in verkleinertem Maßstab ausgeführt. Wenn der Eindruck ein günstiger war, ging es an die Arbeit im Großen. Da handelte es sich um ganz gewaltige Maße. Denn so ein Prospekt misst durchschnittlich 19 x 12 Meter. Man braucht zur Arbeit einen ganzen Saal. Die Leinwand liegt am Boden und man malt mit mächtigen Pinseln, die so

Abb. 49
Carlo Brioschi
Selbstbildnis, um 1854
Öl auf Leinwand

groß wie Zimmerbesen sind. Die ganze Fläche wird in Meterquadrate eingeteilt und nun wird genau nach der Skizze, Stück für Stück im großen Maßstab aufgetragen. Da tut noch eine Reihe von Hilfsmalern mit, denn ein Mensch allein könnte diese Arbeit nicht bewältigen. Die Palette ist gegen zwei Meter lang und einen Meter breit und die Farben sind auf ihr in mächtigen Töpfen angereiht. Eigene Farbreiber sorgen dafür, dass immer genug flüssige Farbe vorhanden ist."[27]

Für Bestellungen von Theaterdekorationen von außerhalb wurden die Absprachen zwischen dem privaten Atelier und dem bestellenden Theater direkt geführt. Für Johann Kautsky eröffnete sich bereits ein Jahr nach seiner Einstellung in Wien die Möglichkeit, sich einem Privatatelier anzuschließen. Carlo Brioschi (1816–1895, Abb. 49) führte das Atelier seines Vaters Giuseppe Brioschi (1802–1856) weiter, der 1838 aus Mailand nach Wien kam. Sein Studium hatte er an der Wiener Akademie u. a. bei Leopold Kupelwieser absolviert. Ihm zu verdanken sind Verbesserung von Arbeitsbedingungen im Malsaal und die Modernisierung der Bühnenmaschinerie.

Nach Ansicht seiner Zeitgenossen hat er die Dekorationsmalerei vom Handwerk zum Kunstzweig erhoben.[28] Unter anderem gestaltete Carlo Brioschi für Opern Richard Wagners die Buhne (Abb. 53). Der Familientradition folgend, wurde im Jahre 1885 der Sohn Anton Brioschi Hoftheatermaler (1855–1920).[29] Von

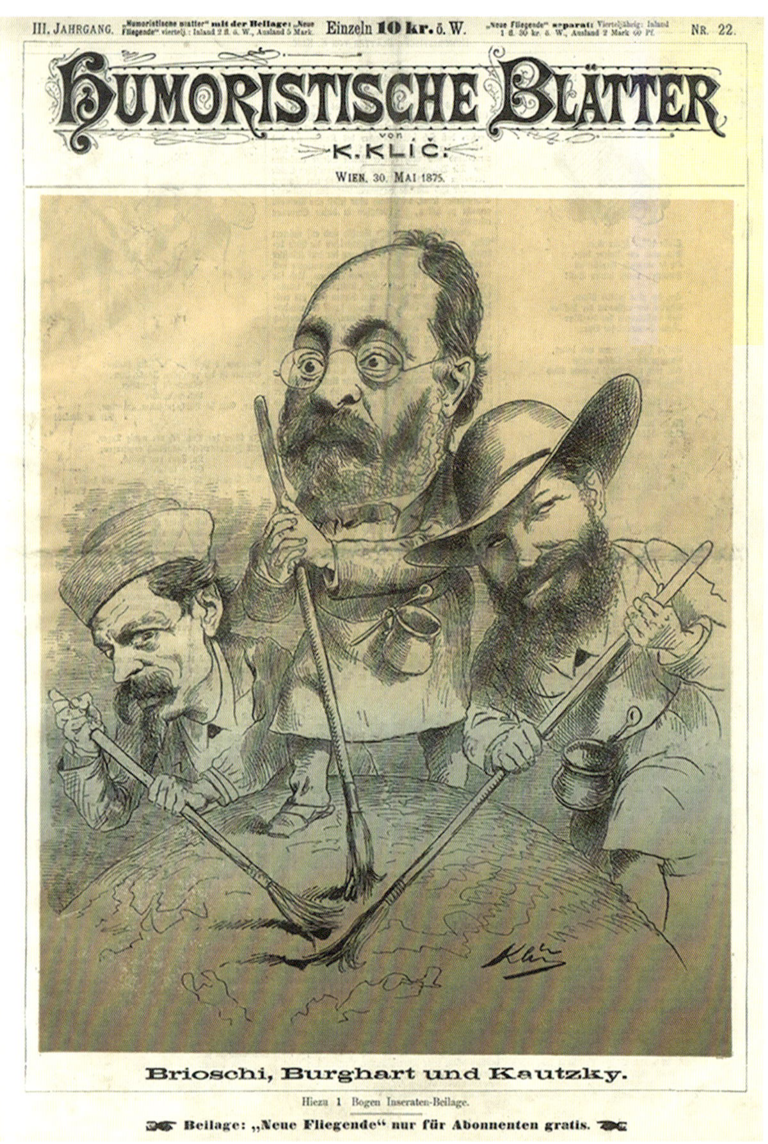
III. JAHRGANG. „Humoristische Blätter" mit der Beilage: „Neue Fliegende" viertelj.: Inland 2 fl. ö. W., Ausland 5 Mark. Einzeln **10 kr.** ö. W. „Neue Fliegende" separat: Vierteljährig: Inland 1 fl. 30 kr. ö. W., Ausland 2 Mark 60 Pf. NR. 22.

HUMORISTISCHE BLÄTTER

von

K. KLIČ.

WIEN, 30. MAI 1875.

Brioschi, Burghart und Kautzky.

Hiezu 1 Bogen Inseraten-Beilage.

Beilage: „Neue Fliegende" nur für Abonnenten gratis.

Abb. 50
Karel Václav Klíč,
Brioschi, Burghart
und Kautzky
„Humoristische Blätter", III. Jahrgang,
Nr. 22, 30. Mai 1875
Zinkographie
Wien, Österreichische
Nationalbibliothek,
Bildarchiv und
Grafiksammlung

ihm stammen detailreiche und phantasievolle Ausstattungen u. a. neu geschaffener Ballette. Darunter im Jahr 1888 für „Die Puppenfee" nach einem Libretto von Josef Haßreiter und Franz Xaver Gaul mit Musik von Josef Bayer (Abb. 57). Für den Eisernen Vorhang der Hofoper in Wien entwarf Anton Brioschi 1892 die Bemalung (nach einem geschmiedeten Gittertor des Oberen Belvedere in Wien, im II. Weltkrieg zerstört). Er war für das Schönbrunner Schlosstheater in Wien, für das Opernhaus Unter den Linden in Berlin und auch für die Metropolitan Opera in New York tätig.

Wahrscheinlich bereits im Jahre 1866 trat Hermann Burghart (1834–1901)[30] nach seiner Ernennung als Hoftheatermaler als Dritter dem Privatatelier von Carlo Brioschi bei. Zuvor hatten ihn ausgedehnte Studienreisen durch Europa geführt. Für die Hofoper stattete er u. a. die Oper „Die Stumme von Portici" von Daniel F. E. Auber aus (Abb. 55)[31] und entwarf 1886 die Dekorationen für die Uraufführung der seinerzeit vielgespielten Oper „Merlin" von Karl Goldmark. Er war auch beteiligt an den vom Atelier „Brioschi, Burghart und Kautsky" geschaffenen hervorragenden Dekorationen für die Separatvorstellungen Wagnerscher Opern für König Ludwig II. von Bayern (Abb. 56). Das Atelier „Brioschi, Burghart und Kautsky, k. u. k. Hoftheatermaler in Wien" war bereits im Jahre 1874 als eigenständige Firma entstanden. Sie wurde „Consortium" genannt und war binnen kurzer Zeit überaus erfolgreich. Der Bekanntheitsgrad wuchs ständig, auch dank einer geschickten Geschäftspolitik sowie von Reklamemaßnahmen, unter anderem durch Nutzung der Presse. So bewarb sich auch der angehende, später weltbekannte Maler Alfons Mucha (1860–1939) aufgrund einer Pressenotiz beim „Consortium" als Mitarbeiter.

Gewiss trug nicht wenig zur Kenntnisnahme der Arbeit des „Consortiums" eine Karikatur von Karel Václav Klíč (Karl Wenzel Klietsch, 1841–1926), bei. Sie erschien am 30. Mai 1875 als Zinkographie im III. Jahrgang der von ihm gegründeten Satire-Zeitschrift „Humoristische Blätter" (Abb. 50). Groß steht in der Mitte der pyramidalen Komposition Hermann Burghart, gewissermaßen als Haupt des Unternehmens, begleitet links von Carlo Brioschi und rechts von Johann Kautzky. Sie führen mit ihren Händen langstielige Pinsel, wie sie im Malsaal für die Bemalung großer Stoffbahnen verwendet werden. Mit ihnen bemalen sie Teile der Weltkugel als Hinweis auf die Verbreitung ihrer Kundschaft.[32]

Die Aufträge häuften sich sowohl aus Böhmen wie insgesamt der österreichisch-ungarischen Doppelmonarchie, aus dem Deutschen Reich, England und den USA. Die Zahl der Mitarbeiter vergrößerte sich ständig. Es wirkten mit Handwerker vieler Gewerke, Tischler, Schlosser, Tapezierer und Polsterer, Techniker und Mechaniker, ebenso Ingenieure, Kunst- und Kulturhistoriker, Geographen, Ethnographen u. a. Weitgehende Spezialisierungen und aktuelle Kenntnisse wurden benötigt, da die zu schaffenden Arbeiten stets „richtig" sein sollten - nach historischem Datum, Ort, Tages- und Jahreszeiten, den Witterungsumständen etc. So entstand ein Manufakturbetrieb, dem neben ausführenden auch rein entwerfende Künstler angehörten. Ziel war es, in gleichbleibend guter Qualität auf der Basis aktueller Entwicklungen nahezu alle

Abb. 51
Johann Kautsky
Carl Maria von Weber, Oper „Oberon, König der Elfen“
Bühnenbild-Entwurf zum 2. Akt „Felsengegend“, um 1873
Deckfarben

Abb. 52
Johann Kautsky
Leo Delibes Ballett „Sylvia oder Die Nymphe der Diana“
Bühnenbild-Entwurf zum 1. Akt, um 1877
Deckfarben

Abb. 53
Carlo Brioschi
Richard Wagner, „Tristan und Isolde“
Bühnenbild zum 1. Akt, 1883
Theatermuseum, Wien

Abb. 54
Carlo Brioschi
Karl Goldmark, „Die Königin von Saba“
Bühnenbild zum 2. Akt, Tempel (Entwurf 1875)
Theatermuseum, Wien

Abb. 55
Hermann Burghart
Daniel Fr. E. Auber, „Die Stumme von Portici“
Bühnenbild zum 5. Akt, Schloß Castel am Meer mit Ausbruch des Vesuvs, 1869
Theatermuseum, Wien

Abb. 56
Hermann Burghart
Richard Wagner, „Der Ring des Nibelungen“
Vorabend: Rheingold, Bühnenbild, 1878

Abb. 57
Anton Brioschi
J. Haßreiter und
F. X. Gaul, „Die
Puppenfee“
Ballett in einem Akt,
Bühnenbild, 1888
Theatermuseum,
Wien

denkbaren Wünsche der bestellenden Kundschaft auch kurzfristig erfüllen zu können. Das „Consortium“ bildete dafür auch künstlerischen Nachwuchs aus, zum Beispiel die Söhne von Carlo Brioschi sowie die Söhne Hans und Fritz von Johann Kautsky.
Werkgemeinschaften für Bühnengestaltung existierten auch anderen Orts, so in Berlin, München, Hamburg und Coburg. In Berlin schufen die Theatermaler Karl Wilhelm Gropius, Johann Karl Jakob Gerst und Friedrich Wilhelm Köhler Bühnendekorationen nach Entwürfen Karl Friedrich Schinkels. In München waren es die Maler Angelo Quaglio, Christian Jank und Heinrich Döll. In Coburg wirkten die Brüder Max und Gotthold Brückner.[33] Deren „Atelier für szenische Bühnenbilder“ war für Richard Wagner seit 1874 tätig[34] und stattete die Mehrzahl seiner Opern von 1876 und 1911 zu seiner Zufriedenheit aus. Für das Meininger Hoftheater von Herzog Georg II. von Sachsen-Meiningen (1826–1914, regierend ab 1866) entwarf der Herzog selbst Bühnengestaltungen, ebenso Kostüme. Die Ausführung übernahm die Firma Brückner in Coburg, zusätzliche Prospekte lieferte u. a. das „Consortium“ aus Wien[35], so 1886 das Prospekt für William Shakespeare „Der Widerspenstigen Zähmung“ (Abb. 77).

Die Tätigkeit all dieser Großateliers beruhte einerseits auf dem steigenden Bedarf an Bühnenausstattungen durch immer mehr Theater ohne eigene Werkstätten. Andererseits ermöglichte der moderne Verkehr dank der Eisenbahn, die Versendung sowohl einzelner Produkte als auch ganzer Ausstattungen über große Entfernungen. Zwischen 1874 und 1890 führten Gastspielreisen die „Meininger“ mit der Eisenbahn mitsamt der kompletten Ausstattung und den Kostümen, dem gesamten Ensemble, aller Technik und sämtlichen Mitarbeitern (auch den administrativen) in 40 Orte – von Stockholm, London, über Amsterdam, Paris, Berlin und viele deutsche Städte bis nach Warschau und St. Petersburg, zu insgesamt 2500 Vorstellungen. Eine bereits durchgeplante Überfahrt nach Amerika wurde wegen Todesfall nicht verwirklicht. Glückliche Umstände führten zur Wiederentdeckung zufällig erhaltener kompletter Bühnenbilder aus dem letzten Drittel des 19. Jahrhunderts. Es sind insgesamt 275 Dekorationen oder Teilstücke, wie Kulissenbögen, Rückprospekten u. a. Sie sind heute Bestandteile des Meininger Museums „Zauberwelt der Kulisse“. Jeweils für ein Jahr wird dort in der einstigen Reithalle mit Originalteilen ein Bühnenbild in den Originalmaßen

Abb. 58
Hans Josef Wilhelm Kautsky
Carl Maria von Weber, „Oberon, König der Elfen, Garten des Emirs“
Bühnenbild zum 3. Akt, 1900
Wiesbaden

in einer simulierten Theatersituation präsentiert. Aus dem Beginn des 20. Jahrhunderts sind im Konzerthaus Ravensburg Kulissen aus den Jahren 1903 bis 1910 erhalten geblieben als dort eine Interimsbühne für das abgebrannte Opernhaus Stuttgart existierte. Sie wurden vom Stuttgarter Maler Wilhelm Plappert geschaffen.[36] Technisch und thematisch entsprechen sie dem Stand des späten 19. Jahrhunderts, wie in Meiningen. Um 1900 setzte sich ein neues Verständnis des Bühnenbildes als eine eigenständige, individuelle schöpferische künstlerische Leistung mit Urheberanspruch durch. „Ich bin aber kein ‚Atelier', ich stehe auch mit keinem solchen in einem Geschäftsverhältnis, sondern bin ein Künstler und kann mich nur für künstlerische Inscenierungen interessieren", antwortete Alfred Rolle (1864–1935), von 1903 bis 1909 Vorstand des Ausstattungswesens der Hofoper Wien auf eine Anfrage der Metropolitan Opera New York nach Kosten von Inszenierungen. Der Erste Weltkrieg und seine Folgen führten schließlich zum Ende fast aller manufakturell arbeitenden Großateliers für Bühnengestaltung[37].

Bereits vorher, nach dem Ausscheiden von Hermann Burghart löste sich auch das „Consortium" auf. Johann Kautsky zahlte 1892 die anderen Teilhaber aus und übergab die Firma seinen Söhnen Hans Josef Wilhelm und Fritz. Der Maler Franz Angelo Rottonara wurde ein weiterer Miteigentümer des neuen Unternehmens „Kautskys Söhne und Rottonara".[38]

Der Sohn Hans Josef Wilhelm Kautsky (1864–1937)[39]

Hans Kautsky **8** war Schüler seines Vaters und von Hermann Burghart, bevor er Teilhaber am „Consortium" wurde. Er schuf Bühnenbilder u. a. für Dresden, Hamburg, Stuttgart, Wiesbaden (dort für die Festspiele im Jahr 1910), für Brüssel, Rotterdam, Zürich und New York. Ab etwa 1913 war er in Berlin Hoftheatermaler. Auch vertrat er die Interessen der Firma „Kautsky und Rottonara". So 1913 beim Abschluss eines Vertrages mit der Oper Chemnitz über Lieferung der Ausstattung für Richard Wagners Oper „Parsifal", zur Aufführung 1914. Seine Dekorationen, überwiegend Landschaften, haben einen impressionistischen Charakter.

Abb. 59
Hans Josef Wilhelm Kautsky
Böhmerwald, o. J.
Aquarell
Universität Leipzig, Fakultät für Chemie und Mineralogie

Abb. 60
Hans Josef Wilhelm Kautsky
Häusergruppe in Arco mit Tor und Stockbrunnen, 1896
Aquarell
29 x 45 cm
signiert und datiert
Leipzig, Privatbesitz

Abb. 61
Fritz Kautsky mit dem Modell eines Bühnenbildes
Fotografie 1890 (?)
Wien Museum

Der Sohn Fritz Kautsky (1857 in Prag–?)

Auch Fritz Kautsky **6** war Schüler seines Vaters und später Mitarbeiter im „Consortium". Zudem war er als Theatertechniker tätig, entwickelte die Bühnentechnik des Deutschen Theaters in Prag (heute Staatsoper Prag) und schuf Bühnenbilder für Theater im In- und Ausland (Abb. 61).

Der Mitarbeiter Francesco Angelo Rottonara (1848–1938)

Der Künstler Francesco Angelo Rottonara besuchte zunächst die Kunstschule in St. Ulrich (Ortisiei Val Gardena, Italien), studierte dann an der Kunstakademie in München bei dem Historienmaler Carl Theodor von Piloty (1826–1886) und dem Spätromantiker Moritz von Schwind (1804–1871) sowie an der Kunstgewerbeschule des Österreichischen Museums für Kunst und Industrie in Wien. Zunächst Mitarbeiter des

Abb. 62
Francesco Angelo Rottonara
Bühnenbild zur Oper „Die Zauberflöte" von Wolfgang Amadeus Mozart: Die Erscheinung der Königin der Nacht
Wien, Hofoper, um 1900
Wien, Theatermuseum

Abb. 63
Francesco Angelo Rottonara
Bühnenbild zur „Verschwörung des Fiesco zu Genua“ von Friedrich Schiller, Zimmer bei Verrina
Wien, Raimund Theater 1894
Wien, Theatermuseum

„Consortiums", war er ab 1890 Miteigentümer der Firma „Kautskys Söhne und Rottonara". Seine Bühnenarbeiten gehören der Spätzeit des Historismus an. Sie sind malerisch unter dem Einfluss von Hans Makart (1840–1884) gestaltet und in der Überladenheit aller Elemente noch darüber hinausgehend. Dennoch waren sie die wirkungsvollsten seiner Zeit und weisen auf den Impressionismus voraus. Francesco Angelo Rottonara arbeitete für Bühnen in ganz Deutschland, sowie in Wien und Zürich (Abb. 62 und 63). Auch schuf er berühmte Theatervorhänge für Bühnen in Prag, Zürich und Hamburg.

Der Enkelsohn Robert Kautsky (1895–1963)

Robert Kautsky **14** verbrachte seine Gymnasialzeit in Wien. Er studierte in Berlin-Charlottenburg. Nach Ende des Ersten Weltkrieges setzte er sein Studium an der Kunstakademie Wien fort. Ab 1920 war er für die Staatsoper Wien tätig. 1921 wurde er der Vorstand des Malsaales und gleichzeitig Assistent von Alfred Roller (1864–1935). Im Dezember 1922 schuf er seine ersten Bühnenbilder für die Oper „Hänsel und Gretel" von Engelbert Humperdinck. 1933 gab er sein Debüt gemeinsam mit Alfred Roller bei den Salzburger Festspielen für die Richard Strauss' Oper „Die ägyptische Helena". Besonders erfolgreich waren seine Produktionen in den Nachkriegsjahren in den Interimsquartieren der Oper im „Theater an der Wien" und der „Volksoper".

Abb. 64
Robert Kautsky mit Bühnenbild zur Oper von Richard Wagner „Die Meistersinger von Nürnberg“
Wien, 1949
Staatsoperninterim „Theater an der Wien“

Inszenierungen mit seinen Bühnenbildern und Kostümen erfuhren bis zu 300 Aufführungen. Letzte Bühnenbilder von Robert Kautsky entstanden im Jahr 1948 (Abb. 64). Seine Malereien und Zeichnungen außerhalb der Arbeiten für die Bühne sind deutlich vom Expressionismus beeinflusst (Abb. 65–70). Durch eine Stiftung von Prof. Hans Kautsky jun. kamen vier großformatige Skizzenbücher aus der Studienzeit sowie Einzelblätter aus Skizzenbüchern, insgesamt 100 Arbeiten von ihm in die Sammlung der Fakultät für Chemie und Mineralogie der Universität Leipzig. Zu ihnen gehören 11 Selbstbildnisse, 22 Gemälde und 31 Aquarelle.

Abb. 65
Robert Kautsky
Jugendbildnis des Bruders Hans Wilhelm Kautsky,
um 1910
farbige Zeichnung
Universität Leipzig, Fakultät für Chemie und Mineralogie

Abb. 66
Robert Kautsky
Bruder liest im Grase liegend
Öl auf Malpappe
Universität Leipzig, Fakultät für Chemie und Mineralogie

Abb. 67
Robert Kautsky
Hochgebirgslandschaft, o. J.
Öl auf Pappe
Universität Leipzig, Fakultät für Chemie und Mineralogie

oben links:
Abb. 68
Robert Kautsky
Bahnhof, einfahrender Zug und Wartende
Aquarell
Universität Leipzig, Fakultät für Chemie und Mineralogie

oben rechts:
Abb. 69
Robert Kautsky
Passanten und Straßenbahn
Kohlezeichnung
Universität Leipzig, Fakultät für Chemie und Mineralogie

Abb. 70
Robert Kautsky
Bahngleise mit Güterzug und Industrieanlage
Aquarell
Universität Leipzig, Fakultät für Chemie und Mineralogie

Der Enkelsohn Hans Wilhelm Kautsky (1891–1966)[40]

Hans Wilhelm Kautsky **16** neigte in seiner Jugend zu einer Ausbildung und Karriere als Maler, gefördert vom Vater, und absolvierte Volontariate bei bildenden Künstlern in Frankreich, Holland, Belgien, der Schweiz und in Italien. Um 1906 begann er autodidaktisch mit chemischen Experimenten und verfolgte fortan eine Karriere als Naturwissenschaftler. Von 1935 bis 1945 lehrte und forschte er als Professor für anorganische Chemie an der Universität Leipzig. Bildnerische Arbeiten von ihm entstanden zeitlebens (Abb. 71 und 72).

Abb. 71
Hans Wilhelm Kautsky
Hof hinter Häusern (Holland), um 1912
Bleistiftzeichnung
40 x 30 cm
Universität Leipzig, Fakultät für Chemie und Mineralogie

Abb. 72
Hans Wilhelm Kautsky
Marburger Garten im Winter, um 1955
Deckfarben
Universität Leipzig, Fakultät für Chemie und Mineralogie

Abb. 73
Hans Kautsky jun.
Klatschmohnblüten,
Leipzig 1938 oder
1939
AGFA Color Umkehr-
farbfotografie
Hamburg, Felix
Kautsky

Abb. 74
Hans Kautsky jun.
Schafherde mit
Hirten im Regen,
Marburg 1951
Fotografie
Hamburg, Felix
Kautsky

Der Urenkelsohn Hans Kautsky jun. (1920–2019)

Hans Kautsky jun. **27** Studien bildete sich in den Fächern Chemie, Meteorologie und Zoologie bis zur Kriegsbedingten Unterbrechung in Heidelberg aus. Im Jahr 1946 konnte er das Studium der Chemie und Botanik wiederaufnehmen. Seine Promotion verteidigte er erfolgreich sieben Jahre später. Als Ozeanograf war er von 1958 bis 1985 am Deutschen Hydrographischen Institut Hamburg, vor allem im Bereich der Überwachung der Umweltradioaktivität im Meer tätig.[41] Früh fand Hans Kautsky jun. Interesse an der Fotografie. Der Erwerb 1938 einer Kleinbild Fotokamera „Contax IIa" markiert den Beginn jahrzehntelanger Fotoarbeit. Zunächst im typischen Schwarzweiß, dann mit dem Medium Farbfotografie als Amateur, später semiprofessionellen Charakters. Es folgten Teilnahmen an zahlreichen in- und ausländischen Fotoausstellungen und Prämierungen mit Auszeichnungen. Er wurde als Mitglied in die FIAP (Fédération Internationale de l´Art Photographique) aufgenommen, einer Vereinigung für die Interessen professioneller Fotografen und Amateure. Besonders bemerkenswert sind frühe Farb-Diafotos von Hans Kautsky jun., welche auf AGFACOLOR T UMKEHRFILMEN (T = Tageslicht) entstanden. Das Filmmaterial selbst wurde am 11. April 1935 als „Agfacolor Neu Farbumkehrfilm" patentiert, erste Zeugnisse dazu im Oktober 1936 der Presse in Berlin vorgeführt. Die Ausstellung „NATURRÄUME – Fotografien von Landschaft und Vegetation" stellte im Jahr 2005 fünfzig Aufnahmen von Hans Kautsky jun. dem Leipziger Publikum vor. Die Schau fand in der Orangerie des Botanischen Gartens der Universität Leipzig statt, veranstaltet von den Freundeskreisen des Botanischen Gartens und der Fakultät für Chemie und Mineralogie, kuratiert von Rainer Behrends und Lothar Beyer.

Der Ururenkelsohn Felix Clemens Kautsky (geb. 1957)

Als Multitalent ist der Ururenkelsohn von Johann Kautsky vielfältig in mehreren Bereichen bildnerischen Schaffens professionell tätig. So ist die Kamera sein Werkzeug, wie es die Fotokamera ab 1937 für seinen Vater Hans Kautsky jun. war. Allerdings ist es für ihn die Videokamera mit all ihren speziellen Möglichkeiten. Er nutzt die neuen Medien und wirkt in den Bereichen Film und Musik. „Ich habe mit den Medien als solchen

Abb. 75
Felix Clemens Kautsky
Fayal, Zäune, 1974
Fotografie
Hamburg, Felix Kautsky

Abb. 76
Felix Clemens Kautsky
Hafenkräne, 2010
Fotografie
Hamburg Felix
Kautsky

zu tun. Mich beschäftigt u. a. die sinnvolle Erstellung von Video-Podcasts und Video-Blogs." Eine sehr bemerkenswerte Arbeit ist die 2011 begonnene Interviewreihe mit Bewohnerinnen und Bewohnern eines Seniorenwohnheims, unter ihnen sein Vater, und der bekannte Moderator Carlo von Tiedemann. Die Reihe steht unter dem Titel: „5 Fragen an das Leben". Gesucht werden Antworten zu: Mein schlimmstes Erlebnis – Meine Lebensweisheit – Mein liebstes Ding – Mein schönstes Erlebnis – Mein Wunsch an die Zukunft". Die Reihe erlangte Aufmerksamkeit und wurde 2015 für den „Newcomer Innovationspreis Altenpflege" nominiert. Felix Clemens Kautsky **34** schätzt für sich ein: „Fotos sind sicherlich schön. Ein Film kann aber Emotionen und Atmosphäre erheblich besser und differenzierter vermitteln... auch durch die Möglichkeiten der Vertonung mit Sprache und Musik". Und seine Entwicklung skizziert er wie folgt: „Werbekaufmann – Komponist – Produzent – Manager – Verleger – Marketingberater – heute: Videoproduktion für Image Reise und Musikvideos unter Einbeziehung aller gesammelten Erfahrungen". Gemeinsam mit Oliver Heck betrieb Felix Clemens Kautsky die Firma „Folix Films Hamburg – Die kleine Compagnie für bewegende Bilder". Mit der Aufarbeitung und Sicherung des fotografischen Nachlasses seines Vaters Hans Kautsky jun. mit 15000 Schwarzweiß-Aufnahmen und rund 10000 Farbdias beschäftigt er sich intensiv.[42]

Ende einer Ära

Als Johann Baptist Wenzel Kautsky 1896 in St. Gilgen starb, neigte sich auch das 19. Jahrhundert seinem Ende entgegen und mit ihm die Ära der Großateliers mit manufaktureller Produktion von Bühneneinrichtungen und Bühnenbildern. Ebenso ging die Blütezeit der Bühnenmalerei an der Seite der Tafelmalerei vorüber. Die (neue) Guckkastenbühne und der verdunkelte Zuschauerraum brachten für das Publikum die komplette Illusion von Zeit und Raum, das individuelle Erlebnis des Theatergeschehens. Neuerungen verbesserten die Sicherheit von Gebäuden und Bühne, nicht zuletzt durch die gesetzlich angeordnete strikte Trennung von Bühnen- und Zuschauerhaus durch den „Eisernen Vorhang" wie auch, dass nach außen führende Türen sich immer von innen nach außen öffnen lassen müssen. Treppen müssen breiter angelegt werden, der Luftraum im Zuschauerhaus vergrößert. Tatsächlich stehen diese Errungenschaften auch in Verbindung mit dem Wirken von Johann Kautsky in der Gesellschaft „ASPHALEA"[43]. Es ist bleibendes und nicht zu vergessendes Verdienst des als Maler hochgeschätzten Künstlers Johann Baptist Wenzel Kautsky, dessen malerisches Œuvre, entstanden in einem halben Jahrhundert, das erst seit wenigen Jahren wieder entdeckt wird.

Abb. 77
Consortium Wien, Johann Wenzel Kautsky
Prospekt zu William Shakespeare „Der Widerspenstigen Zähmung“ für das Meininger Hoftheater, 1886
Leimfarbe, Leinwand
7,1 x 12,95 m
Meininger Museen, Kulturstiftung Meiningen-Eisenach

Anmerkungen

1 Prager Stadtarchiv. Sammlung Pfarr- und Standesämter: Inneres Prag (III: Kleinseite), Kirche Hl. Nicolaus, N 1825–1832, Geburts-Buch, sign. MIK N 16

2 Kautsky, Karl. Erinnerungen und Erörterungen, hrsg. von Benedikt Kautsky = Quellen und Untersuchungen zur Geschichte der Deutschen und Österreichischen Arbeiterbewegung, Gravenhage 1960, Bd. 3, S. 36ff.

3 Tätig von 1836–1838 in Graz, 1839 in Linz und 1840 in Olomouc, dann von 1842–1845 erneut in Graz und von 1846–1861 für Bühnenbild und Beleuchtung am Ständetheater in Prag, 1868–1872 zurück nach Linz und ab 1873 bis zu seinem Tod tätig in Brünn

4 Studium von 1836–1844 an der Kunstakademie Prag, u. a. bei Christian Ruben und Antonin Mánes. 1868–1877 Bühnenbilder für das 1862 eröffnete „Provisorische Theater" Prag

5 Wilhelmine, geb. Jaich in: Österreichisches Biographisches Lexikon 1815–1950, Bd. 3, 1963, S. 275f. sowie Minna Kautskys autobiographische Skizze „In Freien Stunden" XIII/2 Berlin 1909 und Minna Kautsky. Auswahl aus ihrem Werk, hrsg. von Cäcilia Friedrich, Berlin, Boston 1965 = Textausgaben zur frühen sozialistischen Literatur in Deutschland

6 Srba, Borivoj: Der Bühnenbildner Jan Vaclav Kautsky und seine Arbeit für die tschechische Bühne. In: Sbornik praci filozoficke Fakulty Brnenske Univerzity Studia minora Facultatis Philosophicae Universitatis Brunensis, H. 27–28, 1992/93, S. 69–96

7 Siehe Anm. 4, S. 23

8 Siehe Anm. 1, S. 103

9 ÖNB, Historische österreichische Zeitungen und Zeitschriften. Salzburg, Freitag, 4. September 1896

10 Schüler ab1823 von Peter Cornelius (1783–1867), ab 1826 in München, Mitarbeit an den Bauten von König Ludwig I. in München und Hohenschwangau, 1841 Direktor der Kunstakademie Prag, 1852–1872 Rektor der Kunstakademie Wien mit dem Auftrag zur Neuordnung, was seine künstlerische Tätigkeit nahezu zum Erliegen brachte. Begraben auf der Fraueninsel im Chiemsee, seinem Sommeraufenthalt seit Jugendjahren. Siehe: Hans Vollmer, Allgemeines Lexikon der Bildenden Künstler, 1935, Bd. 29, S. 136

11 Wechselte vom Jurastudium zur Malerei und Naturwissenschaft, unternahm Wanderreisen, 1828 erstmals an den Chiemsee, später nach Berchtesgaden, danach lange Italienreise (Rom, Neapel, Sizilien), 1838 Heirat mit Anna Dumbser, Tochter des Frauenchiemseer Inselwirtes, deren Schwester mit Christian Ruben vermählt war. 1832 entdeckte er für sich die Landschaft um den Königsee und 1835 den Starnberger See. Ständiges Motiv aber blieb der Chiemsee und die oberbayerische Bergwelt. Siehe: Thieme–Becker, Allgemeines Lexikon der Bildenden Künstler, Bd. 16, 1923, S. 142

12 Student ab 1826 in Düsseldorf bei Wilhelm Schadow und Heinrich Kolbe. Angeregt und beeinflusst von Carl Friedrich Lessing, Entwicklung zum Landschaftsmaler. Wirkte ab 1839 als Professor. Mit Lessing ist er Begründer der „Düsseldorfer Schule", 1854 von Großherzog Friedrich I. von Baden zum Direktor der neugegründeten Kunstakademie Karlsruhe berufen. Er ist einer der einflussreichsten Lehrer der Landschaftsmalerei bis zur Mitte des 19. Jahrhunderts in Düsseldorf und Karlsruhe. Zu seinen zahlreichen Schülern gehören Oswald Achenbach, Arnold Böcklin, Anselm Feuerbach, Hans Thoma und Anton von Werner. Siehe: Thieme–Becker, Allgemeines Lexikon der Bildenden Künstler, Bd. 30, 1936, S. 88f. und Wolfgang Hütt. Die Düsseldorfer Malerschule 1819–1869, Leipzig 1984

13 Allgemeine Deutsche Biographie, Band 16, 1882, S. 737f. und Thieme–Becker, Allgemeines Lexikon der Bildenden Künstler, Bd. 21, 1928, S. 308

14 ursprünglich mit deutschem Namen, Kunstverein für Böhmen (1835–1940), Landesverein zur Förderung der bildenden Kunst

15 siehe Anm. 7, S. 70

16 siehe Anm. 7, S. 70

17 Hrad Zvkov (deutsch: Burg Klingenberg), erbaut ab 1226, erweitert unter Karl IV., häufiger Wechsel der Besitzer, zuletzt im Eigentum der Familie von Schwarzenberg, gelegen am Zusammenfluss von Moldau und Otava, durch den Bau der Orlik-Talsperre in den 1950er Jahren Teile der Burganlage zerstört

18 siehe Anm. 7, S. 71, Prof. Srba schreibt, Johann Kautsky habe 1858 auf dem Prager Karlsplatz ein Pleorama errichtet, die Zuschauer sitzen in einem echten und schaukelnden Boot in einem großen Wasserbecken. „um den Zuschauern bekannte, näher und ferner gelegene Landschaften vorzuführen". Das Pleorama ist eine gemeinschaftliche Erfindung des Architekten Carl Friedrich Langhans (1781–1869) und des malenden Dichters August Kopisch (1799–1853). Es handelte sich um eine Kombination von Rundpanorama mit wechselnden Landschaften, die auf einer zweiteiligen Rolle vor den Betrachtern vorüberziehen.

19 Vergleich zum Motiv „Badende im Park von Terni", 1828/29, Staatsgalerie Stuttgart. Carl Blechen (1798–1840) wurde 1824 auf Empfehlung von Karl Friedrich Schinkel 1824 am neuen Königstädtischen Theater in Berlin, eröffnet 1824, als Theatermaler angestellt. Er beendete diese Tätigkeit 1827. In seiner Malerei finden sich aber auch später noch Elemente der Prospektmalerei, etwa „Bau der Teufelsbrücke", München, Schackgalerie.

20 Johann. Kautsky studierte, wie bereits erwähnt, von 1844 bis 1845 bei Christian Ruben, von 1841–1850 Direktor der Kunstakademie Prag und ab 1852 Akademierektor in Wien.

21 Cortina 16. Materialien aus dem Österreichischen Theater Museum, hrsg. von Oskar Pusch. Wien–Köln–Weimar 1994. Greisenegger – Georgila. Theater von der Stange. Wiener Ausstattungskunst in der zweiten Hälfte des 19. Jahrhunderts

22 Sievert, Ludwig. Lebendiges Theater. Drei Jahrzehnte deutscher Theaterkunst. München 1994, zitiert nach: Die Bühnenwerkstatt der Gebrüder Brückner. Ausstellung der Bayreuther Festspiele, 1989, S. 18

23 Nach dem Vertrag von Carlo Brioschi von 1859, ebenso noch 1869, siehe Anm. 21, S . 21. Das Atelier Brioschi. Nach Angabe des Sohnes Karl Kautsky soll das Jahresgehalt 2 000 Gulden betragen haben.

24 Anm. 21. S. 21–22, Das Atelier Brioschi, S. 21f.

25 Ein Wiener Quadratfuß betrug 0,11 Quadratmeter; 10,8 Quadratfuß ergeben einen Quadratmeter.

26 Ein Wiener Gulden entspricht heute etwa 10 Euro, 1 Gulden sind 60 Kreuzer.

27 Wiener Tagblatt 2903.1929 zitiert nach: Lindner, Christine. Der Bühnenmaler Franz A. Rottonara in Jahrbuch LADINA IX/1985, S. 101ff.

28 Siehe Anm. 21, Das Atelier Brioschi, S. 21f.

29 Schmidt, Rudolf. Österreichisches Künstlerlexikon 1, Wien 1980, S. 258. Ausbildung zunächst unter Leitung des Vaters, dann an der Kunstgewerbeschule Wien, anschließend Studium an der Kunstakademie Wien

30 Besuch der Technischen Hochschule und Studium an der Kunstakademie, jeweils in Wien. Anschließend tätig am Burgtheater unter Heinrich Laube (1806–1894), künstlerischer Leiter ab 1849, dann am Carltheater und ab 1866 an der Hofoper, Thieme-Becker 5, 1911, S. 251

31 Die Oper „Die Stumme von Portici", Uraufführung 1828, war die erste typische fünfaktige „Grand Opéra" mit Massenszenen und optischen Sensationen, wie dem „Vesuvausbruch".

32 Karel Václav Klič studierte zunächst Porträtmalerei in Wien und später in Prag an den Kunstakademien. 1862–1866 arbeitete er in Brünn im Fotoatelier seines Vaters, ab 1869 in Wien. Er arbeitete für die Zeitung „Der Floh" und war bald Porträtist der Wiener Gesellschaft. Von 1889 bis 1897 lebte er in England. Seine Suche nach preisgünstigen und schnellen Reproduktionsverfahren führte 1878 zur Vervollkommnung der Heliogravüre, 1890 erfand er den Rotationstiefdruck. ÖBL 1815–1950, Bd. 3, 1965, S. 400f., Thieme-Becker, Bd. 20, 1927, S. 493, Neue Deutsche Biographie 12, 1979, S. 67f.

33 Kruse, Joachim und Maedebach, Minni. Max Brückner: Landschaftsmaler und Altmeister deutscher Theaterausstattungskunst. Coburg 1986. Die Bühnenwerkstatt der Gebrüder Brückner 1989, Ausstellung der Bayreuther Festspiele.

34 „Ihr versteht mich und ich bedarf Euer", Richard Wagner an M. Brückner, 1876 aus Bayreuth, Anm. 33, 1989, S. 7

35 Hoffmeier, Dieter. Die Meininger. Ihre europaweit wirkende Inszenierungskunst. Quedlinburg, Bussert & Steiner 2018

36 Büchner, Dieter. Vorhang auf! Die historischen Bühnendekorationen des Ravensburger Konzerthauses, In: Denkmalpflege in Baden-Württemberg 4/1 2012, S. 76–82

37 Siehe Anm. 21, S. 7

38 Pausch, Oskar. Franz Angelo Rottanara: ein Maler aus Cor vara, San Martino de Tor, 2008, siehe auch Anm. 26

39 ÖBL 1815–1950, Bd. 3, S. 274

40 Ausführliche wissenschaftliche Biografien im Beitrag von Lothar Beyer

41 Ausführliche wissenschaftliche Daten im Beitrag von Lothar Beyer

42 Unter Nutzung eines Textes von Lothar Beyer

43 ASPHALEA (griechisch „Sicherheit, Stabilität"), gegründet am 8.12.1882 nach der Katastrophe des Ringtheaterbrandes in Wien von dem Architekten Franz Roth, dem Ingenieur Robert Gwinner und dem Theaterfachmann Johann Kautsky mit dem Ziel, die Sicherheit im Theater zu erhöhen und zu gewährleisten. Verwirklicht 1886 beim Bau des Stadttheaters in Halle /S. Franz Roth war der Schwiegersohn Kautskys, verheiratet mit dessen Tochter Maria Wilhelmine (1856–1949)

Abbildungsnachweis

Abb. 1, 2, 4, 8, 18, 49, 60, 65, 73 bis 77 Privatbesitz
Abb. 3 Salzburger Chronik
Abb. 6 Kunsthalle Karlsruhe
Abb. 5, 7 Nationalgalerie Prag
Abb. 9, 12, 13, 14, 16, 23 Galerie Kodl Prag
Abb. 10, 11, 15, 17, 23 Dorotheum Wien
Abb. 20 Zeitschrift Gartenlaube
Abb. 19, 48, 61 Wien Museum
Abb. 21 Galerie Marold Prag
Abb. 22, 24 bis 46, 59, 66 bis 72 Universität Leipzig
Abb. 47 Mährische Galerie Brno
Abb. 51 bis 57, 62 bis 64 Theatermuseum Wien
Abb. 50 Österreichische Nationalbibliothek
Abb. 58 Theatermuseum Köln

Dank

Herrn **Prof. Dr. Hans Kautsky jun.** gilt postum ein ganz besonderer Dank. Durch Überlassung von persönlichen Dokumenten, Kunstwerken, Publikationen, Sachzeugen, Fotografien und zahlreichen erhellenden Gesprächen hat er das Gesamtwerk überhaupt erst ermöglicht.

Felix Kautsky, Hamburg, der Sohn des Verstorbenen, unterstützte das Vorhaben, insbesondere durch die Überlassung hochaufgelöster Fotografien und Zeichnungen aus dem Nachlass seines Vaters und aus seinem eigenen fotokünstlerischem Schaffen.

Prof. Dr. Nils Kautsky, Prof. Dr. Hans (Hasse) Kautsky, Prof. Dr. Fritz Kautsky jun. und Prof. Dr. Ulrik Kautsky (Stockholm/Schweden) danken wir für die Überlassung von Bildmaterial und Hinweisen.

Prof. Dr. Hendrik Schubert, Universität Rostock, gilt der Dank für hilfreiche Hinweise zu den in Schweden lebenden Naturwissenschaftlern.

PD Dr. Johannes Lerchner, Bergakademie Freiberg, und Pedro O. L. Volpe, Universidade Estadual de Campinas (UNICAMP), Instituto de Quimica, Campinas, Sao Paulo, Brasilien, recherchierten zu den in Brasilien wirkenden Kautskys.

Petra Hesse, Universitätsarchiv Leipzig, erschloss relevantes Archivmaterial und fertigte Kopien von Dokumenten.

Christine Dorothea Hölzig, Leipzig, unterstützte Rainer Behrends bei der Strukturierung seines Textes.

Bertram Kober, Leipzig, ermöglichte Verbesserungen bei der Wiedergabe historischer Fotografien.

Für die Vermittlung und Bereitstellung der Abbildungen von Kunstwerken und die Publikationsgenehmigungen danken die Autoren:

- **Dr. Rudi Risatti**, Kunsthistorisches Museum, Abteilung Theatermuseum im Palais Lobkowitz, Wien
- **Helmut Selzer**, Wien Museum, Kommunikation und Development. Reproduktionen und Lizenzen, Wien
- **Mag. Maria Elisabeth Ritter-Lipp**, BA, Dorotheum GmbH & Co KG, PR & Marketing, Graphic Design Wien
- **Mag. Mathias Böhm**, Österreichische Nationalbibliothek, Bildarchiv und Grafiksammlung, 1010 Wien
- **Hana Pakrová, Martina Parkánová, Mariana Kučerová, Mgr. Marcela Vondráčková PhD, Lenka Babická**, Národní Galerie Praha, Collection of 19th Century Art and Classical Modernism
- **Mgr. Ph. D. Milan Dospil**, Chefkurator Galerie Kodl, Praha.
- **Galerie Marold**, Praha
- **Mgr. Petra Ciupková**, Moravska Galerie, Brno
- **Jana Hössler, Siegmund Arnold**, Meininger Museen, Kulturstiftung Meiningen-Eisenach

Wir danken dem Vorstand der **Wolfgang Johannes Hönle-Stiftung Kunst und Chemie** bei der **Gesellschaft Deutscher Chemiker**, namentlich dem Stifter **Dr. Wolfgang Hönle**, Ettlingen, und dem Vorstandsvorsitzenden, **Prof. Dr. Wladimir Reschetilowski**, Radebeul, für großzügige finanzielle Unterstützung zur Drucklegung des Werkes. Sie ermöglichten die Realisierung.

Der Dank der Autoren gilt dem **Freundeskreis der Fakultät für Chemie und Mineralogie der Universität Leipzig** für einen Druckkostenzuschuss aus Spendenmitteln seiner Mitglieder.

Die Autoren danken der **Universitätsstiftung Leipzig** für finanzielle Unterstützung bei der Drucklegung.

Den privaten Förderern, **Prof. Dr. Hartmut Bärnighausen**, und **Dr. Wolfgang Hönle** gilt der Dank für die Gewährung von großzügig gewährten Druckkostenzuschüssen.

Herrn Dipl.-Grafiker **Thomas Liebscher**, Leiter, und Frau **Susanne Hofmann**, Mitarbeiterin des Passage-Verlags Leipzig, danken wir für die Gestaltung und Drucklegung des Buches und die jederzeit sehr erfreuliche, konstruktive, langjährige Kooperation.

Die Autoren danken ihren Ehegattinnen Frau **Guntrun Behrends** und Frau **Marga Beyer** für ihre Geduld und Unterstützung.

Die Autoren

Rainer Behrends, Diplomkunsthistoriker, war von 1971 bis 2002 Kustos des Kunstbesitzes und Leiter der Kunstsammlung der Universität Leipzig. Er ist seither als Kunsthistoriker und Autor freischaffend tätig und kuratierte zahlreiche Kunstausstellungen im Leipziger Raum. Er ist Ehrenmitglied des Bundes Bildender Künstler Leipzig e.V., des Neuen Leipziger Kunstvereins e.V. und wurde 1985 mit dem Kunstpreis der Stadt Leipzig und 2023 als Ehrenmitglied der Leipziger Grafikbörse e.V. geehrt.

Lothar Beyer, emeritierter Professor für anorganische Chemie an der Universität Leipzig, ist Autor von Fachpublikationen und Lehrbüchern zur anorganischen Chemie und Koordinationschemie. Buchpublikationen zur Geschichte der Chemie besonders mit Bezug zur Universität Leipzig und zusammen mit Rainer Behrends zur Thematik Chemie und bildende Kunst sind Schwerpunkte seines Schaffens in den letzten zwei Jahrzehnten. Lothar Beyer ist Ehrendoktor der Nationaluniversität San Marcos Lima/Peru.

Impressum

Herausgeber
Rainer Behrends, Lothar Beyer

Satz/Layout
Passage-Verlag Leipzig
Susanne Hofmann, Thomas Liebscher

Lektorat
Christina Hapke

Druck
fronte s.r.o.

Mit freundlicher Unterstützung von

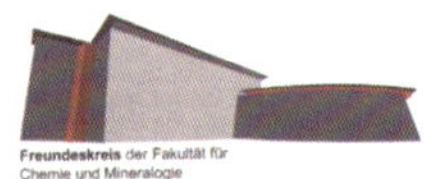

Passage-Verlag 2023
ISBN 978-3-95415-148-6